悦读丛书

浙江省社科联人文社科出版全额资助项目

浙江省社科规划一般课题
——18KPCB07YB——

清流浙川

浙江治水15年回眸

(2003—2017)

赵 玲 编著

浙江工商大学出版社
ZHEJIANG GONGSHANG UNIVERSITY PRESS

图书在版编目(CIP)数据

清流浙川：浙江治水 15 年回眸：2003—2017 / 赵玲编著.
—杭州：浙江工商大学出版社，2018.7
ISBN 978-7-5178-2732-0

Ⅰ.①清… Ⅱ.①赵… Ⅲ.①水污染防治－概况－浙江
Ⅳ.①X52

中国版本图书馆 CIP 数据核字(2018)第 096289 号

清流浙川
——浙江治水 15 年回眸(2003—2017)

赵　玲　编著

责任编辑	唐慧慧　谭娟娟
封面设计	林朦朦
封面题字	谈月明
责任印制	包建辉
出版发行	浙江工商大学出版社
	(杭州市教工路 198 号　邮政编码 310012)
	(E-mail：zjgsupress@163.com)
	(网址：http://www.zjgsupress.com)
	电话：0571－88904970,88831806(传真)
排　　版	杭州朝曦图文设计有限公司
印　　刷	杭州五象印务有限公司
开　　本	710mm×1000mm　1/16
印　　张	14.25
字　　数	248 千
版印次	2018 年 7 月第 1 版　2018 年 7 月第 1 次印刷
书　　号	ISBN 978-7-5178-2732-0
定　　价	42.00 元

前　言

　　浙江是江南水乡,也素称鱼米之乡,现代浙江成为加工制造业大省。民生和发展都需要水资源,但超过水环境承载能力的排放则会带来水污染,水污染不仅影响社会的可持续发展,还会给群众健康带来安全隐患。浙江因水而名,因水而兴,也因而多有水事。历史上的涝旱是自然灾害,工业化以后的水污染则是人为水患。

　　跨入 21 世纪,浙江经济发展进入由重速度向重质量转化的时期,原来那种高污染、高能耗的粗放型发展方式将难以为继。绿水青山,是人们幸福生活的底色,是世代永续发展的源泉。浙江历届省委省政府以对人民高度负责的精神,将以治水为重点的环境治理作为治政要务,分阶段、大规模展开各种环境治理行动,而当年的浙江省委书记习近平提出的"两山"思想和建设生态省部署,始终是推进这项时代工程的核心动力。

　　浙江的新时期治水,发动广泛、声势浩大、力度空前并且持续不懈。说的是治水,其实是水陆共治;求的是水清,行的是标本兼治;而最根本的努力是在转变发展理念,构建环境友好型社会,实现人水和谐共生。十几年的治水事业,谱写下现代大禹治水的生动篇章,它饱含着浙江人的智慧、心血和汗水,其中,有浙江干部群众在实践中敢为人先的成功探索,有许多可歌可泣、令人赞叹的治水故事,也有一些值得思考总结、可以借鉴的经验教训。

　　本书主要记录并研究 21 世纪初以来浙江治理水污染的一些做法及特点,共设 11 章。第一章,对浙江十五年水污染治理工作进行概述和脉络梳理;第二至四章,反映污染产业的整治过程及对水质改善的影响;第五、六两章,主要反映水污染治理的工程措施;第七至十章,从机制和制度层面反映浙江的水污染治理;第十一章,从"三农"变化和产业发展证实"绿水青山就是金山银山"。

浙江治水十多年,事迹浩瀚,亮点众多,因本人才疏学浅,又加上资料收集不够充分,不足以做全面系统的研究,故只能总结选取部分片断,并按治理水污染工作的重点设立若干专题,做一些粗浅的概括和记录。采纳的资料,除了部门、单位的报告材料和媒体的公开报道,还有部分来自作者在一线的调查研究。在反映内容的时间段上,重点放在 2010 年以后,特别是 2014 年全面开展"五水共治"以后的这一时期,不少篇章的内容其实只是反映了后一阶段的治水具体情况。又由于治水的持续性,有些工作暂告段落但还未结束,有的甚至要长期坚持才见成效,所以总结提炼中还存在许多意犹未尽或失之偏颇之处。希望本书可以为浙江十多年轰轰烈烈的治水事业填补一些历史记载的空白,也可以为今后更好地科学治水提供一些参考和借鉴。对于本书不当之处,敬请读者予以批评指正。

　　本书编写过程中,得到很多领导、同事和朋友的支持与帮助,在此表示真诚的感谢!

作者

2017 年 12 月

CONTENTS | 目录

第一章　浙江治水的昨天和今天

一、从远古走来的浙江治水 / 001

二、浙江的水污染 / 005

三、接力递进的"811"行动 / 009

四、五水共治 / 015

第二章　以重污染行业整治为治本之策

一、萧山——印染化工行业的凤凰涅槃 / 021

二、长兴——"黑""白"双变记 / 023

三、浦江——水晶世界的变迁 / 027

四、富阳——造纸业的六轮蜕变 / 030

五、平阳——从"皮革之都"到"宠物用品之乡" / 034

六、温州——让灰色电镀重新闪亮登场 / 037

第三章　养猪产业的脱胎换骨

一、养多少——减量控源 / 041

二、怎么养——产业化生态化养殖 / 046

三、养哪里——农畜结合变废为宝 / 049

四、病死猪往哪里去——无害化处理、资源化利用 / 052

五、政府怎么管——严格监管＋指导服务 / 056

第四章　大禹家乡的现代治水

一、集聚和提升——绍兴印染业的绝路逢生 / 061

二、印染产业污水处理的一场革命 / 065

三、严格规范印染污泥处置的一场硬战 / 069

四、用信息化手段监管企业排污 / 072

五、探索生态环境损害赔偿制度 / 074

第五章　环环相扣的治河行动
一、"清三河" / 077

二、清淤行动 / 082

三、消灭劣Ⅴ类水体行动 / 087

四、农村垃圾的收集和处理 / 092

第六章　激浊扬清的工程治理
一、提标改造"吐"清水 / 097

二、污水处理设施建设和运行的新机制 / 101

三、让乡镇污水处理厂不再"晒太阳" / 104

四、农村生活污水处理走新路 / 109

第七章　同饮一江水
一、越走越近的省际联动治水 / 117

二、从纠纷到合作——跨市的流域联动治水 / 121

三、生态补偿探索路 / 126

四、形态各异的市、县生态补偿 / 131

五、排污权有偿使用与交易 / 134

第八章　以河长制实现"河长治"
一、省长村长都是河长 / 139

二、热情高涨的民间河长 / 144

三、河长制是责任制 / 148

四、河长的现代装备 / 151

第九章　以人民的名义监督治河
一、以立法保障和引导治水 / 157

二、专项审议和执法检查推动治水 / 161

三、人民代表主题活动督促治水 / 166

四、从创新和突破中看监督有方 / 171

第十章　依法捍卫水环境安全

　　一、司法链条缚"乌龙" / 177

　　二、河道警长 / 180

　　三、环境案件走上法庭 / 183

　　四、一波三折的公益诉讼 / 187

　　五、步步加严的环保执法监管 / 193

第十一章　绿水青山就是金山银山

　　一、竹乡的"两山"路 / 197

　　二、从农家乐到民宿 / 202

　　三、发展旅游经济的"三脚跳" / 206

　　四、增收致富的现代绿色农业 / 209

　　五、特色小镇的生态梦 / 213

参考文献 / 219

第一章　　浙江治水的昨天和今天

　　浙江本是水乡。这里盘踞着钱塘江、瓯江、椒江、甬江、苕溪、运河等八条长龙,静卧着东钱湖、西湖、鉴湖、南湖四大湖泊,密布着杭嘉湖、姚慈、绍虞、温瑞、台州五大平原河网。多少年来,蛛网般的水系润泽大地,条条母亲河哺育两岸众生,同时,水涝、干旱等自然灾害也不时给百姓带来困扰。进入工业快速发展期后,人为污染更是阻碍了社会的生态文明。纵观浙江古今,浙江民生与水紧紧相依,浙江发展与水兴衰与共,浙江治政每每以治水为要务。进入21世纪,浙江发展迈入重要转折期,浙江治水又拉开新的更加厚重的帷幕。

一、从远古走来的浙江治水

　　浙江因水而名。

　　根据中国文化传统,大江大河,北方一般称"河",南方通常称"江"。浙江省以大江命名,浙江即之江,也即境内母亲河钱塘江,因曲折迂回而名。一千多年前,北魏郦道元所著《水经注》有《渐江水》专篇,"渐江水"就是今钱塘江,古称浙江。

　　浙江因水而兴。

　　据学者考证,在12000—7000年前,海平面逐渐升高,部分越人利用原始工具漂流出海,大部分人则随着平原的缩小不断向高处转移,河姆渡即是向南退缩的内越人的最后一些屯居地之一。这些先民"随陵陆而耕种,或逐禽鹿而给食",从事着原始的种植业。[①] 20世纪70年代在余姚发现河姆渡遗址,7000年前的河姆渡文化以稻谷文化为精髓,在河姆渡留下的千年遗存中,有至今尚可发芽的谷

---

① 　陈桥驿:《浙东运河史》序,邱志荣、陈鹏儿:《浙东运河史》,中国文史出版社,2014年版。

粒、引人无限遐想的独木舟和深陷泥淖的干栏式建筑桩基。21 世纪初,浦江上山遗址发现的水稻,将长江下游的稻作历史又整整提前了 2000 多年。2016 年 11 月 22 日在浦江召开的"上山文化命名十周年暨稻作农业起源国际学术研讨会"宣布:以金衢盆地为中心的钱塘江上游及附近地区是世界稻作农业的重要起源地。因为有充沛的水资源,这些区域才能成为水稻发源地。

浙北杭嘉湖地区,因土地肥沃,水资源丰富,历来是江南富庶之地,并向以"鱼米之乡""丝绸之府"著称。2017 年 11 月 23 日,罗马传来消息,浙江湖州桑基鱼塘系统通过联合国粮农组织(FAO)评审,正式认定为"全球重要农业文化遗产"(GIASH)。[①] 湖州桑基鱼塘系统位于湖州市南浔区西部,现存 6 万亩桑地和 15 万亩鱼塘,是人类与自然共生的典范。区域内的先民将洼地挖深变成水塘,淤泥堆放在四周作为塘基,以此减轻水患并开展种养活动,千百年来逐步演变为"塘中养鱼,塘基上种桑,桑叶喂蚕,蚕沙养鱼,塘泥壅桑"、生物链相连相依、水陆互相作用的农耕生态循环系统。系统区域内的钱山漾遗址中发掘的绢片、丝线、丝绳等丝麻织品,距今已有约 4700 年历史,是世界上迄今发现的年代最早的家蚕丝织物。该区域以蚕桑为源头,逐步演化形成了内涵丰富、特色鲜明的蚕桑文化、丝绸文化和渔文化。

在漫长的历史时期里,太湖流域每一个村落的人们充分利用便捷的水运系统,与周边或更远的地方进行着多方面的交往,各式各样的船便成了主要的负载工具和交通工具。明朝有记载,在江南的常州、镇江、苏州、松江、嘉兴、杭州、湖州地区,由于沟河交错,水港相通,"每一二里必过一桥,或百五十里,必船渡而后得济"[②]。到如今,塘、浦、泾、港、娄、浜、漾、荡等涉水名称,在湖州地区依然屡见不鲜。那些祖先传下的"密码"告诉我们,浙江的先民是如何开发利用水资源,求得生存发展的。

水资源不仅孕育了浙江的农业文明,还催生了家庭手工业和商业性的副业,为近代传统工业的诞生打下了基础。如有桥乡之称的绍兴,"三缸"经济甚为繁荣,"三缸"即酒缸、酱缸、染缸,哪一缸都离不开水。直至现代,绍兴黄酒香飘海内外,纺织印染业占据国内外大市场。湖州丝绸有近 4700 年历史:南北朝时,湖州丝绸已出口过十多个国家;1851 年,湖州丝绸在英国举办的万国工业博览会上获得金银大奖,成为中国第一个获得国际大奖的民族工业品牌。富阳造纸业亦有近 2000 年历史,21 世纪初成为当地支柱产业。平阳皮革产业在 20 世纪 80

---

① 施雯:《湖州桑基鱼塘获批全球农业文化遗产》,浙江在线,2017 年 11 月 28 日。
② 冯贤亮:《近世浙西的环境、水利与社会》,中国社会科学出版社,2010 年版,第 46 页。

年代后迅猛发展,其实,早在千年前,平阳已有原始的制革生产工艺。再看浙江现代兴起的化工、医药、电镀等产业,无不是以水资源为基础条件的。

浙江为水而治。

上善若水,水利万物而不争。水在大部分时间都是沉静温顺的,润物细无声。但是没有控制的水会变成水患,受污染后的水会变成水祸。纵观浙江史,半是治水史。

5000年前的良渚文化,以璀璨辉煌的玉文化为最,但2016年全国重大考古发掘发现,良渚古城有最古老的抗洪水利建筑。发现的11条水坝在古城上游的西北部地区形成一个庞大的水利体系,具有防洪、运输和灌溉等综合功能。距今5000年的良渚水利系统,是中国最早的大型水利系统,也是世界最早的拦洪大坝系统,直接保护了当年王城外围100多平方千米的区域。它工程浩大,仅外围堤坝的总土方量就达约260万立方米。[1] 良渚先民以勤劳和智慧抗击大自然的灾害,胼手胝足创造出风调雨顺的一方乐土。

而大禹治水,更是开启了九州大地人类重整山河的新篇章。4000多年前,华夏神州洪水泛滥,大禹率领数十万民众,励精图治治理水患。大禹总结、吸取其父治水失败的教训,改"筑坝堵水"为"浚河拓渠",疏堵结合,治水13年,耗尽心血与体力,终成治水伟业。浙江地理历史学家陈桥驿先生认为,禹是南方民族神话中的人物,这个神话的中心点在越(会稽),其背景其实是南方的洪水。他指出,怎样的水环境产生怎样的治水思想,黄河长而输沙量大,只能产生"堙"的治水思想,宁绍平原河流短促,沼泽遍地,才产生了"疏导"的治水办法。禹的传说从会稽到了北方,越族人民的治水思想也随之到了北方。[2]

大禹治水还带出了防风治水的故事。相传尧舜禹时,湖州德清一带属于防风古国,防风氏为当时的部落首领,因治水有方,深受百姓爱戴。大禹治水成功后,曾邀请天下各路诸侯在会稽山庆贺,防风氏因迟到被大禹误杀。事后查明,防风氏在赴会途中遭遇天目山山洪暴发,苕溪泛滥成灾,防风氏因参加抗洪抢险才迟到。不久,大禹为防风氏平反昭雪,还敕封他为"灵德王",并令建防风祠供奉防风神像。当代德清人以出治水英雄防风氏为豪,视防风氏治水故事为治水文化历史遗产,激励当今的治水事业。

春秋时期,越王勾践修建当时规模最大的富中大塘。在一些山麓坡地和平原上,人们依势建起一些短促、分散和简陋的灌溉运河,随着垦殖的扩大和技术

---

① 刘斌:《良渚:500年文明并不遥远》,《人民日报》,2008年2月8日。
② 邱志荣、周群:《禹的传说起源于越——访陈桥驿先生》,《水利天地》1990年第6期,第12页。

的提高,这些局部的灌溉运河经拓宽、凿深和连接,形成通航运河。绍兴历史上的"山阴故水道"就是这些通航运河中最著名的一条。① 东汉时,山阴地区经常水涝为患,会稽太守马臻发动民众以工代赈,主持修建东至曹娥江,西至钱清江的鉴湖水利工程。"水少则泄湖溉田,水多则闭湖泄田入海",灌溉农田 47 万亩。整个会稽北部平原从此免遭洪水之苦,并日臻繁华,成为著名的鱼米之乡。马臻实施鉴湖治理工程,揭开了浙江大规模治水序幕,在此后的千年中,经过无数代人艰苦修治,终于形成了宁绍地区河湖交错、富饶丰硕的水利环境。

在浙东沿海地区,因潮汐活动的周期性及海潮随时可能产生的破坏性灾难,筑堤防潮成了滨海乡村经常性的公共事务。在离海区较远一点的地方,由于河湖与海洋相沟通,潮水会上溯到这些地方,潮沙积滞使许多水区变成滩荡圩田,潮退后支河汊港又成陆地,影响水乡交通和农田灌溉。因此,在水利事业中,修圩、浚河与置闸三者成为缺一不可的项目。《清会典事例》记载:"浙西水利,在浙东则有海塘,在浙西则海塘而外又有溇港。湖州府属乌程县境有三十九溇,长兴县境有三十四溇。"因处于太湖水系的上游,属于水源地带,湖州长期以溇港作为水利事业的重点。溇港建有斗门、闸板、坝堰等设施,其主要功能在于引导水流宣泄,用大块木料和石料制成的水门十分坚固,依时按水量进行开闭调节,起到贮水和排水的作用。从宋代以后,历朝历代对溇港的建设和管理都较重视,多次花重金疏浚修复,并在派役、筹资、定时修复上形成一些制度。②

以今天的浙江省会城市杭州而言,人们至今仍感念为修浚西湖做出贡献的白居易、苏东坡,并以白堤、苏堤纪念他们。杭州原为钱塘江潮水冲积而形成的一方陆地,水质苦涩难咽。唐朝名相李泌在杭任刺史时,曾在城区建造六口水井,引西湖淡水供全城饮用。后来白居易任杭州刺史,进一步治理西湖,疏浚六井,完善供水和防洪工程,解决下塘一带千顷土地灌溉问题和杭州人民饮水问题,离任时留诗:"唯留一湖水,与汝救凶年。"苏轼担任杭州知州,特别注重城市整体生态环境的综合治理,最典型的例子莫过于元祐年间对西湖、运河与六井的全面整治。短短一年之内,杭州发生巨大变化,水草淤泥全部铲除,湖面豁然开朗。③ 更令后人赞叹的是,苏轼领导治水,善于依据城市自然生态环境和地形地貌条件,变废为宝,构建城市景观。他用挖掘出来一时无处安置的湖草、淤泥,在湖中筑起一道长堤,贯穿南北,又在堤上建跨虹、东浦、压堤、望山、锁澜、映波六

① 陈桥驿:《浙东运河》序,邱志荣、陈鹏儿:《浙东运河史》,中国文史出版社,2014 年版。
② 冯贤亮:《近世浙西的环境、水利与社会》,中国社会科学出版社,2010 年版,第 68—69 页。
③ 崔铭:《品悟苏轼的市政观》,《中国政协》2016 年第 23 期,第 80 页。

桥,沿堤种满芙蓉、杨柳,"望之如图画,杭人名之苏公堤",这座既实用又美观的长堤,至今仍是西湖最著名的景观之一。

浙江治水,铭刻丰碑,延泽至今。从以上历史记载和故事传说中,人们不仅可大致追寻先人治水的历史足迹,领略他们智慧巧妙的治水构思和刻苦坚毅的治水精神,还可从治水事业本身得到一些规律总结和施策启迪。

纵观历史,不同的时期,水患不同,治水的内容也不同。水患大致有三类:第一类是水涝。大雨滂沱,洪水滔天,温顺的河水变成脱缰的野马,肆虐大地,淹没村庄和田野,导致人畜伤亡和经济损失。第二类是干旱。长期无雨,江河干涸,缺水给人们生产生活带来极大的困难,年成减产甚至颗粒无收,在历史上造成无数次的饥荒。第三类是水污,是工业化带来的产物。进入现代社会,随着工厂内机器轰鸣,生产线上流出无数人们需要的消费品,同时产生大量的废水,流入河道、田野,造成水环境的逐渐恶化,给人们的生命健康带来严重的威胁。在长期的农业社会,水患集中在前两种情况,人们的治水活动,也主要是治理水涝和干旱,反映的是人类如何战胜自然,克服自然灾害带来的困难。浙江历史上的治水故事,纪念和传颂的正是带领民众战胜旱涝灾害的治水英雄。进入工业社会以后,水质污染的情况日益凸显,这是人类自身造成的灾害,是因为人类突破了环境承载能力的底线,破坏了自然。治水是人们控制自己的行为,恢复生态,回归自然的过程。

人与水的最佳状态,是人水和谐。但在现实生活中,一方面是发展需要水,人们生活水平的改善、对美好生活的追求需要更多的水,中国作为世界上最大的发展中国家,用水量处于快速上升期;另一方面,我国河流由于开发的时间长,规模大,开发利用的成就和出现的问题都超过其他国家,对处于改革发展前沿的浙江而言,人水矛盾尤为突出。虽然缺水、洪涝至今依然给社会发展带来各种各样的负面影响,但最主要的矛盾正逐渐转向水质的恶化。河流需要休养生息,人们盼望绿川重现,何以解脱困境,唯有治理修复。只是21世纪的治水,不仅仅是浩瀚的工程,与之互推共进的更有理念的更新、城乡的变革、科技的进步和制度的创新。

由此,浙江治水精神需要发扬光大,浙江治水故事期待再续新篇。

二、浙江的水污染

"先污染,后治理",曾是近代德国莱茵河的一段历史。这条长13980千米、被称为"德国父亲河"的河流,于20世纪50年代末沦为"死水"。大批化工、冶炼企业在莱茵河两岸崛起,水质急剧恶化。深受污染之害的德国最终花了 30 多年时间,才让莱茵河恢复清澈,重现生物。

快速发展的工业化和城市化,给浙江带来同样的命运,传统粗放型的经济增长模式,让生态陷入危机。浙江省陆域面积约 10.43 万平方千米,其中水域面积占 5.66%,是典型的江南水乡。20 世纪 80 年代以后,浙江形成 500 多个年产值超亿元的块状经济区,涉及 175 个行业。2004 年,浙江成为中国第 4 个 GDP 超万亿元的省份,同年省统计局发布的《浙江 GDP 增长过程中的代价分析》显示,2003 年浙江每创造 1 亿元 GDP 需排放 28.8 万吨废水,每创造 1 亿元工业增加值需排放 2.38 亿立方米工业废气,产生 0.45 万吨工业固体废物,分别比 1990 年增长 84.8%、3 倍和 1.3 倍。它们造就了区域经济的辉煌,却遭遇成长的烦恼:占全国 1% 的土地,承载了全国 4% 的人口,产出全国 6% 的 GDP,高速增长的背后,是天不蓝了,水不清了,山不绿了。

浙江水环境污染逐渐成为新的水患,水环境质量总体堪忧:八大水系和平原河网受到不同程度的污染,部分支流和流经城镇的局部河段水污染比较严重,运河、平原河网和城市内河污染相当突出,湖库出现不同程度的富营养化现象。2004 年八大水系水质,符合 Ⅰ、Ⅱ、Ⅲ 类水质标准的河段只占 52.1%,Ⅳ 类水质标准以下河段占 47.9%,其中 Ⅴ 类水质标准河段占 10.6%,劣 Ⅴ 类水质河段占 20.7%。一些城乡河道"脏乱差"现象严重,黑河、臭河、垃圾河占有相当比例。特别是城乡接合部和部分农村河道,长期失去管护,造成河道功能衰退,水环境严重恶化,影响群众的生活品质和生存环境。饮用水水源安全存在巨大隐患,各大流域、饮用水水源上游分布着众多化工、印染、造纸等重污染企业,还有大量有毒有害物品的生产、运输、存放、处置;湖库型水源地水体富营养化程度较高,经常发生一些藻类异常增殖现象。

更令人不安的是,一次次污染事件袭来,一次次环境遭损警报拉响。2004 年 7 月,新安江、兰江、富春江、浦阳江和钱塘江(市区段)水域发现大面积蓝藻;2004 年 8 月和 2005 年 6 月,钱塘江流域连续 4 次出现大面积死鱼[①];2005 年 4 月 10 日,东阳市画水镇竹溪工业功能区因污染发生环境群体性事件;2005 年 7 月 4 日,新昌江新嵊交界断面因医药化工污染引发环境群体性事件;2005 年 8 月,长兴县煤山镇发生环境群体性事件;2011 年 3 月和 5 月,台州市路桥区、湖州市德清县连续发生血铅超标事件⋯⋯

---

① 胡国强:《钱塘江生态保护:让执法手段硬起来》,《浙江人大》2005 年第 8 期,第 13—14 页。

浙江水环境污染成因复杂。

首先,产业发展的结构性、区域性矛盾突出,超量排放使环境不堪承受。从产业结构来看,浙江因水而兴的印染、化工、造纸等行业发展规模均居全国前列,但这些都是既费水又大量排放污水的行业,在牺牲环境换取经济增长的背景下,水资源优势反而带来水污染的隐患。据 2010 年环境统计数据,印染、造纸、制革、化工四大重污染行业,产值占全省工业总产值比重不到 37%,但化学需氧量和氨氮排放量却占全省工业排放量的 67% 和 77.9%,电镀、制革业产值占全省工业总产值的比重不到 5%,但铬总排放量却占全省的 92%。从企业情况看,浙江乡镇企业数量众多,布局分散,规模相对较小,由于废水处理成本较高,一些企业工业废水处理不达标或未经处理直接排放,所以"小低散"的传统制造业就成为工业污染的主要源头。从区域特点看,浙江素有"七山一水二分田"之说,长期以来居民生活和经济活动都密集分布于沿江沿海狭长地带,这里局部地区水资源分布不均匀,环境承载能力较弱,但改革开放使这些地区率先崛起民营经济,环境与发展的矛盾十分突出。在水环境形势图上,全省劣 V 类水质断面约 70% 分布于温台地区。

其次,农业点源面源污染严重。化肥农药流失、种植业废弃物、养殖业排泄物和农村生活污水的污染负荷占全部污染负荷的 1/3 以上。浙江历史上一直是农业大省,但人多地少的矛盾较为突出。由于流域内耕地面积逐年减少,生产者对农业比较效益期望升高,造成化肥、农药过度施用,单位面积内施用农药、化肥量居高不下。浙江省每公顷化肥平均施用量约 368 千克,远高于全国平均水平。[①] 畜禽养殖业集约化养殖规模不断扩大,污染源相对集中,区域水环境污染逐年加重;同时散户养殖和小型规模化养殖场仍占一定比例,分散养殖的畜禽排泄物不易收集,利用率较低。嘉兴市交界断面水质考核不合格,就是因为当地畜禽养殖总量远远超出环境承载能力;衢州市出境断面水质尽管能够达到功能区要求,但水质呈不断恶化趋势,主要原因也是畜禽养殖量高达 600 万头以上且治理率又很低。浙江的水产养殖比较发达,水产养殖中大量投放的饲料流失量一般在 25% 以上,一些地方的山塘水库还存在用化肥增肥养鱼的情况,水产养殖产生的残余饵料、排泄物,以及渔药、添加剂、消毒剂等不同程度地污染水环境。

再次,城乡环境基础设施建设滞后。虽然城市污水处理厂建设速度领先国内,但推进过程中,一些地区基础设施运行技术标准较低,市场化机制建设落后,

① 浙江省统计局、国家统计局浙江调查总队:《浙江统计年鉴 2012》,中国统计出版社,2012 年版。

建设运行资金缺乏保障,部分处理设施无法正常发挥作用;一些老旧小区雨污合流、管网破损和串管现象严重,城乡接合部截污纳管进展缓慢,大量生活污水直排河道。同时,农村人居区地表径流污染、临时农产品简易加工污染、农家乐污水等问题长期未得到有效解决。城市生活垃圾集中处理产生的渗滤液通过土壤对地下水资源造成污染。一些沿河单位和居民一时难改旧时生活习惯,经常向河道随意倾倒垃圾等废弃物,部分河段沦为垃圾场、臭水沟。

最后,河道内源污染制约水环境质量改善。一方面,由于农村捻河泥的做法已成历史,河道疏浚又主要针对主干河道,广大平原河网支流、农村河道淤积严重,再加上河道保洁没有做到持续常态,许多水面淤积厚度达到 1.2 米以上,一些河滨已经沼泽化。另一方面,水域被不断蚕食,土地开发,耕地整理,河道裁弯取直,河道自然淤积等,都使湿地面积快速减少。湿地是地球之肾,对污染物的降解起着非常重要的作用。湿地的消亡,不仅使水环境容量随之减小,还给防洪减灾带来不利后果。

环境科学中有一条著名的"库兹涅茨曲线",它呈倒"U"形,表明在工业化进程中,随着经济的增长,污染物排放量亦随之增加,到了转型期,越过这个阶段后,污染物排放量会下降。进入 21 世纪后的浙江处于工业化的中后期,经济从量的快速增长逐渐向质的提高转化,然而,污染物排放量下降、环境质量提高的趋势并非自然而然形成,需要政府积极推动,有所作为。

长期以来,浙江省历届省委、省政府一直在为破解发展与环境之间的矛盾而努力,做出一系列有关环境治理和保护的决策部署。20 世纪八九十年代起,浙江对环境治理已逐步有所行动。1993 年至 1995 年,根据全国人大环资委和国务院环保领导小组的统一部署,浙江开展了连续三年的环保执法大检查。1991年起,国家启动太湖治理工程,1998 年发起"聚焦太湖零点达标"行动,浙江省以南太湖为重点,对水污染治理加大马力,并把这种环境保护的意识和动能带入21 世纪,成为一项长期实施的重大战略决策。2005 年以后,水环境恶化趋势有所控制,但是在近十年间,全省水质变化改善的进程比较缓慢,有的水质指标甚至有震荡反复,影响较小的环境污染事件仍然不断。这是水环境质量状况胶着的十年,这十年间,一方面"库兹涅茨曲线"的拐点在缓慢到来,另一方面,经济快速增长与环境容量有限之间的矛盾、经济总量扩张与资源利用率低下之间的矛盾依然存在,污染物排放的减量因素与增量因素并存,环境治理与污染排放进行着此消彼长的力量博弈。

迈入"十二五"时期,随着污染物的持续减排,环境质量出现了持续稳定好转的局面,但总的来看,污染物排放量仍然处于一个非常高的水平。需要特别关注的是,这一时期人民群众对美好的生活、生产、生态环境的需求与时俱进,而不再满足于前一时期对环境安全的基础性需求,浙江进入了生态环境的安全需求与审美需求并存时期。

三、接力递进的"811"行动

"生态为先,民生为重",这是浙江对生态建设和环境保护的反思和醒悟。浙江的领导决策者已经清醒地认识到,在生产发展、生活富裕的同时,为百姓提供一个山清水秀、空气清洁的生态环境,为子孙后代留下可持续发展的空间、资源,同样十分重要。

2002 年 6 月,省第十一次党代会提出了建设"绿色浙江"的目标;12 月,来浙江工作不久的习近平,在主持浙江省委十一届二次全体(扩大)会议时提出,要积极实施可持续发展战略,以建设生态省为主要载体和突破口,加快建设"绿色浙江",努力实现人口、资源、环境与经济社会的协调发展。

2003 年 1 月 28 日,国家环保总局批复浙江省为全国第 5 个生态省建设试点省份。6 月 28 日,省十届人大常委会第四次会议通过了《关于建设生态省的决定》。一个月后,浙江省委十一届四次全会把"进一步发挥浙江的生态优势,创建生态省,打造'绿色浙江'"作为"八八战略"的重要内容正式提出。8 月 19 日,省政府印发《浙江生态省建设规划纲要》,纲要提出十大重点领域和五大体系建设的主要任务,建设生态省这一战略决策开始全面实施。

2005 年 8 月 15 日,时任省委书记习近平到安吉县天荒坪镇余村考察,提出"绿水青山就是金山银山"的重要思想。

2010 年 6 月,省委十二届七次全会做出《关于推进生态文明建设的决定》,强调坚持生态建省方略,打造"富饶秀美、和谐安康"的生态浙江,努力把浙江建成全国生态文明示范区。

2014 年 5 月,省委十三届五次全会召开,审议通过《关于建设美丽浙江创造美好生活的决定》,要求把生态文明建设融入经济建设、政治建设、文化建设、社会建设各个方面和全过程,建设"富饶秀美、和谐安康、人文昌盛、宜业宜居的美丽浙江"。

2017 年 6 月,省第十四次党代会提出实施"大花园"建设行动纲要。

从 2002 年确立建设绿色浙江,到 2017 年提出全省"大花园"建设,浙江生态文明建设的目标定位不断提升,构成了以"八八战略"为总纲,以生态省为龙头,绿色浙江、生态省建设、美丽浙江一脉相承、互为一体的战略目标体系。

2004 年以后，浙江连续开展"811"环境污染整治行动（2004—2007）、"811"环境保护新三年行动（2008—2010）、"811"生态文明建设推进行动（2011—2015）、"811"美丽浙江建设行动（2016—2020），根据不同的阶段提出不同的任务和工作侧重点，形成了生态建设、环境综合整治接力递进的格局。

第一轮"811"行动金鸡破晓。

2004 年 10 月，省政府颁布《浙江省环境污染整治行动方案》（浙政办发〔2004〕102 号），计划从 2004 年到 2007 年，在全省开展以八大水系和 11 个省级环境保护重点监管区为重点的环境污染整治行动，简称"811 环境整治行动"。行动方案的目标是，对重点流域、重点区域、重点行业和企业进行整治，使全省环境污染和生态破坏趋势基本得到控制，突出的环境污染问题基本得到解决，在全国率先全面建成县以上城市污水、生活垃圾集中处理设施，率先建成环境质量和重点污染源自动控制网络，环境污染防治能力明显增强，环境质量稳步改善。

"811"中，"8"是指八大水系的治理；"11"是指 11 个省级环境保护重点监管区，分别是椒江外沙和岩头化工医药基地、黄岩化工医药基地、临海水洋化工医药基地、上虞精细化工园区、东阳南江流域化工工业、新昌江流域新昌嵊州段、萧山东片印染及染化基地、衢州沈家工业园区化工工业、平阳水头制革基地、温州市电镀工业、长兴蓄电池工业。同时，杭州四堡污水处理厂、杭州七格污水处理厂等 33 家企业被列入第一批省级重点环境污染整治企业名单，其中杭州 10 家，衢州 12 家，金华 6 家。

这个行动方案中，水环境整治的目标是，八大水系和主要湖泊、水库、河网水体环境功能区水质达标率达到 60％以上；地表水交接断面水质达标率达到 60％以上，其中钱塘江流域达到 70％以上；城乡集中式饮用水水源地水质达标率达到 85％以上。

工作策略上，要建立跨行政区域的河流交接断面水质管理制度；组织实施钱塘江、太湖流域水污染防治规划和金华江"碧水行动"计划；编制并实施瓯江、甬江、飞云江、鳌江、曹娥江（包括鉴湖水系）、椒江（包括温黄平原河网）水污染防治规划；制订城乡一体化的给排水计划，建立合格的饮用水水源保护区。对应这些策略部署，还有工业污染防治、农村环境整治、城镇环境治理、防治能力建设等一系列具体措施。

经过努力，2007 年底，首轮"811"行动计划"两个基本、两个率先"的目标基本实现。八大水系水环境质量取得转折性改善，全省 11 个省级环保重点监管区基本实现达标"摘帽"。在防治能力建设上,在全国率先实现县级以上城市都有污水处理厂,日处理能力达到592万吨;建成65个行政交接断面地表水水质自动监测站,并投入运行;1452家重点排污企业安装在线监控装置,省市县三级环保部门实现联网,环境质量和重点污染源在线监察监控系统基本形成。

第二轮"811"行动无缝衔接。

按照省委"创业富民、创新强省"总战略和努力建设资源节约型、环境友好型社会要求,2008年省政府决定,继续开展"811"环境保护新三年行动。这项行动计划实施时间依旧为3年,总体目标要求是:确保完成"十一五"环保规划确定的各项目标任务,基本解决各地突出存在的环境污染问题,继续保持环境保护能力全国领先,生态环境质量全国领先。

"811"中的"8",分别指八个方面的工作目标和八个方面的工作任务。八个方面工作目标中,对水环境治理的目标要求是:地表水环境功能区水质达标率达到62%以上;地表水市县交界断面水质达标率达到60%以上,其中钱塘江流域达到70%以上;县级以上集中式饮用水水源地水质达标率达到85%以上。

八个方面的工作任务中,水污染防治方面主要任务为:第一,切实保障饮用水水源安全。合理划定和调整饮用水水源保护区,切实加强饮用水水源地有机污染物监测和防治。健全饮用水水源安全预警机制,县以上城市加快建设饮用水第二水源或备用水源。2010年,合格规范饮用水水源保护区创建比例达到100%。第二,继续深入推进重点流域水污染防治。全面实施钱塘江、曹娥江、甬江、椒江、瓯江、飞云江、鳌江等流域水污染防治"十一五"规划,组织实施一批污染治理和生态修复工程。加强水系源头生态环境保护,钱塘江、瓯江水系衢州、丽水境内水质和飞云江干流水质满足水环境功能要求。第三,推进平原河网水污染防治。加快实施《浙江省太湖流域水环境综合治理方案》,确保完成国家下达的太湖流域"十一五"治理任务。编制实施姚慈平原河网、绍虞平原河网、台州平原河网、温瑞平原河网水污染防治规划。力争到2010年,这些平原河网水体化学需氧量、氨氮、总磷等污染物浓度比2007年降低10%以上。

"11"既指落实11项保障措施,也指省政府确定的11个重点环境问题。比起前一轮"811"计划,11项保障措施在标本兼治、依法严管、科技支撑和运用市场机制上有进一步的突破和深化。11个重点要解决的环境问题是指:杭新景高速公路沿线小冶炼污染、宁波临港工业废气污染、温州温瑞塘河环境污染、湖州南浔旧馆镇有机玻璃污染、嘉兴畜禽养殖业污染、萧绍区域印染化工行业污染、东阳江流域水环境污染、台州固废拆解业土壤污染、衢州常山化工园区环境污染、丽水经济开发区革基布合成革行业污染、浙江省部分开发区工业园区环境污染。将重点防治工业污染向全面防治工业、农业、生活污染展开。

经过前两个"811"行动，至 2010 年，全省八大水系、运河和主要湖库水环境功能区达标率为 73.7%，比 2004 年提高了 23.1 个百分点；城市集中式饮用水水源地水质达标率为 87.45%。但全省生态环境质量总体水平依然不高，水环境情况不容乐观。从经济发展状况看，结构调整取得了较大进展，但过多依赖低端工业、过多依赖低成本劳动力、过多依赖资源环境消耗的增长格局，还没有根本改变。从减排目标看，"十二五"时期国家考核的污染物从两项增加到四项，其中水质考核从以前的化学需氧量一项增加到化学需氧量、氨氮两项，治理的要求提高，难度增大。

第三轮"811"行动再接再厉。

随着前两轮"811"行动的实施，浙江省生态环境保护进入投入最多、力度最大、成效最明显的时期。2011 年，省政府决定再度开展"811"生态文明建设推进行动。

这轮新行动计划，承袭了前两轮"811"这个标志性数字名称，主要内容结构仍然按"811"设计，但是实施时间与国民经济和社会发展规划实施年度吻合，延长为 5 年；工作重点从全面推进环境保护转到立体推进生态文明建设上来，指导思想从"对环境负责"转到"更关注民生"。总体要求是坚持科学发展主题和契合加快转变经济发展方式这条主线，经过 5 年努力，基本实现经济社会发展与资源、环境承载能力相适应，环境质量提高与改善民生需求相适应，使全省"十二五"生态省建设继续保持全国领先，生态文明建设走在全国前列。

"811"中，"8"指八个工作目标，其中环境质量中的水质目标为八大水系、运河、主要湖库水质达到或优于 III 类标准的比例达到 75% 以上，劣 V 类水质比例控制在 5% 以内，平原河网水质明显改善，县以上城市集中式饮用水水源地水质达标率达到 90% 以上，近岸海域水质总体保持稳定。

"11"首先是指为达到目标采取的 11 项专项行动。治水工作主要反映在清洁水源行动上，主要任务是继续实施八大水系和杭嘉湖、宁绍、温黄、温瑞四大平原河网水污染防治规划，深入开展印染、造纸、化工、医药、制革、电镀、食品酿造等重点行业污染整治。大力发展生态农业，减少化肥农药施用和流失，建立畜禽养殖区域和污染物排放总量双控制度。到 2015 年全面实现生猪存栏 50 头以上畜禽养殖场排泄物无害化处理与资源化利用。保障饮用水安全仍然是重点，到 2012 年全面完成所有集中式饮用水水源地保护区的划定，到 2015 年县级以上集中式饮用水水源地水质达标率达到 90% 以上,乡镇集中式饮用水水源地水质达标率达到 75% 以上,并建成 81 个饮用水水源水质自动监测系统,所有城市具备 2 个以上水源供水能力。

"11"其次是指 11 项保障措施。第三轮"811"行动,更加重视制度、机制的引导和规范作用,在保障措施中提出要完善环境准入制度,加强环保法规标准建设,完善监测监控预警体系,健全综合考核评价制度,严格环境执法监管制度等。在政府的监督管理上,要加大力度开展一系列的环保治理专项行动;全面实行排污许可证制度,严禁无证或超标、超总量排污;综合运用在线监控、飞行监测等手段,加强对排污企业的监管,坚决遏制环境违法高发态势。严格考核督查,把"811"生态文明建设推进行动的落实情况,纳入每年的生态省建设考核,纳入各级领导班子和领导干部的考核评价体系,层层落实责任制。

第三轮"811"行动,强调以创建做示范引导。在区域层面,创建生态市、生态县、生态乡镇和美丽乡村,争取到 2015 年,全省有 70% 以上县(市)成为省级以上生态县(市),有 70% 以上乡镇成为省级以上生态乡镇,70% 县(市)达到美丽乡村建设要求。在企业层面,要以发展清洁生产和绿色产品为载体,鼓励所有企业参与生态文明建设。在项目层面,实施一批循环经济项目、环境基础设施项目和生态修复项目,提高生态文明建设水平。

浙江作为一个民营经济发展大省,治水工作同样主张灵活创新。新一轮"811"行动提出,为了保证目标任务完成,要健全多元化投入机制,一方面要加大财政投入,同时支持企业等社会资金,以独资、合资、承包、租赁、股份制、股份合作制、BOT 等不同形式参与城镇和农村生活污水处理、垃圾处理、污泥处理等基础设施的建设和运营。加快推进要素配置市场化,完善有利于环境保护的价格、税收、信贷、土地等政策措施。进一步改进和完善"十一五"建立的生态环保财力转移支付制度,对生态环境质量比较好的市县,省财政予以较大数额的奖励,对生态环境质量较差的市县,省财政要收缴一定数额的地方财政收入,以示赏罚分明,增强激励力度。

第四轮"811"行动攀登新高。

2016 年 6 月 20 日,浙江省委办公厅、省政府办公厅发布《"811"美丽浙江建设行动方案》(浙委办发〔2016〕40 号)。

第四轮"811"行动计划在一个新的特定历史时期被制订。2015 年,中共中央和国务院发出《关于加快推进生态文明建设的意见》,前一年浙江省委做出《关于建设美丽浙江创造美好生活的决定》,新"811"行动计划必须贯彻落实中央和省委的决策部署,坚定不移走"绿水青山就是金山银山"之路,以改善环境质量为核心,以健全生态文明建设体制机制为重点,持续精准推进环境治理和生态保护,绝不把违法建筑、污泥浊水和脏乱差环境带入全面小康社会,不断满足人民群众对美好生活的新期待,加快建成美丽中国的"浙江样板"。

第四轮"811"行动计划内容更加丰富全面。内容结构中,"8"指绿色经济培育、环境质量、节能减排、污染防治、生态保护、灾害防控、生态文化培育、制度创新等八个方面主要目标。环境质量中的水质目标为:全面消除地表水劣 V 类和设区市建成区黑臭水体,地表水断面达到或优于 III 类水质的比例达到 80% 以上,县以上城市集中式饮用水水源地水质达标率达到 92.6%,地下水和近岸海域水质保持稳定。

"11"指为完成目标而设计的 11 项专项行动。计划实施时间跨度 5 年,既与省委《关于建设美丽浙江创造美好生活的决定》时间统一,又与"十三五"规划时间衔接。根据该文件提出的"着力推进以治水为重点的环境综合治理",考虑到水、气、土的环境质量已成为全社会的关注焦点,计划将治水、治气、治土单列,设置了"五水共治"、大气污染防治、土壤污染防治三个专项行动。

第四轮"811"行动计划的时代特色十分鲜明。首提"生态文化培育",旨在弘扬具有浙江特色的人文精神,彰显生态文化培育在"两美"浙江建设中的地位。这一目标涵盖了挖掘生态人文资源、提升公民人文素养、弘扬生态文化、倡导绿色生活方式、推进生态示范创建 5 个方面,希望通过享受保护环境带来的生态红利,使环境保护能成为整个社会最大共识。对"绿色经济"的提出,既对应过去"循环经济"的概念,又较过去做法更全面地关注经济发展和环境资源之间的平衡点,多种方式指导破解发展瓶颈,实行产业转型升级。

制度创新是又一大特色亮点。根据党的十八届五中全会提出的"以提高环境质量为核心,实行最严格的环境保护制度"的要求,在第四轮"811"计划中,制度创新涵盖了一系列目标、体系、执行与考核等,包括建立"源头严管"制度、完善"过程严控"措施、实施"恶果严惩"机制、强化多元投入机制等四方面内容。绿色国民经济核算体系、自然资源资产负债表等绿色词汇在计划中初次亮相,令人耳目一新,以新的方法规范生产生活,给环保领域带来了新鲜空气。

前后四轮"811"行动计划,共性是着眼于行动,把国家的要求、群众的期待化为具体的措施,有目标,有方向,可操作,可衡量。然而,每一轮行动计划又各有特点:第一轮行动计划目标对准重点流域、重点区域、重点行业的环境整治;第二轮行动计划继续加强环境治理,并将目标量化,增加了治理的刚性和力度;第三轮行动计划重点转到生态文明建设上来,内涵更加丰富深刻;第四轮行动计划上升到对"两山"理论的实践,引入"美丽浙江,美好生活"的"两美"理念,将较高水平的生产、生活、生态高度融合。前后四轮"811"行动,由污染整治到环境保护,再到生态文明建设,层层递进,不断跨越,形成一个循序渐进、持续拓展深化的过程,反映了浙江进入 21 世纪后,十多年环境治理和生态建设的轨迹。如果说 20 世纪末期浙江的环境质量渐次滑坡,那么,这十多年间,浙江的环境是在"正本清源、重整山河",随着一轮又一轮行动计划目标要求的实现,浙江的山在变绿,水在变清。

四、五水共治

2013 年 11 月,浙江省委十三届四次全会召开,做出关于全面深化改革再创体制机制新优势的决定,其中一个重大关注点,是提出以"五水共治"为突破口倒逼经济转型升级。这是一个重要信号,表明浙江作为江南水乡、工业强省,环境治理要明显加大马力,并把攻克重点先放在水环境治理;这是一个重大转折,打破很多地方长期以来把环境治理与经济发展对立起来的固有思维,强调环境治理对推动经济发展的强大反作用力,要以治水为突破口,倒逼产业转型升级。

选择治水为突破口,是符合浙江实际的。浙江水系发达,几十年水污染逐渐严重,成为浙江环境最大的问题。2003—2013 年的十年间,浙江地表水 III 类以上水质断面比例从 40% 提高到 63.8%,但与群众的环境诉求仍有很大差距。2013 年年初网上曾出现"多地市民邀请环保局长游泳"的舆论事件,群众呼声迫切,治水必然是浙江环境治理的"龙头";浙江的水网主要是八大水系和五大平原河网,流域范围清楚,一方水土一方人治,易抓责任落实,易见治理成效。

2013 年夏天,浙江出现高温干旱;10 月 7 日,受台风"菲特"影响,浙江余姚等地遭遇中华人民共和国成立以来最严重水灾,70% 以上城区受淹,主城区城市交通瘫痪,工农业生产遭受损害。这使领导者深深意识到,水生态系统是一个有机整体,必须采取综合治理的方法,才能从根本上解决浙江的水问题。

12 月的全省经济工作会议,发出了"五水共治"总动员令,明确了"三五七"时间表、"五水共治、治污先行"的路线图。"三五七"中,"三"是指 2014—2016 年,用三年时间解决突出问题,治水初见成效;"五"是指 2014—2018 年,用五年时间,要基本解决问题,使水环境全面得到改观;"七"是指 2014—2020 年,用七年时间,达到水环境基本不出问题,实现质变。

"五水共治"包括 5 个方面的重点治水内容:治污水,防洪水,排涝水,保供水，抓节水。治污水简单概括为清三河、两覆盖、两转型。"清三河"就是治理黑河、臭河、垃圾河。"不积小流，无以成江海"，治大江大河之污必须从治小河小溪抓起。尤其是黑河、臭河、垃圾河，是工业污染、农业污染、生活污染的集中体现，群众反映十分强烈，要通过重点整治基本达到水体不黑不臭，水面不油不污，水质无毒无害，水中能够游泳。"两覆盖"就是力争到 2016 年，最迟到 2017 年，实现城镇截污纳管基本覆盖，农村污水处理、生活垃圾集中处理基本覆盖。"两转型"就是抓工业转型与农业转型，污染在水中，根源在岸上，既要治标更要治本。工业转型重点是加快电镀、造纸、印染、制革、化工、蓄铅等高污染行业的淘汰落后与整治提升，农业转型重点是坚持生态化、集约化方向，推进种植、养殖业的集聚化、规模化经营和污染排放的集中化、无害化处理，控制农业面源污染。

防洪水，是要通过推进强库、固堤、扩排等三类工程建设，强化流域统筹，疏堵并举，制服洪水之虎。排涝水，主要是强库堤、疏通道、攻强排，打通断头河，开辟新河道，消除易淹易涝片区。保供水，是推进开源、引调、提升等三类工程建设，保障饮用水水源，提高饮用水质量。抓节水，要通过改装器具、减少渗漏、再生利用和雨水收集利用示范等措施，合理利用水资源。

"五水共治"路线图中，"五水共治"被形象地比喻成 5 个手指，其中污水是大拇指，治污先行就是重点突出治污水，以治污水这个大拇指起关键性作用，带动防洪水、排涝水、保供水、抓节水；还有一层意思是，老百姓对污水感受直接、深恶痛绝，治好污水，他们就会竖起大拇指。5 个手指分工有别，和而不同，攥起来形成一个拳头，用这个拳头，打造绿色江山，推动转型升级。

"五水共治"体现了治水系统性、整体性、综合性的特点。历史上，大禹的"疏堵并用，因势利导"，李泌的"引湖水入城，为六井以利民"，白居易的"堤防如法，蓄泄及时"，苏轼的湖河水井共治，水草淤泥筑堤，无不蕴含着综合治水的思想精华。"五水共治"的"五水"之中，你中有我，我中有你，难以分而治之，需要处理好各种关系。从调水、蓄水、排水的关系看，河流的生态流量少了，会影响水体的环境自净能力，说明水质与水量有密切联系，需要合理安排调水和蓄水；从水利、水运、水景的关系看，如果治水能进行科学的规划和建设，就能照顾到生产、生活、生态各个方面，灌溉、航运、观景多头得益；从江河湖的关系看，连通水系可以提高水资源调控水平，提升供水保障能力；从大河小河的关系看，俗话说，小河有水大河满，抓好小河小溪的治理，就能从源头上提升流域水质；从上下游的关系看，同饮一江水，都是护水人，上下游既要分段同负责，更要统一共治理；从保水、供水、节水的关系看，一方面要保护饮用水水源，保障群众生活用水，另一方面要认识到水资源有限,需节约用水。所以,治水需要全面规划,综合治理,统筹治污治涝、防洪防潮、保饮保供、节水节流等各项治水工作的具体任务。

但是五项治水任务又不是平均施力,在战术路径上需要突出重点,带头突破。从"五水"内在联系看,治污是关键且具有龙头作用,能够带动整个治水局面;治污既能保证饮用水水源水质安全,从而保障城乡居民饮水安全,又能有效促进水资源的循环利用、高效利用,是最重要的节水方式,可谓是一种根本性和源头性的保饮保供、节水节流的方式;治污水也需要对河道、湖库进行工程治理,其实与防洪水、排涝水是"一帖治多病"。所以,抓住治污水,就能实现"一子落,全盘活"的效果。

"五水共治"的组织实施围绕"十百千万治水大行动"展开,一批紧缺性、关键性、带动性和社会最关注的治理项目在紧锣密鼓中开工启动:"十"就是"十枢",建设 10 大蓄水、调水、排水等骨干型枢纽工程,其中包括蓄水项目 3 个——浙东钦寸水库、台州朱溪水库、永嘉南岸水库;引水项目 2 个——杭州第二水源千岛湖配水工程、舟山大陆引水三期工程;排洪项目 2 个——余姚江扩大北排工程、杭嘉湖扩大南排工程;除涝项目 2 个——杭州城西留下片区排涝系统工程、湖州市环湖河道整治工程。10 大项目预计总投资 363.9 亿元。"百"就是"百固",每年除险加固 100 座水库,加固 500 千米海塘河堤。"千"就是"千治",每年高标准高质量治理 1000 千米黑河、臭河、垃圾河,整治疏浚 2000 千米河道。"万"就是"万通",每年疏浚 10000 千米给排水管道,增加 100 万立方米/小时的入海强排能力,增加 10 万立方米/小时的城市内涝应急强排能力,新增农村生活污水治理受益农户 100 万户以上。

通过逐年实施以上项目,到 2017 年,十大蓄水、调水、排水等骨干型枢纽工程全部开工并部分建成,加固 400 座水库、2000 千米海塘河堤,高标准治理 4000 千米黑河、臭河、垃圾河,整治疏浚近 10000 千米河道,清疏 40000 千米给排管道,增加 400 万立方米/小时的入海强排能力和 40 万立方米/小时的城市内涝应急强排能力,新增受益 480 万户农户的农村生活污水治理工程,从而实现全省治水能力的质的提高。瞻望更长远的规划,浙江省水利厅制定的《浙江省防洪水实施方案》《浙江省保供水实施方案》提出,到 2020 年全省将重点实施"防洪保供633 工程",即实施 6 类 30 大项 3000 亿元项目总投资的基础设施建设,其中防洪水工程总投资 2048 亿元,保供水工程总投资 953 亿元。

2014 年,是浙江"五水共治"启动之年。2014 年 3 月,省政府办公厅印发《浙江省"十百千万治水大行动"2014 年工作计划的通知》,这项工作被纳入浙江省政府年度工作整体部署,并在此后几年连续列入省政府年度民生实事。在浦阳江流域治水先行探索、各地治水初步实践的基础上,浙江正式吹响"五水共治"集结号,全面开展水环境治理。

2014 年 5 月,省"五水共治"工作领导小组成立并在杭州召开第一次会议,领导小组由省委和省政府 30 个部门和单位组成,下设办公室。各市、县(市、区)接着也建立相应的领导小组和办公室。2014 年 12 月,省政府颁布《浙江省综合治水工作规定》,对全省开展"五水共治"的工作机制、责任分工做出规定。

2016 年 2 月,全省"五水共治"工作年度会议召开,这是"十三五"的开局之年。"五水共治"经历一年多时间,进展迅速,并取得初步成效。全省垃圾河、黑臭河整治基本完成,地表水省控断面Ⅲ类以上水质占比较快提升,多年徘徊的水质状况有了明显改善。省委强调,全省上下要坚定不移地把"五水共治"全面推向"十三五",决不把脏乱差、污泥浊水、违章建筑带入全面小康。

2017 年春节刚过,省委、省政府连续召开全省剿灭劣Ⅴ类水工作会议和誓师动员大会,在完成"清三河"任务基础上,进一步打响剿灭劣Ⅴ类水攻坚战,把"五水共治"推向深入。

为实施这项巨大的工程,2014 年至 2016 年三年内,全省重点项目共计投资 2300 多亿元,靠的是建立政府、市场、公众多元化的投资体系。[①] 2014 年省委、省政府提出,各地"三公"经费削减 30%以上全部用于治水。同时,引导民间资本参与"五水共治"项目投资,拓展多元筹资机制。

翻开一年年的《浙江省环境状况公报》,人们能清楚看到浙江水质的一步步变化。2013 年的《浙江省环境状况公报》显示,全省地表水环境质量总体良好,经对全省 221 个省控断面监测结果统计,水质达到或优于Ⅲ类的断面占 63.8%,但与 2012 年的 64.3%相比,下降了 0.5%。平原河网水质污染尤为严重,劣于Ⅲ类的水质断面占 88.9%,其中劣Ⅴ类的占 52.8%,不能满足水环境功能区目标水质要求的断面占 83.3%。在八大水系中,钱塘江、曹娥江、甬江、椒江、鳌江等水系中仍然存在明显污染的河段。这说明,在 2013 年这个历史刻度,浙江的水质依然在下滑,很多支流的水质也在下降。

2014 年,浙江开始启动"五水共治"。"春江水暖鸭先知",2014 年,省环保厅公布的《浙江省环境状况公报》开始让人感知治水带来的些许变化。据全省 221 个省控断面监测结果统计,水质达到或优于地表水环境质量Ⅲ类标准的断面占

---

① 《浙江"五水共治"进行时:经济大省如何破解"成长烦恼"》,《第一财经日报》,2017 年 8 月 25 日。

63.8%，与 2013 年度持平，但劣Ⅴ类水质断面占 10.4%，比上一年减少 1.8 个百分点；全省 145 个跨行政区域河流交接断面中，Ⅰ—Ⅲ类水质断面比例同比上升 3.9 个百分点，劣Ⅴ类水质断面比例同比下降 5.5 个百分点。2015 年，"五水共治"的春风带来了之江大地上河流的新面貌。全省 221 个地表水省控断面Ⅲ类以上水质比例达到 72.9%，比 2013 年提高 9.1 个百分点；劣Ⅴ类水质断面占 6.8%，比上一年减少 3.6 个百分点。2016 年浙江水质持续变好，全省 221 个地表水省控断面中，水质达到或优于地表水环境质量Ⅲ类标准的断面占 77.4%，钱塘江、苕溪、瓯江、飞云江和曹娥江等重点水系的Ⅰ—Ⅲ类断面比例均达到 100%；劣Ⅴ类水质断面进一步缩减到 2.7%，比上年减少 4.1 个百分点。2017 年浙江水质进一步转好，1—9 月，全省 221 个省控断面中，Ⅰ—Ⅲ类水质断面占 81%，满足水环境功能区目标水质要求的断面占 85.1%，劣Ⅴ类水质断面全部消灭；平原河网 42 个省控断面，满足功能要求的断面比例上升到 45.2%，Ⅲ类以上水质断面占 35.7%，劣Ⅴ类水质断面全部消灭。[①] 这些数据背后，是浙江持续治水的艰苦付出。

为了激励各地治水一鼓作气、再接再厉，省委、省政府专门为"五水共治"工作设立最高奖——"大禹鼎"。从 2014 年到 2016 年，共有 7 个设区市和 47 个县（市、区）获得"五水共治"大禹鼎。其中湖州、金华、衢州三个设区市和德清、浦江、天台、瓯海四个县（区）获得三连胜。

同样，浙江的治水工作也得到了国家的肯定。2017 年 12 月，经国务院同意，环保部公布了 2016 年度《水污染防治行动计划》考核结果，评定浙江省为优秀，并获中央水污染防治专项资金奖励 1.6 亿元。考核内容包括水环境质量目标完成情况和水污染防治重点工作完成情况两个方面，浙江两项成绩分别获得 98.8 分和 91.5 分，是纳入此次考核的 31 个省市区中唯一两项考核突破 90 分的省份。

---

① 浙江省省委省政府美丽浙江建设领导小组办公室：《美丽浙江建设工作简报》，2017 年总第 99 期。

第二章 以重污染行业整治为治本之策

水环境是一个地方产业的"透视镜",水清则产业层次高,水黑则产业层次低。以重污染行业整治为主战场的治水战役,对浙江而言是有史以来最大、最复杂的一次利益调整,是一场"刮骨疗伤"式的自我革命。十多年来,浙江坚持"腾笼换鸟""凤凰涅槃",把水环境治理与经济转型升级紧密结合起来,破解"成长的烦恼",把水质指标作为硬约束,倒逼产业转型,加快推动传统产业走向中高端;同时,又是用经济发展方式的转型去解决环境问题,走出一条环境保护与经济发展、产业升级共赢的新路子。这正印证了著名的"波特假说",即严格的环境规制并不一定会降低企业的竞争力,合理的环境法规和标准有助于推进企业技术创新,降低产品的总成本或提高产品价值,抵消改善环境影响的成本,使企业更有竞争力。

一、萧山——印染化工行业的"凤凰涅槃"

印染、化工行业是萧山的重要支柱产业,仅衙前一镇,11.8平方千米土地上就聚集了以纺织为主的650多家企业。改革开放以来,萧山一直跻身于全国发达县区前列,印染、化工行业为当地经济做出了重大贡献。然而,这两大行业的粗放发展,也使萧山成为环境污染的重灾区,从浙江省第一轮"811"行动计划实施开始,萧山就长期"被盯上"。对这两大行业进行整治,对萧山无疑是刮骨疗伤,忍痛割爱。许多年来,萧山对印染、化工行业的整治一直未曾间断,但效果不甚理想,2014年,省政府部署对全省印染、化工行业开展限时重点治理,萧山区被列为重点整治区域。但这次釜底抽薪式的整治推进十分艰难,半年后萧山排名在21个重点整治区域的后面,杭州市被省级管理部门挂牌督办,在当年10月6日的全省重污染行业整治推进会上,萧山区受到了批评。

　　萧山作为经济强县(区),一直以来听到的是赞扬声,这次公开批评让地方领导既觉得难堪又感到压力巨大。区委、区政府连夜召开会议研究,成立多部门联合整治攻坚工作组,制订详细的整改攻坚方案,展开了一场力度空前的"生死之战"。截至 2014 年 12 月底,萧山共投入资金 25 亿多元,关停印染企业 13 家,整治提升 50 家,关停化工企业 22 家,整治提升 65 家。萧山区终于在年底通过了杭州市印染化工行业整治提升区域验收。

　　印染化工行业等重污染行业整治,是从根本上倒逼产业转型升级。整治前的 2010 年,萧山共有 63 家印染企业,年产量 39.80 亿米,产值 126 亿元。整治后的 2014 年,印染企业减少到 50 家,年产量增至 48.96 亿米,产值 163 亿元。也就是说,在企业数量减少 20.6% 的情况下,产量增加 23%,产值增加 31.7%。与此同时,印染企业废水排放减少了 32.3%,化学需氧量排放下降了 45.5%,氨氮排放量下降了 39.6%。全区化工产业从 2013 年以来关停淘汰低、小、散企业 179 家,列入 2014 年整治计划的 80 家企业共淘汰落后设备 290 套,18 条落后生产线进行技改升级。整治后,总共 88 家化工企业,化学需氧量排放从 914.53 吨下降到 816.85 吨,氨氮排放量从 42.69 吨下降到 29.18 吨。[①]

　　2015 年年初,分管副省长在信息专报《萧山区提前通过印染化工行业整治提升区域验收》上批示:"萧山区在全省的印染和化工行业重点整治中力度大、成效好。"为得到这个肯定,萧山区政府确实是横下心来,不惜血本,背水一战。

　　印染行业这一增一减、一升一降之间,是企业在工艺装备上的大投入。在这一轮整治提升中,保留的 50 家印染企业共投入改造资金 13 亿元,引进先进的气流染色设备,淘汰落后染色设备 615 套,淘汰重污染工序 14 个,并新建或改造全部废水处理设施。改造后,达到国家纺织染整行业(GB4287—2012)新的废水排放标准,其中化学需氧量从 500 毫克/升下降到 200 毫克/升。所有定型机废气处理装置进行二级静电处理改造,近一半定型机采用台湾定型机废气处理设备,这是当时国内最先进的装置。规模较大的浙江航民集团 6 家印染子公司投入资金超过 4 亿元,引进先进的污水处理回收设备,改进生产工艺。该企业年产值在整治后比整治前增加 23%,年产量增加 8.7%,年废水量下降 22%。达利(中国)有限公司投资 1000 万元,建设更加先进的废水处理和中水回用系统。原先发黑的印染废水,经过道道复杂工艺的处理,最后变得清澈透亮,这些水又可重新循环利用。通过这一处理工艺,这家企业的污水排放每天可减少 1300 多吨。

---

　　① 刘乐平:《萧山提前完成印染化工行业整治,产量向上走污染往下降》,浙江在线,2015 年 1 月 29 日,http://zjnews.zjol.com.cn/system/2015/01/29/020487378.shtml。

由于厂区的地下排水系统建设不完善,或破损严重,管网渗漏、雨污混排是造成地面和水质污染的一大"病根"。这一年的整治中,有 2 家企业进行全厂重建,原有厂房和设备全部淘汰;10 家企业重新建设部分厂房,改造要害部位;其他企业重新铺设地面,改造污水、雨水管网,老印染企业原来脏乱差的状况得到彻底改观,面貌焕然一新。

除了更新生产设备,整治后的印染化工企业全部配置了主要污染物和 pH 值常规实验仪器,与第三方检测机构签订委托检测协议。同时设置环境监察岗位,所有 10 蒸吨以上锅炉安装 DCS 控制系统,对污染治理设施运行进行常态化管理。所有印染企业都安装废水在线监测、监控设施和刷卡排污控制系统,与区环保局实行联网。

为了激发企业参与整治的积极性,区政府对纳入整治提升的企业给予必要的补助。如杭州联发电化有限公司在淘汰年产 5 万吨烧碱等生产线后,获得区、镇两级财政 400 多万元补贴,另外还申请了国家财政 1000 万元的补助。公司腾出来的近百亩空地用于引进现代物流项目。

2017 年,萧山区又推出提升城市环境质量三年行动计划。根据环境治理工作目标,16 个区控以上水质监测断面达标率要达到 70% 以上,在全面消除劣 V 类水体基础上,主要河流水质向功能区达标提升。为此,需要对全区范围内的印染、化工、铸造、电镀等 12 个重污染、高耗能行业进行新一轮更高要求的整治。计划步骤是,从 2017 年开始,以刷卡排污为抓手,进一步提高印染行业中水回用率,2019 年印染废水排放量在 2016 年基础上削减 10%;实施关停转迁和兼并重组等措施,2021 年前后印染企业缩减至 19 家。2020 年前完成空港经济区、红山农场等区域化工行业结构调整工作,逐步取消化学合成工艺,未进入大型工业园区的化工、造纸、铸造、电镀等重污染行业企业实施"腾笼换鸟"。

为了满足人民群众对美好环境的向往,萧山区的印染、化工行业整治仍然在路上。

二、长兴——"黑""白"双变记

在长兴县水口乡大唐贡茶院景区内,矗立着一块青石碑,它是 20 世纪 70 年代,长兴县水口乡的乡民在取土时发现的。这是一块 200 年前民众自立的"环保碑",碑文记述,金沙水好久负盛名,历代地方官对金沙泉源的保护都很重视,到清嘉庆初期,金沙溪两旁的乡民在种茶之余种植花生,花生收获后,"运赴庙潭(金沙溪)""洗复",洗花生时泥沙俱下,"致壅塞",金沙泉水变得浑浊不清。嘉庆二十年(1815),乡绅联名上书提出了禁止在庙潭淘洗花生的建议,后经知府请示上级,颁布了"禁止庙潭淘花生"的禁令,并刻成碑文立在金沙池旁作为警示。《禁止庙潭淘花生碑》说明,那时的民众已经有了一定的环保意识和公益意识。[1]

让金沙水"碧泉涌沙,灿如金星",是长兴人的世代追求。但 200 年时光逝去,随着工业经济的兴起,金沙水域的环境质量每况愈下,特别是连通太湖的下游,河港里水污染严重,不能灌溉,更不能饮用,"临河边渴死汉"成了发展困局。

20 世纪 80 年代以来,对长兴水环境影响较大的有铅酸蓄电池和喷水织机两大地方产业。

铅酸蓄电池广泛应用于交通、通信、电力、仪表等领域,21 世纪的中国,在二次电源使用中,铅酸蓄电池已占 85% 以上的市场份额。浙江省是铅酸蓄电池的生产和消费大省,处于浙北的长兴县则是铅酸蓄电池的生产集聚地,曾被称为"中国蓄电池之都"。2005 年,长兴的铅酸蓄电池企业有 175 家,这些企业起步于 20 世纪 80 年代,规模小,生产条件差,许多还是家庭作坊。铅酸蓄电池的生产工艺不算复杂,但要通过一系列化学反应程序,需要使用多种化学原料,甚至含有重金属和有毒成分的材料。污染隐患长期"发酵"之后,2004 年,长兴终于爆发了震惊全省的煤山镇环境群体性事件,长兴县被列为"省级环境保护重点监管区"。省人大常委会在环保执法检查后,给省政府反馈意见中专门指出:长兴县铅酸蓄电池行业无序发展,"低、小、散、乱"问题突出,许多企业污染治理设施不配套,已对周围环境和群众的身心健康造成严重影响。

以血换来的教训让长兴人意识到,这样的黑色发展不是今后该走的路。当地政府及有关部门冷静思考两全之策——既能保住绿水青山,又能保障群众就业赚钱,选择的路子是产业整治。

整治的措施之一是整合重组。2004 年长兴启动第一次行业整治,175 家企业压缩到 50 家,分布乡镇从 14 个减少到 9 个。2011 年,长兴县人民政府印发《长兴县重金属污染综合防治规划(2011—2015)》,把重金属污染物排放总量作为控制行业发展规模的"红线",新增产能与淘汰产能严格按照"等量置换"或"减量置换",新上涉及重金属污染的项目,必须以关停相应的老项目来替代,或者更进一步地要求按一定比例"多下少上",以达到控制产业规模。这让原来有一定实力的企业有了"大鱼吃小鱼"的机会,50 家企业再次"洗牌",通过兼并、重组后减少到 30 家,最后实际投产 18 家。18 家企业全部集中到城南工业功能区和郎

---

[1]　许金芳:《禁淘碑遐想》,《浙江日报》,2016 年 10 月 18 日。

山新能源产业集聚区,从此,长兴县彻底结束铅酸蓄电池产业低、小、散格局。

这样一个艰难的过程,政府担当了"主治医师"的角色。县政府一边按环保要求严格监管,一边制定了针对铅酸蓄电池行业整治的16条扶持政策,使得转产转行企业有扶持、停产关闭企业有奖励、搬迁入园企业有支持、企业员工安置有补贴、企业银行信贷可周转,把那些几乎无路可走的企业引上一条崎岖的但是通往光明的大道。

整治措施之二是"鸟枪换炮",进行技术创新和设备改造。第一次整治保留的50家企业,新建172套含铅废气处理设施,228套酸雾处理设施,废水采用中和＋物化沉淀处理。整治后,主要污染物年排放量铅及化合物削减94.1%,硫酸雾削减80.6%,含铅固体废物削减24%,废水全部实行循环回用。2011年第二轮整治,投产的18家企业严格遵守《长兴县铅酸蓄电池行业准入条件》,按照行业工艺装备、环保技术、卫生防护、行业质量管理等规范,进行了大规模的改造提升。从规划新厂房开始,18家企业以国内乃至国际先进水平为标杆,想方设法提高标准。2014年底,18家企业投资4亿元,将机器人引入车间,全部完成制水、配酸、焊接、充电等工序的自动化改造,整洁敞亮的车间内只见自动生产线流畅运转。铅酸蓄电池的生产程序在短短几年内,从手工操作转变为机械操作,又从传统的机械操作转变为数字化自动操作。昔日灰飞烟罩的工场、嘈杂的机器鸣响、工人密集的身影,都一去不复返。

整治措施之三是扶持"龙头"。18家企业中的天能集团、超威集团是"大个"也是"大哥",两家企业的产能占了全县铅酸蓄电池行业总量的80%,它们不仅在自动化上带了头,还在中水回用上树立了榜样。铅酸蓄电池的生产废水经过一道道环保设备处理后,除了用于喷池、浇灌外,余下的全部回收利用。超威集团投入巨资研究建设铅酸蓄电池重金属废水防治及信息化管控项目,使铅酸蓄电池生产工业用水重复利用率达到85%以上,减少废水排放30%以上。其他企业纷纷效仿成功的先行者,各家共投入3000万元,完成所有企业污水处理设施自动化改造,其中17家增加"超滤＋反渗透膜法"深度处理工艺,一年内总共处理铅酸蓄电池再用废水60万吨。2010年,作为行业"大哥"的天能集团投资18亿元,建设天能循环经济产业园,2012年,建起了代表国内外先进水平的废蓄电池回收处理全自动生产线。一期工程每年可规模化、无害化回收处理15万吨废铅酸蓄电池,年产再生铅材料10万吨,塑料1.25万吨,年产值超过15亿元。全省的铅酸蓄电池循环回收再生体系由此初步形成。

长兴县的蓄电池行业经过大力整治,企业数量减少了,但是单个企业规模壮大了,技术水平和生产能力明显提高,产值和利润较快增长。第一轮整治后,2005 年长兴蓄电池企业产值 20.5 亿元,比 2004 年增长 60%。第二轮整治后,相比 2011 年,2017 年行业产值增长 14 倍,全员劳动生产率提高了 29 倍,人均利润提高 10.7 倍,万元增加值能耗下降四分之三,税收增长 7.8 倍,天能集团和超威集团两家上市企业年销售额超过 1000 亿元。[①] 让县政府欣慰的是,除了产业的新生,还有污染物的减少。2014 年,长兴县重金属新建、改建、扩建项目审批数量实现零,重金属污染物排放总量与 2004 年相比消减了六成。

长兴的铅酸蓄电池行业整治引起国内外注目。2012 年,长兴县获得 7220 万元的重金属污染防治中央补助金,资金全部投入到包括污染源综合治理项目、技术示范项目、民生应急保障项目,以及基础能力建设项目等四大类 34 个重点项目之中,其中大部分资金用于蓄电池生产企业的工艺升级、治污设备引进、产业转型升级的补助。经县政府牵线,长兴铅酸蓄电池行业参与到欧盟—中国环境永续发展项目,铅酸蓄电池产业重金属污染防治计划项目总投资 121.11 万欧元,由国内外专家组成研究队伍,用三年时间,对长兴县铅酸蓄电池行业全面"诊疗保健",从清洁生产技术、循环体系构建、政策管理措施诸方面提供支持。

进入 21 世纪后,长兴县大力整顿的另一大产业是喷水织机。

"湖丝衣天下。"早在明清时期,浙江湖州出产的蚕丝产量高,质量好,远销海内外。地处浙北太湖之滨的湖州长兴县,许多家庭都从事喷水织机生产,小微企业遍地开花。然而,生产废水带来的污染问题也困扰当地百姓和环保部门多年。

喷水织机散见于农村一家一户,多为小作坊、小企业,是典型的"低小散"产业。生产过程中会产生少量废水,成千上万的织机积少成多,造成了平面河网污染。2004 年,长兴县展开了首轮喷水织机整治,2008 年又开展了第二轮整治,遗憾的是两次整治皆效果不佳。

看似简单的织机整治起来却十分艰难,县政府经过总结反思,发现了问题所在。以前,长兴县对污染行业采取以"关停并转"为主要手段的休克疗法,通过补助政策对污染企业进行关停淘汰或整合提升,最终实现全行业转型升级。这种路径在长兴县的铅酸蓄电池、石粉等重点污染行业整治中取得极大成功,但对千家万户的喷水织机行业,这一做法并不能解决"小"和"散"的问题。织机仍然分散在家家户户,由于市场需求十分强大,织机数量还在继续扩大。

转变思路才有出路。在全省的"五水共治"统一行动中,县委、县政府又将这

---

① 许旭:《绿色发展换新颜,湖州长兴大力创建新能源小镇》,《浙江日报》,2017 年 12 月 12 日。

个给水环境带来大问题的小行业整治提上日程。新一轮整治先从控制总量入手。全县以乡镇为单位,对辖区内喷水织机企业或织机户进行全面清查,将已有总量作为控制发展的上限,每个乡镇只允许在辖区内流转。在此基础上,再对织机废水进行纳管处理。每个乡镇根据当地实际情况制订方案,织机数量多且集中的,乡镇统一建设集中式污水处理站;织机数量少而分散的,向附近工业园区搬迁集聚或者直接关停淘汰,最后使所有喷水织机废水全部纳管进站处理。

这项涉及千家万户的治污工程,长兴县采取政府与企业合作形式,污水处理和中水回用设施由民营企业投资运营,政府履行监管责任,达到了政府不投资,社会事业社会办的目的。由于无法对面广量大的织机全面安装流量计,为了解决污水处理服务计费问题,政府管理部门发布了《污水处理征收费使用管理办法》,规定每月按用电量折算废水量,并依此征收污水处理费,这一办法得到企业一致赞同并得以推广。

对于喷水织机这类"小而散"的块状经济产业,必须寻找一种多方都能接受且管用的治理方法,让企业、公众都参与进来,共同解决政府对这些行业的管理难题。为了广泛动员群众参与到治理工作中来,长兴县要求每个乡镇都张贴公告,把每个喷水织机企业的设备数予以公示,动员每个村民都成为环保监督员。在整治验收时,将所有验收结果通过手机短信告知村干部和业主,使得村干部之间及织机业主之间能够相互监督。

经过第三轮整治,全县 7.2 万余台喷水织机完成调整,污水处理系统每日处理织机废水达 20 余万吨,处理后的尾水又流回织机再利用,中水回用率达到70%左右。[①] 长兴的乡间织机产业终于走上清洁、健康发展之路。

三、浦江——水晶世界的变迁

金华市的浦江县因境内浦阳江而得名。

20 世纪 80 年代以来,水晶玻璃产业从当地西部山区逐渐发展至全县,2011年,全县水晶加工厂和家庭加工作坊已达到 2.2 万余家,从业人员有 20 余万人,国内 80%的水晶产品出自浦江,每天发往广东的水晶产品就达 300 多吨。水晶,成为全县最大的支柱产业;浦江,成为全国最大的水晶生产基地。

水晶纯净而美丽。然而,它的晶莹剔透需要经过切磋打磨,现代人还用化学物品抛光处理,在整个流程中,会产生大量含玻璃废渣、抛光固废,甚至含腐蚀化

---

① 晏利扬:《浙江长兴解开小微企业喷水织机污染难题》,《中国环境报》,2015 年 1 月 22 日。

学品的废水,直排到溪流河江,就此产生了所谓的"牛奶河"。水晶产业在带给浦江"水晶之都"美誉、带动城乡居民致富的同时,也带来了严重的环境污染。境内 85% 的河流被污染,"牛奶河"、"垃圾河"、黑臭河随处可见,浦阳江出境断面水质连续 8 年为劣 V 类标准,51 条支流中有 22 条为劣 V 类。2012 年,全县生态环境质量公众满意度跌至全省倒数第一名,戴上"全省最脏县"的帽子。由于传统的水晶加工技术含量低,入业门槛矮,操作简单,盈利快捷,结果是富了老板,污了溪沟,苦了百姓,愁了政府。

浦江县政府急于摘下这顶不光彩的黑帽子,2006 年和 2011 年开展了两次水晶行业整治,但是都因水晶加工户围堵县政府而成"虎头蛇尾"。一边是浦江人民热切盼望整治,呼吁"我们不能坐在垃圾堆上数钱,更不能躺在医院里花钱",另一边是 2 万业主和 20 余万工人对整治的强烈抵制,"政府不能断了我们的财路和生计"。何去何从,直接拷问着地方领导的责任和担当。2013 年,浦江县委、县政府决心对水晶行业来一次背水一战式的整治。让他们信心大增的是,省委、省政府将浦江之治作为全省治水的实验首战,因为浙江大量低层次产业给水环境带来污染,治污必先治水,治水要先治母亲河钱塘江,治钱塘江就得从治理水质最差的支流浦阳江开始。浦江不再畏首畏尾,喊出了"为保卫家园而战,为人民利益而战,为浦江未来而战"的口号。

浦江水晶治理使出两大杀手锏:依法整顿和发动群众。1000 多名县乡干部组成工作组、巡查队、突击队,对全县无执照经营户、违法经营户、污染物偷排经营户发起一轮轮清查和处理,对违反环境保护、税务、工商、规划等法律的企业和加工户,一律拉闸断电,全面关停。2013 年至 2016 年,全县共依法查处水污染案件 791 起,行政拘留 394 人,刑事拘留 82 人;关停水晶加工户 19680 家,只留下可改造提升的 1376 家,淘汰水晶加工设备 9.5 万台,拆除违法建筑 2 万多处 630 多万平方米,10 来万外地打工者卷起铺盖回家。另外,几十家印染、化工、造纸企业同时得到整治,671 家畜禽养殖场被关闭。[①]

浦江水晶行业整治"势如破竹",关键在于严格、公正执法:依靠环保法,开展了 1023 次"清水零点行动",关闭 5578 家非法排污加工户;运用工商法规,开展 2016 次清查,关闭 9203 家无证照非法经营的污染户;利用消防安全法规,开展消防安全大整治,关闭了 3252 家有安全隐患的污染户;运用国土规划法规,开展"拆违大行动",拆除了一大批污染违建场所;运用最高法院、最高检察院对《刑事

---

① 晏利扬:《浙江浦江:水晶之都的华丽转身》,《中国环境报》,2015 年 9 月 16 日。

诉讼法》的司法解释,在全省率先对环境污染案件进行刑事追责。对拟保留的合规企业,采取"公示上牌""诚信互保""区域联保"等措施,加强相互监督,推进行业自律自治。

壮士断腕的决心和重整山河的力度,取得了立竿见影的效果:462 条"牛奶河"首先得到整治;2014 年年底,577 条"垃圾河"和 25 条"黑臭河"也被消灭,浦阳江水质基本达到Ⅲ类标准。2016 年,浦江全境 51 条支流全部达到Ⅲ类标准及以上水质,生态环境质量公众满意度由全省 90 个县(市、区)倒数第一位,逆转为全省第四位。

环境变好了,产业发展怎么办? 如果不解决原从业者的出路,小水晶势必反弹。浦江县没有"将孩子和洗澡水一起倒掉",选择的第一条路子是转型升级。在省级有关部门支持下,浦江加紧建设东、西、南、中四个水晶生态集聚园,总占地面积 794.7 亩,总建筑面积 79 万平方米,投资约 19.3 亿元。按照生产工艺和产品的不同,东部集聚区为钻类产品生产区,西部集聚区为压型生产区,中部和南部集聚区为综合产品生产区。园区内建设标准厂房,统一供电、供水、供气,集中处理污水和固体废物,所有废渣被用于制砖,废水 80%回收利用,污水零排放,水晶生产带来的环境污染得以根治。2016 年 8 月,除 88 家区外落地水晶企业,全县报名入园的 1171 家企业和招商引进的 7 家企业,经同类产品合并后成为 438 家,全部搬迁入园并开工生产。进入新园区后,企业完全脱胎换骨,用新技术代替传统工艺,采用"机器换人"操作,水晶产业迎来一轮新的发展,达到户数减少、规模扩大、产业升级和节能减排、绿色发展的目的。[①]

当大量水晶作坊被关停时,人们曾经担心浦江能否保住"水晶之都"的称号,大量人员会不会失业,浦江经济会不会倒退,社会矛盾会不会激化。事实是,对这一产业进行剔骨疗伤式的整治后,优胜劣汰,水晶抹去污垢重现光芒。四个集聚区内,一片热火朝天的生产场面。2016 年年底,全县水晶加工主体虽然减少了 90%,但水晶行业工业产值则从整治前的 57.8 亿元上升到 90.1 亿元。最关键的是产品档次和企业素质提高了,浦江第一家水晶中外合资企业华德公司,整合了 70 多家素质较好的小水晶厂,更新工艺设备,从原来生产国内低档货转向加工出口产品,附加值可以翻几番。2016 年 6 月,华德公司启动上市,成为全球水晶行业风向标。

浦江把水晶产业整治过后"稳下来",重新"兴起来",接着又谋划"走出去"。

---

① 周少华:《洗尽污垢方璀璨——浦江县水晶产业转型发展纪事》,《浙江日报》,2016 年 10 月 14 日。

2016 年国庆节期间,浙江省代表团到世界著名的水晶生产国捷克访问,在捷克首都布拉格,浦江提供的水晶时尚小镇规划方案短片吸引了中外宾客。规划方案显示,浦江时尚小镇项目以中捷(浦江)水晶产业合作园和中部水晶产业集聚区为依托,建设面积 3.12 平方千米,核心区范围 1.39 平方千米,计划总投资 53亿元,分 3 年完成。浦江县对水晶小镇的目标定位是:全国乃至世界的水晶产销中心、3A 级标准旅游区和未来智慧城。建成后的水晶小镇,由小镇客厅、水晶国际会展中心、水晶酒店和水晶广场等组成,以水晶产业生产设计研发为中心,合理布局众创、设计、研发、展示、推广、生产、销售、金融、上下游产业等产业集群要素,引进国际品牌和知名企业,形成低碳、环保、绿色循环的完整产业生态链,特别突出水晶的文化、时尚和艺术元素,建成一个宜居宜业宜游的特色小镇。它既是水晶产销中心,也是水晶文化的观光地。水晶小镇建成后,预期年营业收入可达 130 亿元,其中水晶制品业主营业务收入 100 亿元,实现利税总额 13 亿元;年接待旅游人数 60 万人次,新增就业岗位 1 万个,带动小镇内 80％以上农民增收。[①]

四、富阳——造纸业的六轮蜕变

"京都状元富阳纸,十件元书考进士。"富阳造纸有 1900 多年的历史,古时候,富阳竹纸是三大名纸之一,所以富阳素有"造纸之乡"的美誉。20 世纪八九十年代,富阳的现代造纸业在民营经济发展的大潮中开始崛起,生产规模呈几何级增长,成为"中国白板纸基地"。由于造纸业利润丰厚,吸引许多人纷纷投资,印纸机被当地人戏称为印币机。鼎盛时期,有近 500 家企业、10 万从业者,造纸业税收占当地财政收入的半壁江山。

好水造好纸,富春江穿城而过,成为富阳发展造纸产业的先天优势。但由于富阳造纸企业规模过小,产品档次低,技术装备差,资源消耗高,污染排放量大,产业繁荣背后,是富春江山水逐渐黯然变色。造纸产业大量耗水,造纸产生的废水约占全市工业废水总量的 90％。数百个污水口日夜排污,每年排出 1.6 亿吨污水汇入富春江,成为富春江不可承受之重。春江街道是富阳造纸业最大的集聚区。当时整个街道弥漫着一股刺鼻的气味,紧挨着造纸厂的小溪臭水黏稠。拥有 40 多家造纸厂的大源镇,溪水变黑发臭,鱼虾绝迹。显然,造纸业成了富阳环境污染的罪魁祸首。区环保局频繁接到市民的投诉电话,区人大不断收到人

---

① 奚金燕:《浙江浦江"水晶之都"产业转型升级"加速度"》,中国新闻网,2017 年 4 月 28 日,http://www.zj.chinanews.com.cn/news/2017/0429/9376.html。

大代表要求治理污水的建议意见。

富阳区委、区政府痛下决心：治水首治造纸业。从 2005 年开始，富阳启动整治计划，10 年间，经历了六轮洗牌。前五轮主要是针对"低小散"企业。

第一轮，2005—2006 年，将那些以废纸为主要原料、板纸单机年产量在 1 万吨以下和薄型纸单机年产量在 2000 吨以下的生产线作为淘汰重点，共淘汰生产线 98 条，涉及企业 88 家，削减造纸产能 33 万吨/年、废水排放 3960 万吨/年、化学需氧量排放 5940 吨/年。

第二轮，2008—2009 年，以白板纸年生产能力 1 万吨及以下、薄型纸年生产能力 3000 吨及以下的造纸生产线为淘汰重点，共淘汰生产线 54 条，削减造纸产能 30 万吨/年、废水排放 1804 万吨/年、化学需氧量排放 1804.8 吨/年。

第三轮，2010 年 8 月，以板纸 1575 型 7 缸以下的生产线，薄型纸 1760 型 3 缸以下、单机年产量 4000 吨以下的生产线为淘汰重点，共减少企业 44 家，淘汰生产线 55 条，削减造纸产能 54.3 万吨/年，减少废水排放量 2538 万吨/年、化学需氧量排放 1610 吨/年。

第四轮，2010 年，追加淘汰 2008 年、2009 年补办审批手续的 40 家造纸企业内产能 2 万吨以下的生产线，并采取"先关后批、同等审批产能转换"的办法，对有审批项目的企业兼并淘汰一批，共减少企业 70 家，淘汰生产线 152 条，削减实际产能 174 万吨/年，削减污水排放 4140 万吨/年、化学需氧量排放 3852 吨/年。

第五轮，2011—2012 年，以废纸为主要原料、单机年产量 1 万吨以下的板纸生产线，及机型 1880 以下单机年产量 4000 吨以下的薄型纸生产线为重点，共淘汰 10 个乡镇 61 家造纸企业的 64 条生产线，削减产能 79.72 万吨/年。

五轮整治共关停造纸生产线 400 余条，涉及企业 300 多家，削减实际产能 371.2 万吨/年，减少废水排放 1.6 亿吨/年、化学需氧量排放 1.7 万吨/年、煤耗 85 万吨/年。

真正的"壮士断腕"是 2013 年第六轮整治。根据省政府对重污染行业整治的部署要求，富阳区政府制订《关于加快推进富阳区造纸行业整治提升实施意见》，10 年洗牌给富阳造纸业的新命题就是，能否通过兼并、改造的方法，优化产业结构，借助新一轮整治提高企业规模标准，转换环境容量，在富春江畔打造出一个拥有造纸机械、造纸工艺、造纸化学品、热电联产、三废集中处理、造纸自动化等集科教、研发、制造于一体的现代产业基地。

值得注意的是，政府将此次整治目标从产能控制转向排污总量控制。2010年以来一直在为"将年造纸产能控制在 500 万吨以内"而奋斗，而第六轮整治目标是,到"十二五"末,废水排放量和化学需氧量排放量分别在 2010 年基础上减少 40%,即分别控制在 9353 万吨/年和 7134 吨/年以内,全市造纸企业的吨纸废水排放量控制在 10 吨以内,吨纸化学需氧量排放量控制在 0.5 千克以内。显然,这一轮整治不仅强调量的控制,而且在难度更大的质的提升上提出了要求。这个高难度是"逼"出来的,因为前五轮"暴风骤雨"般的整治仍然没能得到满意的效果,2012 年,富春江断面水质还是出现数月的不合格。2013 年出台的《浙江省造纸行业整治提升方案》将富阳列为重点整治区域。

经过前五轮洗牌幸存下来的 237 家造纸企业又一次全部面临整治。第六轮整治的主要对象,是以废纸为主要原料,产能 3 万吨/年以下的板纸生产线,以及单机产能 7000 吨/年以下的薄型包装纸生产线。政府对 200 多家造纸企业采取关停淘汰一批、整治入园一批、规范提升一批的做法,上大压小,扶优汰劣。对新建、技改造纸项目规定六大准入制度,其中在生产规模准入条件中,将箱板纸、白板纸、瓦楞原纸等传统优势纸品的新建单机年产量限制在 3 万吨及以上;产能置换准入上,新建或技改造纸项目需通过产能置换进入,置换比例原则上为 1∶0.8;环境保护准入上,削减替代比例化学需氧量不得低于 1∶1.5。3 月 15 日,《富阳日报》用了 5 个版面,公布当地 237 家造纸企业的信息,包括负责人、机器型号、产能指标等。这是表明政府的决心和态度,一切都将遵循公开、公平、公正的原则,没有达到标准的企业将全部淘汰。造纸企业的损失、数万员工的安置、隐藏的金融风险、急剧下降的财政收入……每一个环节都隐藏着风险,考验着政府的决心和智慧。

部分造纸企业在关停淘汰后,开始转向其他产业。年产值 8000 万元的新民纸业处于年产量 3 万吨的淘汰线以下,经营者转产选择的是近几年在富阳兴起的体育产业,把老厂改成生产高尔夫球,年产值可达 3 亿元。高峰化纤 PET 塑业有限公司的前身是一家造纸企业,由于符合当地产能置换企业转型的要求,得到政府大力支持,很快就办好了新厂审批手续。生产项目主要是利用附近造纸厂的废塑料,生产塑料再利用原料和产品。全部投产后,年产量可达 3.5 万吨,产值可达到 2 亿—3 亿元。更重要的是,新生企业生产设备科技含量高,生产过程不产生废水废气。

留守的企业大都进行兼并和联合重组。富阳区政府出台了推进造纸企业兼并重组和联合重组的扶持政策,包括用财政专项资金支持大集团组建过程中银行贷款周转,对完成大集团组建并通过验收后的连片新兼并土地给予补助等。兼并和联合重组的好处是,淘汰了落后的技术和产能,增强了大企业的竞争力,提高了行业生产效率和节能减排能力。道勤纸业并购 10 余家造纸厂,重组成产能达 30 万吨的金利造纸,随其他留下的企业统一入驻春江造纸工业园。光明纸业成立于 2004 年,属于浙江正大控股集团有限公司的下属企业,最初以生产白卡纸为主。2013 年,公司投资 4 亿元,通过产能置换新上年产 20 万吨的高强涂布牛卡纸项目,这个过程淘汰了原来自有的,并收购本市 10 家企业的 11 条造纸生产线,新增了一条 4300 型造纸生产线。因为新项目仍然有排放,企业又为这个项目配套环保设施投资 3500 万元,占总投资的 8.75%,设施主要包括废水循环回用系统、生产和生活污水处理系统、通风减噪装置等,大大减少了生产废水的总量。

富阳区组建造纸企业大集团,规定审批产能 100 万吨以上(其中新兼并重组产能 60 万吨以上)、兼并重组企业 5 家以上、土地连片面积 300 亩以上的企业可以申请组建大集团,区政府给予政策扶持。2014 年年初,永泰集团与正大集团"相上了亲",联合组建浙江省最大的造纸"航母"永泰正大集团,集造纸、治污、供热于一体,并收购兼并其他规模较小造纸企业,把企业建成现代化的大型造纸企业集团。永泰正大集团诞生后,实际产能近 300 万吨,跃居全国第五,浙江第一。而这正是富阳造纸业今后发展的方向。

第六轮整治,共关停、淘汰造纸企业 112 家,余下 125 家全部进入造纸工业园。政府部门为了加强监管,要求所有入园企业安装刷卡排污装置。2014 年年底,全区共安装运行刷卡排污系统 133 套,在线监测系统 182 套。在春江街道的八一区块内,16 家造纸企业的围墙外,各有一间醒目的小屋子,这是摆放刷卡排污设备的专用房,这套设备限定了排污指标,不再由企业"任性"排放,生产管理者必须按排污浓度和污水量额度计算生产量。另外,由第三方对这些企业排污进行监测管理。在浙江板桥清园环保集团的中控室,大屏幕显示着 16 家企业每天的排污情况。当排污量达到总量的 80% 时,监管方会以短信提醒生产企业,一旦达到上限,就会采取措施中断排放。刷卡排污设施运行后,包括八一区块在内的五个造纸集聚区,污水排放量和污染物浓度都降低了一半以上。

环境主管部门的监管还有一招,是让生产企业晒出"阳光排污口"。排污口是企业生产废水的出口。为了让所有的废水进入管道到污水处理厂处理,富阳在造纸行业集中的江南区块先后建造了春江、八一、春南等五座集中式污水处理厂。但是,也有一些企业为了节省生产成本,更为了突破排污指标限制,玩起遮人耳目的偷排把戏。富阳环保部门的巧妙做法是用制度清理暗管,即要求排污企业把排污管建在路边明处,让以前见不得人的排污口暴露于光天化日之下,路过的群众人人都可看到企业废水排放情况的"直播"。2014 年有 10 家造纸厂实行了阳光排污。

对造纸业大刀阔斧的整治,无疑将富阳区政府推到背水一战的境地,2014年富阳连续 11 个月出现财政收入负增长。几乎与整治造纸业同步,富阳提出发展七大新产业,新材料、新能源、装备制造、生物医药、智慧经济等产业逐步成为富阳产业投资的主要增长点。治水促转型,富阳终于走过最艰难的阵痛期,逐渐显示出新的强劲活力。2015 年富阳造纸业税收从 2010 年的 18.73 亿元降到 7亿多元,但全区财政收入却突破 90 亿元,超过 2010 年近 30 亿元。

产业转型升级给富阳的生态环境带来福音,富春江水质一年上一个台阶。2015 年底,省政府对富春江富阳段水质考核,1—12 月全部是优秀,这是近 10 年来的第一次。富阳获得浙江治水"大禹鼎"。为此奠定基础的是:2013 年以后,企业吨纸排水量从 20.5 吨下降到 9.95 吨,废水重复利用率从 48% 上升到68%,废水排放削减 58%;化学需氧量排放量从 2010 年的 10816 吨减少到 3962吨,削减 63.4%;造纸企业平均产量提升 31.2%,平均产能提升 49.8%,其中白板纸企业平均产能突破 10 万吨。

富阳接下来的规划是,将造纸企业的总数进一步压缩至 50 家左右,同时将造纸园区建设成循环经济示范区,从废纸、纸浆到成品、废料的处理,都要循环化、生态化、减量化,把对环境的影响降到最低。①

五、平阳——从"皮革之都"到"宠物用品之乡"

鳌江,浙江八大水系之一,是平阳、苍南两县的母亲河。曾经的水质监测显示,20 世纪 80 年代的鳌江水质优良,基本为 Ⅰ、Ⅱ 类水,过滤后可以直接饮用。90 年代以后,沿江工业快速发展和人口集聚,给鳌江水质带来毁灭性的影响。究其祸首,便是居于鳌江上游、日渐兴盛的水头镇制革行业。

平阳县水头镇作为"中国皮都"曾是全国最大的生皮交易市场、猪皮革集散地和加工场。早在南宋末年,水头人就开始了制革生产。直至 20 世纪 80 年代,水头的制革业风生水起,鼎盛时期,镇内有 1290 家制革企业,年产值达 40 多亿元,猪皮革产量占全国的 1/4。每天,大量生猪皮在这里脱毛、脱脂、铬鞣、染色、制成皮革产品。其中铬鞣一项,需要使用大量含有化学成分的药水,并通过转鼓使之与生猪皮充分接触,以达到最佳处理效果。产业发展初始阶段,应用简陋的设备和廉价的化学试剂,经过粗糙的工艺制作,生产污水不经处理直接向河道排

---

① 俞熙娜:《富春清流还复来——富阳铁腕整治造纸行业促进转型升级纪事》,《浙江日报》,2016 年 1 月7 日。

放,剩下来的许多边角料,或被倒在田里充当肥料,或者腐烂在溪头路边,这是对环境污染最为严重的一道工序。钱赚到了,但付出的代价令人心痛。2003年,水头制革污染被列为全国十大环境违法典型案例、浙江省严重污染九大案例之一,成为全省唯一戴上"国"字号污染帽子的环境保护重点监管区。

从2003年开始,平阳县制革业前后经过多轮整治。从量的控制、质的提高,到转产升级,逐步走出了一条环保型的产业发展之路。

2003年,平阳县以水头镇为重点,进行制革业的第一轮大规模整治和重组,确定的目标是"1/7保留,6/7淘汰",制革企业缩减到57家,转鼓减少到732只。从2006年11月至2007年10月,平阳县投入整治资金1.435亿元,对水头镇所有制革企业实行全面停产整顿。作坊式的企业小而散,好多是"放养式"的无证经营。这次整治,重在打击非法黑转鼓生产和企业偷、漏排行为,最后要求基本达到"三个控制",即制革基地的转鼓总数控制在469只以内,制革企业数控制在39家以内,生产废水排放总量控制在1.7万吨以内。同时对水头制革行业进行转产升级,利用财政税收、环保等政策,鼓励制革企业积极发展污染低、附加值较高的皮件行业,从根本上解决污染问题。至2009年,水头已发展皮件企业300多家,拥有外贸自营出口权皮件企业50多家。镇政府因势利导,启动500亩面积的皮件标准厂房建设,引导转产企业入园发展,水头成了全国三大皮件生产基地之一。2009年1—10月,水头制革产值为11.61亿元,同比略有下降,而皮件产值达到23.54亿元,同比增长15.38%,成为平阳财政收入新的税源和新的经济增长点。

除了产业整治,当地还加强对污水处理设施的建设和改造,以改变生产废水收集不足、污水处理效果较差的问题。经过对污水处理厂的工程改造和管理机制改革,各家污水处理厂的处理效果趋向稳定,达标率基本保持在80%以上。鳌江江屿断面氨氮指标监测数据降至4.23毫克/升,平均浓度从整治前的超标60—70倍甚至100多倍下降到2—3倍。

2013年,根据全省重污染行业整治的统一部署,平阳制革进行了更大力度的新一轮整治。在水头镇划出土地新建制革产业园区,整合重组后的企业以新设备、新技术进驻园区,园区内实行统一治污、统一供热、统一监控。这次整治,全县制革转鼓减少至377只,制革企业缩减至12家,制革废水排放量削减48.5%。同时,污水处理设施又一次进行了提升改造,2013年起,每家制革企业都采用四水分离的污水处理设施,对生活污水、雨水、铬水和综合工业污水分头处理。集中在水头镇制革基地内的8家企业,共同出资引进上海同济大学研发的先进污水处理设施,集中处理制革污水。处理费用根据污水处理设施检测的氨氮浓度而定,企业排放污水的氨氮浓度越低,处理费用就越少,以此倒逼企业清洁生产,降低氨氮浓度。

平阳制革业发展最成功的一招是转产升级。一边是制革业的收缩转型,另一边由其衍生的宠物制品行业却在渐渐发展,直至"十二五"时期迅速壮大。皮革原料有了新用武之地,水头人很快就开始在这块"处女地"深耕,从低档到高档,从分散到集中,从单一到全面,从创试到标准。依托平阳水头制革行业的宠物狗咬胶系列产品,在国内还无人涉足"宠物产业"时异军突起,为平阳县经济发展开辟了一片新天地。

平阳咬胶产业的出现有个故事,颇有传奇性和偶然性。1990 年春,平阳水头人庄师傅在出差途中了解到,在英国用皮革原料可以做宠物用品,而且十分畅销。他受到启发,水头每天产生的皮角料达上百吨,岂不是可利用吗?他请来技术人员,利用猪皮、牛皮下脚料进行试制,终于开发出第一个宠物零食——"狗咬胶",成为当地第一个"吃螃蟹"的人。其实,偶然背后有其必然性,低端产业走向高端才有出路。

佩蒂公司是当地宠物咬胶产业的龙头企业,生产上千种产品,一开始单纯生产动物咬胶,2003 年研发推出植物咬胶,2011 年又一鼓作气开发出动植物混合咬胶,一举奠定国内宠物零食生产企业前三的地位。2007 年,这一行业遇到国外技术壁垒,在政府管理部门指导下,佩蒂公司牵头起草制订了《宠物食品狗咬胶》国家标准,带动整个行业规范运作,走出低谷。2016 年公司出口额达 3.87 亿元。

平阳民间资本抓住市场机遇,目光转向时尚宠物产业,发展营养保健型、功能型、专业型宠物食品,开发其他多种类时尚化食品。此外,以狗咬胶、狗项圈生产为基础,延伸同类其他猫、鱼、鸟、小动物的多个系列宠物用品,开发玩具、装饰和配件等并向时尚化方向发展,同时还尝试于开发宠物旅游、宠物美容、宠物医院等服务项目。2016 年,平阳人依赖宠物获得一项世界冠军——由中国锦恒控股集团选送的一公(Knox)一母(Kin)两只法国斗牛犬,参加在俄罗斯举行的FCI(世界畜犬联盟)世界杯犬展,Knox 在 2.3 万余只宠物中脱颖而出获得冠军。这是平阳宠物产业的又一突破和延伸。锦恒集团面对狗咬胶产业遇到的市场波动,首先想到向终端市场发展,在水头镇建起宠物繁殖、培训、训导场所。

宠物经济发展的 20 多个年头,离不开当地政府有形之手的扶持,平阳县政府为宠物产业的开拓和延伸提供了很多支持。2016 年,平阳县共有宠物用品企业 22 家,年产值达 40 亿元。其中,宠物咬胶远销欧美 20 多个国家和地区,在 2016 年为平阳带来 9.87 亿元的出口额,在全县出口额中占比超过 20%,并占到全球咬胶食品 60% 以上市场份额,成为当时最大的宠物咬胶食品生产基地。让政府尤其感到满意的是,经过努力,平阳获得了全国唯一的"中国宠物用品基地"、国家级"出口宠物食品质量安全示范区"称号,并在 2016 年 5 月顺利成为全国宠物狗冠军赛永久举办基地。国际宠物高峰论坛上发布的《2016 年中国宠物行业白皮书》数据显示,2010—2014 年,全国宠物行业年均增长 50.7%,2015 年中国宠物行业市场规模达 978 亿元人民币,预测到 2020 年有望突破 2000 亿元大关,整个宠物行业将迎来"井喷时代"。平阳宠物业发展前景十分美好。[①]

平阳水头,已经悄然完成了从"皮革之都"到"宠物用品之乡"的蝶变。同时,改善环境的目标也在一步步得以实现。2016 年环保监测数据显示:1 月至 7 月,鳌江口断面水质稳定在 Ⅲ 类水标准,一改过去长期为劣 V 类的状态;省控水头江屿断面的氨氮浓度,从 2006 年的最高值每升 49.2 毫克,下降至每升 0.917 毫克。

六、温州——让灰色电镀重新闪亮登场

电镀,是一个让世界熠熠生辉的行业,大到机器设备,小到用品饰品,人们的生产生活中,几乎处处可见电镀产品闪亮的身形。电镀,也是一个让环境饱受创伤的行业,作业车间"脏乱差",生产废水渗漏、偷排经常发生,对周边环境造成严重影响。美丽和丑陋,集中在同一产业。

瑞安市陈岙村有一棵枯死的大榕树,树下立着一块石碑,上书:"遮风挡雨滤烟尘,苍郁葱茏十二旬。一自村头污水渗,枯枝不复庇乡邻。"石碑上的诗无声地讲述了一个真实的故事:多年前,大罗山脚下的陈岙村,因小电镀和冶炼厂污水直排,染黑了村里的溪水,也"毒"死了溪边这棵守护村庄 120 年的大榕树,乡亲们为此痛心不已。

浙江省作为制造业大省,电镀产业形成相应规模。其中,温州又是电镀行业大市。20 世纪 80 年代,电镀业伴随着温州民营经济的繁荣而发展。至 2005 年,全市从业人员达 4 万多人,产值近 50 亿元,承揽着近千亿元产值的轻工产品镀件表面处理。电子电器、汽摩配件、眼镜、烟具、锁具、剃须刀、水暖器材、拉链纽扣、日用五金及部分陶瓷、塑料等具有温州特色的产品,都离不开电镀。总量大,

---

① 李知政:《水头皮革"变身记"》,《浙江日报》,2017 年 3 月 2 日。

数量多,分布广,规模小,许多企业厂房陈旧,设备简陋,工艺落后,这就是 2005 年温州市电镀行业的真实写照。据统计,当时全市有电镀企业 744 家,镀槽总规模约 1600 万升,主要分布在鹿城、龙湾、瓯海 3 区及瑞安、乐清等 8 个县(市)。另外,还有超过 800 家的非法电镀企业,生产总容量为 300 万升。

经过 20 世纪 90 年代的初步治理和 2000 年实施"一控双达标"行动后,温州持证电镀企业全部建设了污水处理设施,但因为大多采用手工操作,处理水平低,仍然难以实现稳定达标排放。除了大量废水,电镀企业还产生和排放各种酸性气体和电镀污泥,处理工作并未跟上。2004 年,浙江省政府制定第一轮"811"环境污染整治 3 年行动计划,温州市电镀行业被列为 11 个省级环保重点监管内容之一。

一方面是市场的大量需求,另一方面是产业的低端乱象;一方面是 GDP 数字的增长,另一方面是环境的破坏、群众的抱怨和上级的批评督促。如何破解市场需求与环境保护之间的矛盾,成为摆在温州市各级政府和环保部门面前的一道难题。但是答题不容选择。温州集中力量向电镀行业发起新一轮整治。除了开展力度更大的"打非、整治、严管"行动,更是积极寻求一条以环保倒逼产业转型升级的最佳道路──"入园"。入园,即重新规划建设新的产业集聚园区,入园的过程,是产业集约、技术升级的过程,同时,产业集聚入园还有利于统一治污,统一监管。

早在 1992 年,温州市就迈出了"入园"的第一步,鹿城区划出 80 亩地建设前陈电镀园区,共有 43 家企业入驻。但当时的入园只是简单的集中,在"三废"处理上遇到许多解决不了的问题。2002 年,温州市出台电镀行业整治要求,鹿城区接受教训,将后京电镀园区建设提上议事日程,规划将区域内分散的电镀企业统一入园。方案很快获批,占地 287 亩的园区厂房统一设计,企业自筹资金建设。2006 年底,园区建成,61 家企业入园,实现集中供热、集中治污,统一物业、安保管理。这一模式很快得到推广,龙湾区、瓯海区相继启动园区建设。至 2006 年 11 月,温州全市共取缔了 812 家非法电镀企业,合法企业削减到 564 家,镀槽容量 1 万升以下企业从 238 家骤减到 18 家。经现场验收,温州市勉强摘掉了当年重点污染"黑帽"。[①]

但对温州来说,这仅仅是画了一个逗号,减排的压力仍然很大。"小低散污"的局面尚未完全改变,全市 4 万升容量以上规模电镀企业仅有 82 家,大多数企

---

① 马立人:《让美丽的光泽不再刺痛—浙江省温州市电镀行业污染整治纪实》,《中国环境报》,2007 年 9 月 14 日。

业工艺、治污水平仍较落后,并以手工生产线为主。2011年,全市电镀企业又从564家发展到601家,占全省总数的39%。

2011年9月,浙江省环保厅、省经信委联合下发《浙江省电镀行业污染整治方案》(以下简称《方案》),按照"提升一批、搬迁一批、淘汰一批"和"有保有压、上大压小"的思路,全面开展电镀行业污染整治。《方案》提出了电镀行业56条整治验收标准,从产业标准、装备生产现场、污染防治措施、清洁生产、应急环境建设、综合管理制度6大项14方面着手,由环保、发改委、经信委、建设、规划、卫生、公安、安监等部门各司其职,分类验收。电镀企业众多的县(市、区)必须建设电镀园区,除保留少数标杆企业外,原则上所有电镀企业要在2012年年底前完成搬迁入园。根据新标准,大部分无法入园、镀槽总容积小于4万升、连续两年产值小于500万元的电镀企业必须淘汰。《方案》特别提出,温州市区作为全省整治示范区,要率先完成整治并通过验收。将温州市区作为示范区,是因为在前五年的整治中,温州"入园"的做法已经先行一步,积累了经验,形成了一定的基础。

面对新标准,温州又一次加大马力,对电镀行业开展新一轮"凤凰浴火"式的整治。这一轮整治的总体思路是"总量控制,打非入园,整合提升,自愿公平"。

2011年底,建设水平偏低的前陈电镀园区被彻底关停。同时,鹿城、龙湾、瓯海3城区及开发区组织公安、环保、电力、水务等部门开展"零点行动",所有园外企业统一时间断水断电、清理原料、拆除设备,倒逼入园生产。温州市区的电镀产业重组整合入园后,电镀企业数由458家减至223家,整合后的企业规模扩大到原来的3倍以上,基本达到集中生产、集中管理、集中治污、集约经营的要求,促进了全行业转型升级。令人可喜的是,通过这一轮整治,温州市区电镀行业削减重金属污染排放量30%以上,腾出工业用地510亩、工业厂房30.26万平方米,而电镀行业产值仍然增长了22%。

温州市十分重视示范效应。重点建设的后京电镀园区自2006年建成后,为了使集中污水处理达到稳定达标排放,园区管委会在两年时间里四次更换处理单位,最后选定专业从事重金属治理的一家环境公司。环境公司投入160万元,将系统改造为二级处理;国家排放标准提高后,2009年至2011年又投入3000多万元进行升级改造,此后园区污水再未发生超标排放。后京园区建设的经验被温州后续建设的园区借鉴,新园区后来者居上,后京园区却在56条标准面前再次落后了,主要是生产线自动化程度达不到规定要求。上了生产自动线,产能可扩大,排水却能减少一半多。于是,后京园区又一番大动作,向升级改造的新目标发起冲击,入园企业生产自动化率最终达到 100%。

2012 年 7 月 12 日,浙江省重污染高耗能(电镀行业)整治提升工作现场推进会在温州召开,近 200 名市、县(区)政府领导和环保局长与会。在瓯海区、龙湾区电镀园区内,与会者看到一幢幢整齐划一的标准 4 层电镀厂房,一排排井然有序的分质分流污水管路,一条条高效整洁的电镀自动化生产线,还有园区内规范的集中式污水处理厂和供热厂,无不感到震惊。

2011 年,全省共有 1541 家电镀企业,各地按照新标准的整治同时展开,但是进度不一。温州电镀入园的模式为解决重污染行业整治提供了一个可资借鉴的示范样本。概括起来,其成功的原因不外乎两条:技术提升和加强管理。而做到这两点,更需要地方领导解放思想,转变观念,改变原有的发展方式。

现场会后,温州做法在省内推广。2015 年底,全省电镀产业基本实现整治计划规定的规范化发展要求。这一轮大规模强力整治中,全省取缔无证无照电镀企业 803 家,注册登记的 1544 家企业,关停 588 家,原地整治提升 254 家,搬入园区 702 家;建设、改造 42 个电镀园区,进园区企业占保留电镀企业总数的73.4%。同时,企业的装备技术得到提升,淘汰含氰沉锌、含氰电镀、氰化镀锌、六价铬纯化、电镀锡铝合金、含硝酸退镀等落后工艺,拆除手工生产线 4421 条,电镀自动化率达到 100%。整治后,与 2010 年相比,废水排放量削减 34.3%,化学需氧量削减 57.1%,总铬削减 31.4%。产值反而明显增长,达到 428.90 亿元,较 2010 年增加 51.5%。

在推动电镀产业进园区的过程中,东阳、武义等地还发明了一种"企业上楼、管线露面"的监管办法,即要求园区内的电镀企业全部搬到二楼以上生产,所有管线必须露在外面,这样,就易于执法人员和群众监督,可以完全防止生产污水通过地下管线渗入地下,特别是防止故意偷排的情况。看来,对监管者来说,严管加巧管确实会更有成效。

第三章　养猪产业的脱胎换骨

2013 年 3 月,上海松江横潦泾水面打捞起大量死猪,让溯源而上的嘉兴市成了全国舆论的焦点。"死猪漂浮事件"为浙江粗放式的养殖模式敲响了警钟,无论是从管理的要求还是产业本身发展的要求,"小低散"的传统养殖方法已经难以为继。浙江养殖业欲寻得出路,除了加强外部的监管,更需要从根本上推进养殖业的生态化、集约化、产业化,唯其如此,才能真正实现养殖业发展与环境保护的有机统一,彻底解决猪粪淌河、死猪围城现象。

一、养多少——减量控源

在肉食结构中,浙江居民偏好猪肉,猪肉在"买汰烧"的菜篮子里占有很大分量。此外,每年还有大量生猪供应外地,有的地方还承担了优质猪肉供港任务。消费引导生产,市场带动规模,浙江的养猪业一直以来蓬勃兴旺,最高峰时达到年存栏 2000 多万头。曾经有很长一段时间,国家号召农户大力养猪,"猪多肥多,肥多粮多"在农村成了一句流行的口号。但是在粮田面积不断缩小,化肥被广泛施用,而猪粪因使用不便被随意放弃之后,养殖业的盲目扩张则造成了遍地污染。

回望 20 世纪 80 年代,机缘巧合下,位于嘉兴南湖区新丰镇的竹林村成为供港猪基地。之后,以竹林村为圆心,养猪业的区域半径不断扩大,向着南湖区的新丰和凤桥、平湖市的曹桥、海盐县的西塘桥等地蔓延,最终形成稳固的养殖圈和完整的产业链,成为久负盛名的"猪三角"。总量大,养殖区域集中,成为嘉兴养殖业的最大特点。2012 年,嘉兴市的年生猪饲养量达到 734.19 万头,占了全省总量的 1/5。[①] 而在嘉兴区域内,生猪养殖又主要集中在南湖、嘉善、海盐 3 个县(区),其中新丰、凤桥、大桥等 10 个镇(街道)饲养量占到全市的一半。地处"猪三角"的平湖市曹桥街道野马村最为典型,该村共有村民 1832 人,耕地 2221 亩,存栏猪、母猪、仔猪却达到 1.6 万头。

生猪养殖不同于工厂生产,养殖数量必须与当地的环境承载能力相匹配。种养平衡,生态循环,是最科学合理的养殖方法。根据农耕经验,一亩地一般可以消纳两头猪的粪肥,如果畜禽排泄物数量超过当地环境承载能力无法消纳,就会造成严重的养殖污染。年产 100 万吨猪粪、240 万吨猪尿,触目惊心的数字,折射的是嘉兴市养殖业在当时所处的困境。尽管经过多轮环境整治,采取了猪粪猪尿集中处理等许多措施,但是总量过大这个根本性问题没有逆转。无序的扩张发展与不堪重负的环境承载力形成极大的矛盾,日益恶化的生态环境给当地和周边带来严重的影响。2010 年嘉兴地表水主要污染物来源中,畜禽养殖业氨氮、总磷排河量分别占全市排河总量的 31.2% 和 52.2%,有的养殖密集地区更是河道堵塞、臭气熏天。

嘉兴的情况是全省的缩影,从浙江的水污染情况看,工业、农业、生活三大污染源中,农业的氨氮、化学需氧量分别占 1/3 和 1/2,而在农业中养殖业又分别占了半壁江山。死猪漂浮事件拉响了养殖污染的警报,也使浙江下决心对养殖业展开全面整治。2013 年春,省政府对全省畜禽养殖整治着手部署,5 月,省人大常委会发布《关于加强畜禽污染防治促进畜禽养殖业转型升级的决定》。

从浙江当时养殖污染情况看,首先要解决的是重点养殖区域的总量控制问题。2013 年 10 月,省农业厅、省环保厅联合颁布《浙江省畜牧业区域布局调整优化方案》,提出"生态优先、供给安全、调量提质、助农增收"的基本原则。在调整生猪养殖布局上,按照"有保有压"的要求,依据环境承载和市场发展需求,至 2015 年,全省生猪饲养量减少 400 万头以上,其中,嘉兴、衢州等养殖过载区域分别调减生猪饲养量 45% 和 15% 以上。2014 年 3 月底前,各地必须重新依法划定禁养区、限养区,并向社会公布。按农田耕地每亩 2 头存栏猪、林地每亩 0.2 头猪标准,科学测算限养区域畜禽养殖总量,并结合当地土壤地势、农作物品种、有机肥异地消纳和污染减排要求,确定当地畜禽排泄物承载能力和畜禽养殖量。这就意味着,在国家法律法规规定的禁养区内,必须强力关停一切养殖经营活动;在限养区内,则要科学测算养殖总量,实现种养平衡,多余的饲养量必须调

---

① 陆成钢:《生猪养殖模式的华丽转身》,《嘉兴日报》,2017 年 9 月 13 日。

减。2014年上半年,全省87个有畜牧业的县(市、区),如期完成禁养区、限养区的重新划定,禁养区面积约3.35万平方千米。

嘉兴市作为整治调整的重点地区,各级政府痛定思痛,决心聚全市之力,以减量提质为目标,以治水和拆除违章建筑为手段,倒逼生猪养殖业转型升级。嘉兴生猪养殖的单体规模小,2011年全市统计,年出栏生猪50头以下的散养户达11.5万户,占总养猪户的89%以上;养殖布局散,猪舍大多建在农户房前屋后的空地上或者承包地里,违章建筑面广量大。为了实现减量限养,嘉兴市政府采取"釜底抽薪"的办法,清除违章猪舍成为嘉兴生猪养殖业整治的突破口。

2014年,浙江省启动"五水共治""三改一拆"工作,嘉兴市终于等来了大规模拆除违章猪舍的时机。平湖市把清除重点放在禁养区域、占用的基本农田、市级河道两侧200米及镇级河道两侧50米内,把曹桥、广陈、新埭和独山港四镇列为重点区域。2014年4月,首批确定重点违章整治对象184户,在6月30日前全部拆除整治到位。到10月底,共拆除违章猪舍160万平方米,生猪存栏总量从年初的43.2万头减至14万头。南浔区共有生猪养殖场(户)2520家,绝大部分为小规模养殖或散养。2013年至2014年,共拆除违章猪舍56万平方米。练市镇以养殖大村新丰村、朱家埭村和建新村为突破口集中攻坚,3月15日当天就拆除9.4万平方米。善琏镇将3月定为违章生猪养殖场拆除攻坚月,至第一季度末,全镇"低小散"违章养殖场全部"消灭"。从2013年4月开始,嘉兴市用三年时间,共拆除违章建造的猪舍1618万平方米,生猪存栏量从2012年的273.1万头下降到32.77万头,2017年又减少到18万头。其中作为生猪养殖发源地的南湖区,年存栏生猪从高峰时的108万头减少到2016年底的5万头,减幅超过95.37%。全市生猪养殖场(户)清理整并至39家,其中19家被评为全省首批美丽生态示范牧场,养殖模式从"小、低、散、乱"完全转向规模化。[①]

从全省来看,生猪养殖量较大的地区除了嘉兴,还有衢州、温州、金华、丽水等地。衢州市在顶峰时期,生猪养殖规模达到761万头,为了适应环境容量,经过三年整治,最后总量控制在200万头以内。衢江区地处钱塘江上游,曾是排名全省第三的生猪养殖大县,生猪饲养量最高年份超过280万头。2014年以后,全区先后六轮整治养猪污染,生猪年饲养量从281.46万头减至36万头以内,生猪养殖场(户)从3.8万家削减到97家,136个村退出了生猪养殖业,让占比高达77.4%的养殖污水直排散养户全部消退。

---

① 陆遥:《"猪三角",变身美丽乡村》,《浙江日报》,2016年2月22日。

衢州的江山市也是传统养猪大县、全国生猪调出大县,曾经有过 8600 多家养殖场(户)。无管控的大量养猪给钱江源头的水环境带来威胁,而限制养猪又使许多传统养殖户的生计受到影响,"水缸"与"米缸"的矛盾十分突出。但为了保证一江清水出江山,生猪养殖减量提质已成必然。2012 年 6 月起,江山市委、市政府痛下决心,用一年时间先关停了饮用水水源地碗窑水库库区内的所有养殖场。次年 6 月,又将关停范围扩大到全市禁养区。在限养区,江山市政府建立"猪配额"制度,根据全市养殖场规模及配套的生态消纳地、治污设施等情况,核定出全市存栏能繁母猪及生猪总量,再将养殖指标分配到场到户。这样,全市累计关停退养生猪养殖场(户)8446 家,生猪年饲养量从 200 万头锐减至 95 万头。为了达到总量控制,市政府建立了 8 个多部门联动执法小组,对违规新建、扩建养殖场及超标排放养殖排泄物等行为实行常态化的联合执法整治,从 2015 年至 2016 年 5 月,共开展联合执法检查 841 次,立案查处 31 起。

实现减量的另一个重要措施是转产。拆除猪舍是一种"堵"的做法,但是生态良好和增收致富都是群众利益,当地政府在狠抓环境保护这一手时,又不能不考虑农民的生产生活问题。如平湖市曹桥街道野马村,90%的农户在养猪,村民40%的收入源自养猪,近些年新建的农居几乎都是靠养猪收入建造起来的。村里年轻劳动力都外出务工上班,留下"5060"人员从事相对"省心省力"的生猪养殖业,这种充分就业状态让这个小村的人均年收入较早就达到 1.8 万元,在当时明显高于周边农村地区。养猪的效益越好,产业压缩的难度越大。是否能用"导"的方法,通过转产让部分人不再养猪而有更好的出路呢?再进一步考虑,如果不及时解决转产就业的问题,无序养殖极易反弹,前期治理的成果很快就会失去。

当地政府头脑是清醒的,一边开展拆违限养整治,一边抓紧开展派遣专家、推荐项目、技术培训等有关转产的工作。在嘉兴市,南湖区拆除违章猪舍 19831户,面积 439.68 万平方米,农民实现转产就业 14431 人。为了帮助养殖户转产,区政府从 2013 年起连续三年,每年从支农资金中安排 500 万元专项资金,用于养殖户发展粮油、蔬菜、水果、花卉等种植业。2014 年举办农村劳动力转移就业培训 31 期,培训 1500 多人,举办生猪养殖户转产转业专场招聘会 20 期,推出6000 多个就业岗位供选择。区政府还鼓励退养户发展规模种植家庭农场,就在那段时间,新丰镇在拆除猪棚、复垦复绿的同时,一下子冒出 53 家家庭农场,基地面积达 3865 亩。因为小规模养殖人员大多年龄偏大,平湖市对畜禽退养人员发放生活补贴,年满 60 周岁、享受城乡居民社会养老保险基础养老金待遇而且家中无生猪养殖无违章建筑的农村户籍人员,每月可得 75 元生活补贴。劳动年龄段内退养人员,可在镇(街道)定点培训机构免费参加职业技能培训。2014 年下半年,平湖市退养人员达到 42308 人,其中劳动年龄段 21909 人,当年实现转产转业 9036 人。[①]

海盐县为了帮助养猪户转产,县政府专门组织了专家服务团,对退养农户进行结对帮扶指导,对家庭农场型的规模养殖户重点进行"一对一"的跟踪服务。元通镇青莲寺村有个出了名的"猪司令",养猪 20 多年,每年生猪出栏一万多头,整治中主动拆除了自家 7000 多平方米的猪舍。专家把他作为重点帮扶对象,专门设计了多个转产方案供选择,最终他选择了种葡萄,在原有承包地基础上,又流转土地 500 亩,建立了百合美家庭农场,开始从事融合生态循环、农业景观、农业文化等功能的高效精品农业,转产当年收入就达到 120 多万元,还帮助 100 多名生猪退养人员解决了就近就业问题。

养猪曾为衢江农民贡献了 35% 的收入,如何处理污染治理与百姓增收的关系,成为当地政府急需解决的紧要问题。为支持农民尽快转产转业,区政府对 4 万余人进行了各类专业培训,引导农户以菌换猪、以菜换猪、以药换猪等,96% 的退养户实现了转产转业。区政府还制定鼓励农民到规模养殖场、家庭牧场入股的政策,使普通农户能有稳定的增收途径。转产比较成功的,如莲花镇、杜泽镇有 21 家生猪养殖户转养污染较小的湖羊,猪舍改羊舍 3400 平方米,共存栏湖羊 4600 头,年总收入可达 900 余万元。湖南镇地处库区无法养猪,在红日家庭农场的对口帮扶下,70 多户农户在 300 多亩树林里栽培珍贵的铁皮石斛。同处库区的岭洋乡赖家村选取中药材产业,建起千亩黄精带,农户参与率达 60% 以上。衢江区还利用本地旅游资源,引导原来的生猪养殖户 2000 多户,发展生态农业旅游项目。全区 2015 年乡村休闲旅游接待游客量超过 336 万人次,实现旅游总收入 28.83 亿元。2016 年统计,尽管生猪饲养量减少,但全区农民人均纯收入增长超过 15%。

经过堵疏结合的控量调整,到 2016 年底,全省近 5.5 万家生猪规模养殖场关停 4.6 万家,保留 50 头以上的规模养殖场 8170 个,存栏量 480 万头,存栏量占限养量 620 万头的 77%。3 年内全省共调减生猪存栏 750 万头,占原有存栏量的 57%。畜禽污染压力明显减轻,"猪三角"等曾经的重点养殖区域,逐渐恢复了洁净宜人的乡村风貌。

---

① 浙江省"五水共治"工作领导小组办公室:《浙江省"五水共治"工作简报》,2014 年总第 156 期。

二、怎么养——产业化生态化养殖

生猪养殖业的整治既应重视环境治理,也要考虑产业升级;既要解决总量控制种养平衡,也要推动养殖方法创新。对限养区保留的养殖业,需要着重解决怎么养的问题,这是畜牧业转型升级的关键,也是各地探索的重点。

怎么养,首先要解决规模小而分散问题,大力提升规模化、产业化水平。2014 年,全省 51.84 万个养殖场(户)中,生猪年出栏量仅在 1—49 头的散户就有 47.93 万个,占到总数的 92.5%。① 促进畜禽养殖向规模化方向发展,不仅有利于全面提升产业综合生产能力,有利于提高科学养殖水平和经济效益,还十分有利于对畜禽养殖的污染防治。因为生猪养殖业向规模化、产业化发展,企业主才会加大投入,大投入下产生的规模效应才能使养殖过程中产生的一系列技术、环境、管理问题得到有效解决。如投资建设规范化的污水处理设施或者病死动物无害化处理设施,这是采取粗放式养殖模式的养殖散户无法做到的;再如产业化养殖模式和粗放式养殖模式相比,受到的约束更多,对管理部门来说,更容易监管。所以走产业化、规模化之路是实现环保和产业发展双赢的重要之策。

《浙江省畜牧业区域布局调整优化方案》提出,争取到 2015 年生猪出栏 500 头以上的规模养殖占比由 2013 年的 51% 提高到 60%,基本形成以龙头型主体带动为主的新型畜牧产业体系,基本完成规模养殖场的设施化改造任务;鼓励引导规模养殖场抱团组建大型合作社,加快培育一批新型畜牧业主体,其中包括 200 家全产业融合的新型畜牧合作组织。根据这一调整要求,全省生猪养殖业进行了一轮"有保有压""上大压小"的大淘汰、大整合,至 2016 年年底,全省保留 50 头以上规模养殖场 8170 个,50 头以下散养户被淘汰。如绍兴的柯桥区,以前曾是传统的生猪养殖大区,大小猪场最多时达上千家,至 2017 年,全区仅保留 3 家"万猪场"、6 家"千猪场"。2016 年,省政府发布《创建全国畜牧业绿色发展示范省三年行动方案(2017—2019 年)》,提出进一步推进适度规模养殖,鼓励和引导发展年出栏猪 1000 头的标准化适度规模养殖场,到 2019 年,全省生猪出栏 500 头以上的规模养殖场比重达到 80%,同时建设特色畜牧业集聚区 5 个,畜牧特色强镇 10 个及更多的美丽畜牧业休闲基地。

规模化、产业化带动了设施生态化。2015 年,全省各地基本完成规模养殖场设施改造,但因一系列养殖污染事件曝光,反映出整治没有完全到位,2016 年

----

① 祝梅:《畜禽养殖如何走生态循环之路》,《浙江日报》,2015 年 7 月 3 日。

又进一步启动规模养殖场巩固提升工作,摸查处理设施老化破损、缺乏就地消纳管网设施、沼气池缺乏安全防护设施等的"问题"养殖场,3031个规模养殖场所列入"一场一策"工作清单。宁波市对532家存栏50头以上养殖场开展全面治理,重点抓两件事:畜禽养殖标准化建设和养殖污染物生态化处理。畜禽养殖标准化建设,主要是根据养殖规划,在限养区内建设规范化的生态养殖区,达到畜禽良种化、养殖设施化、生产规范化、防疫制度化、粪污处理资源化和监管常态化的要求,从而提高污染治理能力。如黄避岙畜牧小区经过标准化的建设改造,"回迁安置"了6000多头周边低小散养殖户的生猪。畜牧小区绿树环绕,环境整洁,除生猪栏舍外,还建有沼气池、氧化塘、沉淀池、干粪堆积发酵场等近2000平方米的配套养殖污染物处理设施。通过智能化管控平台,畜牧、环保管理人员只要点击手机上的App,就能通过遍布养殖场的监控设备,全方位检查养殖小区内污染物规范化处理、猪粪堆放发酵、沼液是否渗漏等情况。管理部门的工作重心逐渐从污染治理向污染管控转变。到2016年年底,宁波建成和改造同类标准化畜禽养殖场229家,其中包含了30家省级现代畜牧生态养殖示范区。[①]

金华的美保龙种猪育种公司是国家生猪标准化示范场,养殖本地猪,采取的是从国外引进的"洋"方法。"让猪生活在美丽的森林公园里",美保龙公司的养殖理念颠覆了人们对养殖业的传统印象。占地360亩的养殖场划分为办公区、生产区、科研中心,其中65%以上面积是绿化地,欧式建筑依山傍水,掩映在苍翠的园林之中。人们走进养殖场见不到猪,更闻不到味。这家总投资达1.2亿元的牧场,最独特的并不是花园式环境,而是"全程环保控制"的新型养殖模式。公司引进了欧美国家的先进技术和设备,定位于建设一个节能减排和生态循环的绿色养殖场,采取如此投资大、设施全、技术领先的养殖模式,自然成为浙江省美丽生态牧场的标杆。

而在仙居农村,一场"人畜分离"的绿色治理工程,同样改变着当地的养殖方式。仙居农民有家庭养猪的传统,一头猪就是一户人家一年的零花钱或过年的桌上餐,几头猪即是全家的生活来源。2014年,全县有10万多个栏舍,4万多户农户散养猪,年饲养量在6万头左右。可是散养猪污染遍地,臭气熏天,成为农村污染治理的重点问题。乡镇政府考虑过限制养殖,但又担心转产困难的情况下会减少农民的收入。2014年开始,仙居实施"人畜分离"的养殖方法,统一拆除农村房前屋后的猪舍,建设村庄畜牧生态养殖集中点,把村民生活居住区与生

---

① 施力维:《宁波规模养殖场完成整治》,《浙江日报》,2016年4月18日。

猪养殖区分隔开来。集中养殖区建造统一规范的养殖栏舍,统一进行废水截污纳管,或者建造栅格式沉淀处理池,做到畜禽排泄物资源化利用。这样,既让农民能继续养猪,也使环境能得以优化。为了做好这项工作,县里专门抽调 85 名干部,组建 20 个专家服务队分别派驻 20 个乡镇,在"人畜分离"工程的选址、设计、建筑、排污、资源化利用等各个环节出谋划策。由于农民有自主选择权,再有良好的服务跟进,工作推进非常顺利。三年时间,全县 20 多个乡镇拆除农村养殖栏舍 6 万多个,建成养殖小区 310 个、429 幢,面积达到 8 万多平方米,1.5 万散养户的 2.4 万头猪,全部转入农村养殖小区养殖。仙居农村一改脏乱差面貌,有的村庄生态养殖栏舍采用徽派建筑风格,周边种植常绿树种或果树,使环境更加整洁优美,不仅解决了畜禽污染的问题,还让"仙猪公寓"成为仙居美丽乡村的一道风景。①

现代科学技术在设施生态化改造中起到十分重要的支撑作用,动物排泄物发酵处理是应用较多的技术措施。丽水和丰苑农业科技有限公司采用的是"非接触式发酵床"技术,养猪场为两层楼,但只在二楼养猪,空置的一层安放混有益生菌的发酵床,动物排泄物通过镂空的地板排到一层发酵床,经机械装置自动翻耙,使排泄物与发酵垫料均匀混合,益生菌吞噬消化排泄物后,能达到无污染、零排放效果。江山市采取"异位生物发酵床处理"法,先通过集污池收集污水,用水泵将污水液均匀覆盖在生物发酵床上,利用发酵床中的微生物对粪污进行分解转化,再对物料进行肥料化和基质化处理以做循环利用,最后达到养殖污染零排放的目的。2016 年,全市已有 11 家规模养殖场使用该项技术。江山市石明畜业公司率先引进发酵处理技术,日处理能力达 50 吨以上,解决了 5000 头存栏生猪养殖污染处理需求。此后又拉长产业链,新建一个厂区,专门回收全市养殖场的发酵底料,制作售价每吨可达 600 元的有机肥。

畜禽排泄物放错地方是污染,放对了就是资源。为此,省政府鼓励发展有机肥加工、沼液收集处理配送的社会化服务组织,支持发展有机肥加工、沼液综合利用和新能源开发。一些农业企业看清其利用价值和市场前景,积极投资农肥综合利用产业。衢州市宁莲畜牧业有限公司认准生猪排泄物就是一种资源,可能比养猪带来更多财富,建设了一家占地 5000 平方米的有机肥工厂,作为与养殖配套的生猪粪便收集中心,并与当地种植大户对接有机肥供应,使排泄物得到资源化利用。龙游县各个养殖场的猪粪,统一运送到"浙江开启能源科技有限公

---

① 江帆:《洁美村庄中的"仙猪公寓"》,《浙江日报》,2017 年 4 月 19 日。

司"用于沼气发电,沼渣制作成有机肥,沼液通过管网输送到种植基地用作液态肥。开启能源公司每日可消耗生猪排泄物 500 吨,相当于 55 万头存栏生猪的排泄量,收集处理范围基本覆盖龙游全县养殖场。

废沼液因为养分含量低,储存不方便,处理难度大,容易外溢造成水体环境污染,如何消纳废沼液一直以来困扰着畜禽养殖污染治理。宁波龙兴生态农业科技开发有限公司,通过引进浙江大学研制的沼液浓缩技术,制成全省第一只上市销售的"腐殖酸浓缩沼液有机液肥",这一新型液肥原料全部来自附近养殖场的废沼液。经省农技推广中心试验,合理施用营养液,番茄增产 8.3%,黄瓜增产 6.6%。废沼液在宁波找到了一条变废为宝资源化利用的新路子。据测算,仅沼液浓缩技术,龙兴公司就可解决 1 万头生猪的废沼液消纳问题,同时年生产浓缩液肥 5000 吨,减排化学需氧量 2 吨,氨氮和总磷 4 吨,大幅降低废液消纳成本。2016 年当年,宁波约有 43 万头存栏生猪通过农牧结合、生态消纳的办法,实现了废沼液的资源化利用,年利用量可达 100 万吨。约 13 万头存栏生猪则直接通过纳管达标排放、工业治理等途径,实现了沼液零污染。

处理养殖场污水也展开了一场技术革命。为了保证畜禽排泄物达标排放,金华美保龙公司采用了农业结合工业的处理模式,共投资 1000 万元建立污水处理中心,将经过多道工序处理过的水循环用于猪栏冲洗、苗木灌溉和水产养殖。铺设的中水回用管道达近万米,每小时可喷灌处理水 20 吨以上,生产用水做到完全自我循环。沼气每天可发电 1200 千瓦,基本满足养殖场污水处理用电。湖州安吉的一座养猪场,占地上百亩,存栏生猪最多时达 6000 多头,此前一直缺少成本低、效率高的污水处理手段,环保压力极大。省农科院组成科研团队,为养猪场提供了一套日处理养殖污水 100 吨的微生物污水处理系统,黑臭的养殖污水在处理池子里经过 10 天左右的"走圈",就会变得无色无味,处理后的水质大大优于《畜禽养殖业污染物排放标准》规定的排放标准。更为重要的是,每吨水的处理成本仅需 4 元左右,折算到猪肉价上,每公斤猪肉的成本只增加了 0.2 元左右。这一技术在省内多个生猪养殖场推广,为养殖场面临的最大难题——养殖污水处理,提供了新的技术处理模式。

三、养哪里——农畜结合变废为宝

为了让畜牧业既提升效益,又无害环境,发展循环农业成了必然趋势。《浙江省畜牧业区域布局调整优化方案》提出,要立足农林牧渔科学配套和畜禽养殖排泄物资源化利用,促进养殖上山入园,加大农业"两区"配套力度,从种养场

(户)小循环和区域循环两个层面,逐场、逐区落实资源化利用措施;2015 年年底前,全面落实畜禽养殖生态消纳地,基本建立农牧紧密结合、生态消纳到位、设施装备先进、资源循环利用的生态畜牧业发展格局。这实际上还涉及一个在哪里养的问题。在哪里养,不仅要按照法律法规和规划,严格禁止在禁养区内养殖,防止环境污染,还应考虑土地利用和畜禽粪肥利用的问题,以有利于循环农业的发展。

在种养两地分离的情况下,供需搭桥是变废为宝的重要途径。在信息不对称的时候,常常一边是种粮大户为寻基肥而操心,另一边是养猪大户为每天需处理大量沼液和猪粪而苦恼。这时就需要政府的支持和服务。

兰溪自 2014 年起两年内拆除养殖场(户)3583 家,存栏猪 50 头以上的生猪养殖场压缩至 1072 家。为了解决沼液出路问题,兰溪市专门建立了沼液服务体系。按照区域布局,设立了城西、城北、城郊三个沼液抽排运输服务站,配备 31 辆不同吨位的沼液抽排车,将沼液全部运往市内规模种植基地还肥于田。服务站运输 1 吨沼液需运费 30 元,养殖场和农户分别承担 10 元,财政补贴 10 元。农户认为,尽管施肥成本与普通肥料差不多,但沼液的优势更加明显,因为用沼液可以免去重复浇水,还有助于疏松土壤、防治害虫。所以,服务站开通后,不断有农场主动找上门去,要求使用沼液。这就让养殖场又动起了脑筋,一家叫顺康养殖场的单位铺设了 2500 多米管道,直接通到另一家果蔬专业合作社的 1200 多亩果蔬基地,大大节约了沼液异地运输费用。[1]

由于各地对生猪排泄物的消纳能力不同,优化区域布局就成为畜牧业转型升级的一个关键。通过合理布局,在种植业发达、对排泄物消纳能力强的地方开辟养殖业,可以配套发展一批适度规模的养殖场。宁波的慈溪市,为了建立种植养殖良性循环体系,确定农业开发区内,每 2 万亩农田配套建设一个大型畜牧养殖场。2016 年,慈溪现代农业开发区内有 17 家企业,其中大型畜牧养殖企业 3 家,其余为蔬果深加工、饲料生产、有机肥制造等企业,涵盖了生态循环链的各个环节。

2013 年,龙泉市利用"九山半水半分田"的地貌特点,设立了占地近两万亩的兰巨生态循环农业示范园,在竹园、茶园、果园等生猪排泄物消纳能力强的地方,分别建成 13 个养殖场,又在各养殖场中心位置建造有机肥加工厂,形成大、中、小三级循环。这 13 个养殖场的排泄物,除部分干猪粪运到示范区内的制肥

---

① 何贤君:《生态养殖认证管理》,《浙江日报》,2016 年 3 月 31 日。

厂制作有机肥外,其余的全部送入沼气池,产生的沼气用于养殖场的日常生产生活。沼液通过管网运送到竹园、茶园、果园和旱粮区,成为循环利用的绿色有机肥,沼渣再被运往旱粮种植区和制肥厂。在整个示范园内建起一条"猪—沼—经济作物"的循环链,形成就地消纳的生态小循环。在示范园建立的当年,绿峰农林科技有限公司搬迁进去,在园区内养殖了 3000 多头生猪,同时还配套种了 2000 亩苗木。通过沼液和花卉苗木结合利用,形成"山上养殖、畜粪还林"的林牧结合生态循环模式。这种循环利用模式释放出巨大的红利,2015 年,绿峰公司养殖场获得利润约 300 万元,2000 多亩苗木获得收入 3000 多万元。[①] 兰巨示范园建成后,更大范围的"猪粪收集—沼气发电—有机肥生产—种植业利用"循环在龙泉市内铺开。2016 年,全市铺设沼液输送管网 3000 千米,建设泵站 57 座,4.5 万亩种植业基地变为消纳地,按每亩使用有机肥 300 千克计算,相当于减少使用化肥量 2500 吨。

与种植业配套养殖场相反,有的地区是养殖业配套生态消纳地。江山市制定了《生猪排泄物污染防治管理办法》,推广"生态治理＋工程治理"相结合的治理模式。所谓生态治理,主要是配套建立相应面积的生态消纳地,全市养殖场共落实生态消纳地 14.5 万亩,由浙江天蓬畜业有限公司承担全市生猪养殖场猪粪的收集加工。金东区探索农牧融合发展,126 个农业基地对接 231 家养殖场。2015 年年初,金东区启用农业废弃物资源化利用服务中心,建立沼液异地配送服务体系,两年内投入 680 万元,建成 8000 立方米田间储肥池、1.97 万米输液管网、19 座泵房等农牧对接基础设施,购置 10 辆沼液槽罐运输车,形成"养殖场—沼液—种植基地"的农牧融合资源化利用模式。全区新增生态消纳地 15 万亩,新增沼液利用量 21 万吨,基本实现畜禽排泄物转化和推广应用的动态平衡。农牧融合,既为养殖户排忧,又为种植户送金,可谓一箭三雕:在解决畜禽排泄物污染的同时,为 126 个农业基地节省化肥费用 6300 余万元,还使农作物的质量明显提高。岭下镇河口村的蜜梨种植户用上沼液以后,不仅省下了化肥资金,而且蜜梨长势喜人,口感特别好,价格比一般市场价贵 20％,仍然供不应求。

2016 年 8 月,农业部发文批复同意浙江开展畜牧业绿色发展示范省创建,浙江省成为全国第一个也是当时唯一一个获批创建"畜牧业绿色发展示范省"的省份。12 月,省政府发布《创建全国畜牧业绿色发展示范省三年行动方案(2017—2019 年)》,农牧结合的养殖业发展思路更加清晰。在养殖业布局上,鼓

---

① 江帆:《生态猪是怎样养成的》,《浙江日报》,2016 年 6 月 16 日。

励在不易产生水体污染的荒山、缓坡等区域建设规模畜禽养殖场，以及在新开垦耕地区域和农业"两区"按照农牧结合的方法，配套建设规模畜禽养殖场所；鼓励和支持农村中小养殖户移栏出村、集中生态养殖。在健全生态循环机制上，要求统筹主体小循环、区域中循环、县域大循环，全面落实农牧结合一县一方案、一场一对策，切实做到种植业消纳量与畜牧业废弃物点对点、量对量、时对时有效对接。这样，解决了在哪里养的问题，养多少、怎么养就有了更加科学合理的答案。

2017 年，浙江全省的畜禽养殖粪污综合利用率达到 97％以上，远超全国到2020 年达到 75％以上的目标要求。①

四、病死猪往哪里去——无害化处理、资源化利用

畜禽污染不仅在于排泄物的污染，其实，病死动物对水体的污染亦是令人触目惊心。2013 年春天震惊全国的上海黄浦江死猪漂浮事件，一时让浙江嘉兴遭到责难，同时也警示有关部门，科学且及时地处理病死动物已迫在眉睫。浙江是养殖大省，2012 年全省生猪存栏 1338 万头，按业内普遍认可的小猪死亡率 5％、大中猪病死率 0.5％以上推算，全省每年需处理的病死猪是一个庞大的数字。然而，对浙江来说，病死动物的处理一直是个难题。由于生产经营管理水平低下的中小规模养殖户大量存在，相关的监管体制亦未健全，导致每年有大量病死畜禽得不到合理处置。病死动物随意丢弃，会严重污染水体和土壤，同时成为疫病滋生和传播的重大隐患，如果被不法商贩低价收购加工，还有可能产生食品安全风险。

其实对这个问题，省政府和有关部门早已引起关注。进入 21 世纪以后，死猪漂浮现象反映较多的是富春江水电站大坝前河段。富春江上游沿岸分布大小不一畜禽养殖场点，养殖户为图方便，也为节省处理费用，经常将病死畜禽随意丢弃或浅埋了事。春汛时节，死畜被雨水冲刷入河顺流而下，很多又被大坝阻挡，高发年份甚至达千头以上。为了保护钱塘江水的清洁安全，2006 年 6 月，省政府下发通知，责令有关部门和上游地区对病死畜禽处置进行整治。省环保厅与省公安厅、省农业厅联合发布公告，公开向社会有奖征集抛投死猪者线索，对随意丢弃死畜行为予以严厉惩处。浙江省成立由省农业、环保、水利、公安等 10余个厅局组成的"浙江省富春江漂浮死猪防控工作协调小组"。2007 年 1 月，协调小组召开首次会议，杭金衢三市及下辖的建德、桐庐、婺城、金东、兰溪、龙游等

---

① 《谱写农业绿色可持续发展的浙江篇章》，《浙江日报》，2017 年 12 月 12 日。

重点县(市、区)接受整治任务。2007 年 3 月,富春江漂浮污染物打捞处置工作被列为浙江省重点整治工程,项目总投资 4866 万元,由省、市、县财政共同承担,并确定每年运行经费 246 万元,由桐庐县政府、富春江电厂和省环保厅、省水利局、杭州市环保局分别承担。

尽管采取了一系列措施,但是死猪漂浮现象仍然禁而不止,2010 年 1 月至 10 月,富春江流域就累计打捞死猪 2000 余头。为此,2010 年 11 月,省十一届人大常委会审议通过《浙江省动物防疫条例》,对病死动物无害化处理做出法律规定:城市、县人民政府应当按照统筹规划、合理布局的原则,组织建设病死动物和病死动物产品无害化处理公共设施,确定运营单位及相应责任,落实运营经费;养殖户应当将病死动物和病死动物产品运送至无害化处理公共设施运营单位处理。

当时在浙江省内有三种大规模处理病死动物方式:一是把病死动物运输到垃圾处理厂,用专业的焚烧炉进行焚烧;二是深度掩埋,适用于各种规模的病死动物处理,但是过程中会产生恶臭,分解物也会污染土壤;三是建设无害化处理池,利用"生物热"让病死动物自然发酵分解。从 2009 年起,嘉兴市推广无害化处理池,采取"规模场以户为单位处置、散养密集区以村为单位处置、其他区域分镇划片处置"的运行模式。到 2013 年底,全市累计投入财政补助经费 1312 万元,建起无害化处理池 573 座,总容积 4.05 万立方米,2012 年通过无害化处理池处理病死家畜 32.56 万头。[①]

然而,病死家畜处理问题仍然没有根本解决。不少散养户为了节省成本,对病死猪的处理基本采取掩埋或卖给死猪收购商的办法。一个时期内,不法商的病死猪肉产销活动成为无害化处理的巨大障碍。2012 年 11 月,嘉兴市中级人民法院对备受瞩目的 17 人制售死猪肉案做出判决,以生产、销售伪劣产品罪判处 3 名罪犯无期徒刑,其余 14 人被判处有期徒刑 1 年 6 个月至 15 年不等。这个团伙从 2008 年起,非法加工病死猪达 7.8 万头,涉案金额达 876 万元。台州温岭市一个 46 人团伙,从 2010 年至 2012 年 4 月,共收购、屠宰并销售病死猪 1000 多头,主犯张兴兵被处以 6 年 6 个月刑罚。不法商遭到严厉打击后,非法买卖之路被截断,随便丢扔的病死猪数量却骤然上升。也有一些养殖大村,虽然建有多个无害化处理池,但仍然不能满足处理需要,过量的病死猪还是被丢弃在河道里,死猪在活人的运作下,与监管部门玩起"躲猫猫"。

---

① 晏利扬:《杜绝死猪抛江,敢问路在何方》,《中国环境报》,2013 年 4 月 12 日。

上海黄浦江死猪漂浮事件发生后,以嘉兴为重点地区和先发地区,全省开始新一轮轰轰烈烈的畜禽养殖污染整治,并成为"五水共治"的一场开局战和重头戏。病死畜禽处理成为这场大战的关键一役。

从 2014 年起,嘉兴每年初开展为期一个月的水环境综合整治集中行动,与上海建立交界水域联防机制,2014 年共出动干部群众 41.5 万人次,在省、市交界水域设置防污栅 4601 个,打桩布网 3000 个。农业部门按监管网络化和信息追溯实时化要求,建立智慧畜牧业管理平台,严格执行动物标识制度,从死畜身上的标识追溯到养殖场所。同时,政府部门还利用新闻媒体和通过发放宣传资料等形式,广泛开展普法宣传和相关知识教育传播,让养殖户懂得随意弃置病死动物的危害性和应承担的法律责任,嘉兴市当年就发放宣传资料近 10 万份。

但管理部门意识到,从长远计,更紧迫的是要建立一套更科学先进的病死畜禽处理办法,从根本上杜绝病死畜禽污染。畜禽尸体处理不好,会污染环境,但它又是优质的生物质资源,在相应的技术保障条件下,可用于生产大量的沼气,或作为提炼加工工业油脂等多种工业原料的材料,其废渣和骨粉也可用于生产优质的肥料。浙江传统的无害化处理池建设分散,占地面积较大,且容易造成二次污染。要真正解决病死动物处理问题,必须走工业化路子,达到更高要求的无害化处理、资源化利用。

嘉兴市于 2014 年初开始,全市投入 1.5 亿元财政资金,用于技术先进的无害化处理设施建设,形成海盐县高温干化处理工艺、桐乡市高温高压生态循环处理工艺、平湖市高温炭化工艺和其他县(市、区)的高温生物降解工艺等 4 种无害化处理模式。其中,桐乡市处理中心创新研发的高温高压生态循环处理技术获得 12 项国家发明专利。到 2014 年年底,嘉兴市所辖 7 个县(市、区)域病死动物无害化集中处理中心全部按时建成并投入运行。

台州的温岭市有规模化生猪养殖场 423 个,禽场 455 个,每年病死动物应处理量达 1000 余吨。2014 年启动建设市动物无害化处理中心,项目投资 3400 万元,占地 10 亩,采用 BOT(建设—经营—转让)模式。处理中心建好后,采取一套严格规范的运行程序:中心接到养殖户电话报告后,24 小时内派收集队上门收集,然后核对数量,对病死猪拍照,填写收集台账。病死猪运到中心后收入冷库,在集中处理过程中,车辆自动消毒间、过磅间、臭气和污水处理系统全部采取电脑操作控制和封闭式操作。核心处理系统采用国际先进的高温干化化制技术,借助干热与压力实现化制,并利用高温与高压全封闭杀灭细菌。工业化处理的时间每批只需 8 小时,而以前用深埋分解的办法需要几个月。病死动物经处理后成为可用资源；产出的肉骨粉是苗木种植的良肥，油脂可作为工业用油。产生的污水经预处理后纳入紧邻的垃圾电厂污水处理系统做深度处理。

在病死动物无害化集中处理设施建设的布局上，省政府要求年出栏生猪30万头以上(或出栏家禽1000万羽以上)的畜牧业主产县，必须在2014年6月底前，建立病死动物无害化集中处理厂，没有畜牧业主产县的设区市，也要在畜禽养殖相对集中的地区建成一座以上区域性无害化处理厂。到2016年年底，全省建成专业集中处理病死畜禽的无害化处理厂41家，分别采用高温炭化、高温化制、高温化制加生物利用、高温生物降解等方式进行处理，形成年处理约600万头的能力，集中处理率达到70%。同时，未建集中处理厂的县(市、区)建成区域性公共处理窖710个，2180个规模养殖场(户)建设了自行处理设施。全省养殖场病死畜禽的无害化处理，基本具备了由分散处理向集中处理、传统处理向工业化处理转型的设施条件。

为了建立长效监督管理机制，2014年3月28日，浙江省人民政府以"特急"文件下发《关于加快构建畜禽养殖病死动物无害化处理和监管长效机制的通知》(以下简称《通知》)。《通知》要求各级政府要依法履行属地管理职责，全面建立河长制，尽快形成网络化管理、联防联控的工作格局，确保不漏一场，不漏一户；所有畜禽养殖场户必须切实承担起第一责任人的责任，乡镇政府和村级基层组织要逐户落实监管责任人员。环保部门要加强对畜禽养殖污染防治的统一监督管理，及时对畜禽交易市场、屠宰场、规模养殖场周边和发现死猪水域的水体进行监测；水利、城管、市容环卫等部门要健全河道、湖泊、水库等场所病死动物的清理打捞制度。

为了保证将收集的病死动物全部实行工业化处理，《通知》要求各地建立"统一收集、集中处理"机制，形成"政府监管、财政扶持、企业运作、保险联动"相结合的病死动物无害化收集处理运行机制。2015年，省发改委、省财政厅、省农业厅、省保监局联合印发了《关于加快推进生猪保险与无害化处理联动的指导意见》，所谓生猪保险与无害化处理联动，其核心是将生猪无害化处理作为病死猪理赔的前置条件。如温岭从2015年年底开始，将全市所有存栏生猪统一纳入政策性农业保险，全部保费由财政给予补贴，生猪保险与病死猪无害化处理挂钩，病死猪经过集中无害化处理后才能由保险公司理赔。养殖场主从此改变了随意乱丢病死猪的习惯，随意丢变成舍不得丢。到2017年上半年，有56个县(市、区)实施保险联动政策，每头病死猪赔付几十元至几百元不等，最高的一头达到600元。

为了解决统一收集问题,农业部门在 5 个市和 7 个县(市、区)开展试点,采取政府购买服务的形式,培育社会化服务主体,完善病死动物处理公共服务制度。温岭市由镇政府招标,建成 10 支病死动物无害化处理收集服务队,配备专用收集车,车内安装 GPS 定位系统及摄像头进行跟踪监控。每支收集队每天至少到辖区内养殖场收集一次,向处理中心运送一次。每年购买服务所需经费 130 多万元全部由市财政承担。2017 年上半年统计,全省建立病死动物收集暂存点 2193 个,其中公共收集点 385 个,规模场自建点 1808 个,配备收集服务人员 1663 名,配置小型收集车辆 630 台,覆盖 56 个县(市、区)。

浙江省在形成统一收集、生猪保险与无害化处理联动"三位一体"的病死动物无害化处理新体系后,病死动物随意丢弃现象几近绝迹。2017 年 6 月,省人大常委会农业委员会进行《动物防疫法》执法检查,对病死动物无害化处理情况较为满意,因为,曾经的重灾区富春江大坝前,在 2017 年上半年也仅发现一只死犬。

五、政府怎么管——严格监管+指导服务

3 年时间的整治和调整,使浙江的畜牧养殖格局发生重大变化,特别是生猪养殖业,经历了一番脱胎换骨的变革,全省累计关停 4.5 万家"低小散"养殖场,留下的万余家养殖场也经历了整改验收。然而,改变千年的养殖习惯并非易事,严厉整治之下,仍然不断有污染事件曝光。2015 年下半年起,猪肉价一直高位运行,复养、新养、人居混养等苗头在一些地方露头,个别养殖场主甚至抱着侥幸心理偷排污水。2015 年,全省曝光的环境污染案件中,畜禽养殖污染事件占了总数的 1/8;2016 年一季度,浙江卫视《今日聚焦》栏目又曝光了 5 起畜禽养殖污染问题。如 2016 年 4 月 14 日曝光的岱山何家盎猪场污染水体事件,2016 年 5 月 17 日曝光的衢江区高家镇溪西生猪养殖合作社污染水体事件,都是养殖场(户)未经批准,擅自扩大养殖规模,同时污水处理设施不完善,偷排污水或不达标排放,严重影响周边环境。污染事件既反映出经营者的利欲熏心和环保意识淡薄,也反映出管理部门的思想不重视、责任不落实、配合不协调。可见,阶段性的集中整治过后,更需要坚持不懈的严格监管和不断扩展的引导服务。

针对新出现的问题,省委省政府要求,推进畜牧业转型升级,必须紧紧围绕"养多少""养什么""怎么养"等问题,从政策设计、机制创新、技术攻关、执法监管等多方面综合施策。养什么畜禽都可以,但是养什么都不能污染环境,要坚定不移抓转型,调结构,保质量,防污染,实现畜牧业的绿色化、现代化。

2015年6月,省政府发布《浙江省畜禽养殖污染防治办法》,对生产布局、污染防治和综合利用做出更加系统具体的规定,将畜禽养殖污染防治措施上升到法制层面。针对前期管理中的漏洞,环保、农业、公安等部门加强分工合作和执法衔接,平时加强巡查,及时发现和处理污染事件,形成监管合力。岱山何家岙养猪场污染事件曝光后,省环保厅与农业部门一起制订三方面整治措施:抓紧制订实施"十三五"畜牧业防治规划和污染防治规划,完善畜禽养殖布局,突出种养结合,从源头上减少污染;加强执法力度,开展全省专项监督,曝光一批违法案件,对违法排污者严惩不贷,对监管者追究责任;在全省树立一批生态消纳和污染治理效果较好的畜禽养殖治理标杆,总结推广行之有效的生态消纳和污染治理模式,提升全省畜禽养殖污染防治水平。[1] 公安部门对藐视法律法规、违法排污者予以严厉打击。何家岙养猪场擅自扩大养殖区域,将严重超标的废水直排大海,县公安局以涉嫌污染环境罪立案侦查,对犯罪嫌疑人、养猪场场主实施刑事拘留,亦给其他养殖者上了一堂以案说法的教育课。

省政府强调,各市、县(市、区)政府是推进畜牧业绿色发展的主体。2016年出台的《生态建设责任追究制度》规定,为了将部门和地方的管理责任落到实处,实行责任追究制度,造成严重污染事件的管理失责的政府工作人员和有关责任人将被严肃处理。岱山何家岙养猪场污染水体事件发生后,舟山市委、市政府责令岱山县委、县政府做出深刻检查,并对县领导进行诫勉谈话;决定给予市渔农委、市环保局分管领导行政警告处分,并责成岱山县委、县政府对相关责任人进行严肃处理。因监管处置不力,衢州市对衢江区、高家镇、区畜牧兽医局、市环保局衢江分局有关领导及上溪村党支部书记,也分别做出了相应处分。

岱山何家岙养猪场污染水体事件、衢江区高家镇养殖污染水体事件曝光后,省农业厅当年启动了畜禽养殖污染治理"回头看"百日行动,一方面,对规模养殖场抓紧在2016年6月底前完成生态达标验收、限期整改或关停等扫尾工作,并对这些规模养殖场展开更严格的后期污染管理和控制,建立县、乡(镇)、村三级畜禽养殖污染网格化巡查机制和线上智能化防控网络,严格实行畜禽养殖环境准入制度,防止再有污染反弹。另一方面,采取"一县一策"做法,启动对25万家生猪散养户和小猪场的治理。以散养密集村为重点,以人畜分离、生态养殖为目标,通过建设养殖小区、完善治污设施和关停转产等措施,对生猪存栏50头以下养殖户进行了一番"地毯式"整治。同时,对2037个年存栏水禽1500羽以上的

---

① 浙江省委省政府美丽浙江建设领导小组办公室:《美丽浙江建设工作简报》,2016年总第40期。

规模水禽养殖场，也按照规模生猪养殖场治理的经验，落实治理措施，开展达标验收。

许多养殖重点地区在管理上因地制宜，积极创新。丽水市建立以 9 个县（市、区）为大网格、173 个乡（镇、街道）为中网格、2851 个村为小网格的畜禽养殖污染网格化长效防控机制。江山市建立养殖场台账制度，使得监督管理有案可稽；对各个规模养殖场实施排放废水抽检制度，第一次抽检不达标的限期 10 天内整改，第二次抽检不达标的立案处罚，第三次抽检仍不达标的就要依法强制关停。2015 年冬，江山的每个养殖场入口处，竖起了"规模养殖场污染防治监督"公示牌。此后，当地生猪养殖业多了两个新名词："猪八戒"和"猪长制"。"猪八戒"是指规范养猪的八条规定，违反规定就要受到相应处分；"猪长制"借鉴河长制，明确每家养殖场的镇、村两级监管和巡查责任人，并把姓名和手机号码公之于众，接受群众举报和监督。

借助浙江发展"互联网＋"的优势，信息化监控手段被大量应用到生猪养殖业。省政府要求各地按照"三分建设、七分管理"的原则，建立畜禽养殖的信息管理制度，督促各地建立智能化防控机制，对区域内所有规模化养殖场，包括一些次规模化的养殖场实施全覆盖的信息化管理。江山市在畜禽养殖信息化管理上又是率先示范，连做三件事：第一件事是率先建立了畜牧科技信息平台，其中包括畜禽养殖信息管理等 5 个子系统。第二件事是配备智能化监控系统，全市安装了 231 个探头，对 197 个养殖场实行 24 小时不间断实时监控。已经建好治污设施的养殖场，主要对其排污口进行实时监控，并安装治污设施专用电表，通过用电量监督获得治污设施运行的真实信息；实行生态治理的养殖场，还要增加对生态消纳地的监控。第三件事是建立可追溯管理体系，根据各养殖场核定的存栏能繁母猪数量，发放二维编码耳标，记录各养殖场领用耳标的号段，建立耳标领用、发放、注销等台账记录，实现每头生猪可追溯管理，一旦在野外和河流发现死猪，就可追溯到养殖者，肇事者将无可逃遁。江山市的做法在各地得到推行。截至 2017 年 3 月底，全省有 2215 个规模养殖场建立智能化防控设施，占保留养殖场的 28.5％。

在加强监督管理的同时，全省开展了创建美丽牧场的示范引导。2016 年 4 月 15 日，省农业厅和省环保厅联合，在金华召开全省畜牧养殖场主体责任万场承诺暨美丽生态牧场建设启动大会。会上播放了《今日聚焦》栏目曝光的畜禽养殖污染事件警示片，29 位来自全省各地的养殖户代表签下了"畜禽养殖污染防治主体责任承诺书"，公开承诺依法依规养殖，不超养，不偷排，不漏排。在差不多时间,全省有 9554 家存栏生猪 50 头以上的规模养殖场主都签下了同样的承诺书。创建美丽牧场是养殖业对建设美丽浙江的响应,目的是让养殖场告别过去的脏乱差,实现生产过程清洁,产出安全高效,资源循环利用。当年计划是建设 200 家以上美丽生态牧场和 12 个整建制美丽生态畜牧业示范县。

2016 年 12 月,省政府发布《创建全国畜牧业绿色发展示范省三年行动方案(2017—2019 年)》,创建绿色畜牧业被提升到国家战略。在主要目标上,到 2019 年,全面完成规模畜禽养殖场提升改造,建设 20 个国家级、省级畜牧业绿色发展示范县,培育 1000 家美丽生态牧场,畜禽粪便综合利用率达到 98％以上;畜牧业区域布局和产业结构得到优化,全省猪肉自给率稳定在 45％以上,培育形成一批领军核心企业、全产业链示范区和特色畜牧业强镇;病死畜禽无害化处理率力争达到 100％,畜产品质量安全抽检合格率达到 99％以上,畜牧业绿色发展管理水平明显提高。浙江以生猪养殖为主体的畜禽养殖业,展开了一幅全新的现代发展蓝图。

第四章　大禹家乡的现代治水

绍兴市地处长江三角洲南翼,境内河道密布、湖泊众多,拥有曹娥江、浦阳江、浙东运河和 14 个面积千亩以上的湖泊,城区水域面积占到 14.7％,在全省11 个地级市中排在第一。绍兴是名副其实的水城,因水而有桥,也是著名的"万桥之乡",其中古桥有 600 多座。从大禹治水,到东汉马臻筑鉴湖,从西晋贺循开凿运河,到明代汤绍恩修建三江闸,水,维系着绍兴的兴衰。20 世纪 80 年代后,曾经的汪汪碧水,因为以印染业为代表的众多高污染企业排放,出现了大面积的污染。一时间,昔日引以为傲的"水乡"成为全省水域污染最严重的地区之一。21 世纪初以来,绍兴人民继承和发扬大禹精神,再次为治水而战。

一、集聚和提升——绍兴印染业的绝路逢生

绍兴水资源储备丰富,原料来源广泛,交通运输便利,具有发展纺织印染产业得天独厚的优势。从清末开始,绍兴县(现柯桥区)的华舍逐渐发展成绍兴丝绸的重要产地,享有"日出华舍万丈绸"之誉。

时代列车驶入 21 世纪,绍兴印染产业规模日益壮大。首先是印染产能和产品规模大,全市 2012 年印染布产量达到 202 亿米,在全国地级市中排名第一。其次是企业数量多且单体规模大,全市截至 2012 年底共有 426 家印染企业,数量不到全省的 1/5,但产量约占全省总产量的 2/3,企业中有多家上市公司。绍兴市尤其是绍兴县(现柯桥区)成为我国印染产业最密集的区域。

全市 426 家印染企业,主要分布于绍虞平原的绍兴市区和绍兴县(现柯桥区)。在绍兴市范围内,诸暨的印染主要为袜业配套,上虞的印染主要为伞业配套,嵊州的印染主要为领带业配套,企业规模都较小。但绍兴市区、绍兴县(现柯桥区)的印染布本身就是主业产品,企业数量占到绍兴市的 70.18％,产量占到

全市的 96.36％。所以提到绍兴的印染业,一般指的就是市区和绍兴县(现柯桥区)的印染产业密集区块。

绍兴印染产业的另一大特点是产业链完整。绍兴纺织产业集群从上游的 PTA、聚脂、化纤生产,发展到中游的织造、染整,再到下游的服装制作,又进一步向纺织机械、绣花等产业延伸。绍兴市下辖的上虞市(现上虞区)的龙盛公司和闰土公司是世界最大的染料生产企业,产量占全球染料总产量的一半。绍兴轻纺城是全国乃至亚洲最大的纺织产品专业市场,加上附近钱清镇的轻纺原料市场,经营户数量达到 2 万家左右,已建立起一个完整的市场产销体系。

绍兴印染产业具有全国独一无二的优势,其最重要的因素是本地区的供排水条件。绍兴市区和绍兴县(现柯桥区)南部为山,北部是平原,形成河网密集区域,且气候湿润,雨量充沛,是典型的南方水乡。河网截留和存储水量大,能够满足印染行业高耗水的特点。同时绍兴北临杭州湾,污水经处理后直接进入杭州湾,最终入东海,具有相对便利的排水条件。

大量印染企业的存在,为当地带来巨量财富,却也给当地环境保护带来巨大压力。虽然绍兴每吨印染布排放废水量已降至 45.67 立方米,远低于国家平均值和标准值,但由于产量大,日均废水排放量仍达到 50 万立方米。绍兴印染企业的分布也十分分散,市级的 50 多家印染企业有一半左右分布在城区周围,绍兴县(现柯桥区)的 200 多家印染企业有 3/4 以上分布在各乡镇。分散布局给污染防治和环境监管带来很多困难。绍兴县(现柯桥区)印染产能占了全国的三成,印染业的污水排放又占其工业污水的九成。全县污染物排放强度曾经是市平均水平的 2 倍,省平均水平的 3 倍,“十一五”时期的前四年化学需氧量削减为 −1.4％,不减反增,2010 年受到“区域限批”的严厉处罚。

2013 年 1 月 1 日起,我国开始实施纺织工业水污染排放系列新标准,这就意味着印染企业需要投入大量人力、物力和财力对污水排放设施进行改造升级。绍兴印染行业多为中小企业,国家提标使其面临发展局限和环境倒逼的双重压力。当地政府处境纠结,既看到印染产业属于重污染、高消耗行业,并在一定程度上已是产能过剩,又不得不考虑印染行业与国计民生休戚相关,且是绍兴的支柱产业和民生产业,全部关停淘汰,显然很不现实。从长计议,绍兴印染产业唯一可行之路是转型升级,经过一番脱胎换骨的改造,让黑色印染蜕变为绿色印染。

2010 年起,绍兴市区和绍兴县(现柯桥区)大举推进产业集聚提升。绍兴市区规划到 2015 年,全面完成除袍江集聚区外印染企业的“关停并转升”;绍兴县

(现柯桥区)将80％以上印染产能集聚滨海工业区。集聚的过程是产业转型升级的过程,也是提高环保标准、大幅削减污染物排放的过程。这个集聚,既饱含痛苦和艰难,也充满着希望和梦想。绍兴县(现柯桥区)编制了印染集聚区一期规划调整方案,在年度土地利用指标十分紧缺的情况下,将2225亩土地统筹调剂到滨海印染产业集聚区,用于集聚企业搬迁新建。

搬迁集聚是为了产业的转型升级,促进传统纺织业向产业链、价值链的中高端迈进,为此,柯桥区区政府为入园企业设置了多道门槛。如规定入园企业的废水排放量必须在1万吨以上,这就要求许多中小企业必须先合并重组。柯桥区区政府还规定,将要转型集聚的企业,须经过中国印染协会专家组的"全身体检和诊断",严格按照国家和省制订的指导目录,对印染行业中重污染、高耗能的落后生产工艺、技术装备实行淘汰,对未经审批、非法建设及擅自投产的印染企业一概予以关停。根据专家制订的印染企业准入条件,全县212家印染企业被现场核定,并允许通过"退二进三""退二优二""兼并重组"三种方式参与集聚。至2011年初,全县有45家印染企业的908台(套)落后过剩印染设备被淘汰,4家未批先建、5家非法生产的印染企业被强制关停。

集聚加转型,双重推进的过程是艰难的。基层领导一对一联系印染企业,了解企业生产经营情况和转型升级中遇到的困难,帮助企业确定转型改造方案。尽管政府积极推动,不少企业仍然惧于巨大的搬迁费和停产失去客户的风险,犹豫观望,踟蹰不前。

2013年10月,绍兴县撤县设柯桥区。2014年全省展开"五水共治",柯桥区启动了史上最严厉的环境整治,乘势加快集聚升级步伐。区政府继续采取"一保一压"的办法,一手制订设备改造负面清单,设置新设备进入条件,压缩传统产能;一手实施系列扶持政策,支持集聚提升,如大幅提高对企业技改的补贴,全面落实税费减负政策,积极争取金融支持,建设用地优先保障,项目采取全程代办的高效审批模式等。到2015年,柯桥区208家印染企业中有96家签约集聚,75个项目开工建设。年内有39个项目实现投产。

争取集聚的印染企业非常清楚,获准迁入新园区的重要条件之一是达标排放,而实现达标排放必须替换成新设备,一时间,在滨海工业区内,气流染色机、天然气定型机等设备的国际品牌订单骤增。2013年第一家入驻滨海工业区新建的迎丰印染公司,用上了德国特恩公司的气流染色机,18条生产线投入达1.8亿元,新厂染缸的浴比是1:3,耗水只有原来的三成。浙江乐华印染公司的新厂房在2014年正式投产,原有旧机器全部淘汰,取而代之的是瑞士、德国、韩国、中国台湾等地生产的先进设备。新设备带来的是新光景,订单转向全锦纶、天丝、人棉、全棉等高档针织系列,产品远销欧美,附加值翻了一番。绍兴兴明染整公司 4 亿多元的总投资一半以上用以购置国际先进设备,染料、排单、生产、能源、ERP 等五大板块全部实现了智能化控制,砂洗车间仅 1 名员工,轻点鼠标就轻松完成日加工砂洗 4 万米的产能,可抵传统印染三四十名员工的效率。

2016 年,中国进入国民经济和社会发展"十三五"时期,省政府重点对绍兴提出加快传统产业转型升级的要求。2015 年年底,绍兴全市还有印染企业 336 家,占地面积约 25397 亩,职工 14.9 万人,总产能 258.2 亿米,实际年加工产量 208.4 万米。从能源、水资源消耗和产生效益对比情况看,全市印染企业 2015 年能源消耗 376 万吨标煤、新鲜取水量 33394 万吨,分别占全市工业能耗总量和工业用水量的 34.5% 和 61.8%;而全市实际销售 2000 万元以上的印染企业 311 家,销售 767 亿元、利润 34.4 亿元、税金 34.2 亿元,只分别占到全市规上工业企业的 8.7%、7.0% 和 14.8%。绍兴市决心以破釜沉舟之势,对打好印染化工落后产能歼灭战再做部署,开展新一轮印染产业集聚专项行动。

绍兴市政府盯紧更高要求,制定《加快印染产业提升促进生态环境优化工作方案》,综合运用法律、经济、技术、行政等多种手段,对"污染大户"的纺织印染产业分类施策:20 家企业关停淘汰,130 家企业整治提升,32 家企业搬迁集聚,同时向"培育壮大、产业跃升"两方面努力,完善并提升"绍兴纺织"的产业格局。在编制下达的 2017 年第一批 267 个工业重点项目清单中,高端纺织产业项目就占了 56 项。为了明确印染产业转型升级的行业标准和技术路线,绍兴市编制了《印染行业落后产能淘汰标准》《印染行业先进工艺技术设备标准》《印染行业绿色标杆示范企业标准》《印染企业提升环保规范要求》,并制订产业扶持政策和印染企业分类管理办法。政府对引导产业转型的做法更加科学规范,指导水平明显提高。

柯桥区被列为全省印染产业转型升级省级试点区,2016 年再次向印染行业发起"亮剑行动",全力淘汰现存的印染落后产能,加快印染产业向滨海工业区的集聚提升步伐。这场整治涉及工业园(小区)141 个,64 家印染企业关停,削减了约 30% 产能;企业技改投入达 15.55 亿元,淘汰落后设备 2023 台(套);拆除违法建筑 110 余万平方米,印染用地从 1.81 万亩缩减到 1.12 万亩;煤炭消耗量下降 69%,污水排放量减少 13%,污泥排放量减少 17%。2017 年年底,滨海工业区外的所有区块都成为"退出区",所涉 108 家印染企业全部完成兼并重组、整体搬迁或永久退出。同时,按照"绿色高端、世界领先"的目标,培育龙头骨干企业,营建滨海绿色印染集聚示范园区和蓝印时尚小镇。以印染集聚区为核心的蓝印时尚小镇,规划总面积3.5平方千米,总投资163.3亿元,重点建设印染产业基地、特色工业区、生活配套服务区、蓝印时尚核心区,以及江滨特色休闲区等五大区域[①],到2019年年底,形成一个集"产、学、研、旅、居"于一体的创新工业旅游小镇。

在产业升级改造中,企业环保理念经历了从"要我变"到"我要变"的转变。2017年7月,乐高实业公司从瑞士引进的"无水印染"设备正式投产,每台设备价格高达280多万欧元,生产过程中不需要蒸汽和水,与德国特恩气流缸相比,节约水和能源的能力更胜一筹,综合成本降低35%,节能减排达60%以上,为印染产业带来颠覆性升级。发展绿色产业的积极探索,在柯桥印染企业中蔚然成风。2017年上半年,柯桥全区技改投入161亿元,印染行业中有60%的设备已达到国际领先水平。2017年下半年,绍兴公布第一批印染行业绿色标杆示范企业名单,标准十分严苛——排放1吨污水必须创造30元以上税收。在如此硬杠子下仍然有7家企业入榜,每家获得100万元资金和100吨/日污水排放指标的奖励。[②]

与此同时,绍兴传统产业采用"互联网+"、大数据、电子商务等手段,向研发和营销的"微笑曲线"两端发展,重点培育时尚纺织业。以绍兴金柯桥科技城和省"千人计划"产业园为总载体,依托中纺CBD、中国轻纺城创意园等平台,建设人才培养中心、创意研究中心和品牌塑造中心。短短几年,柯桥区雨后春笋般冒出350家纺织创意企业,2400多名设计师登场,服务企业每月实现销售10多亿元。网上轻纺城累计建立网上商铺几十万家,2017年成交额达2700多亿元。

二、印染产业污水处理的一场革命

所有工业废水都要通过管网,进入污水处理厂处理,但是怎么进管、处理和排放,有一套严格的制度和标准。工业化进程中,一般国家的做法是将工业废水与生活污水分别处理。而中国因工业化进程飞速,环保基础设施建设一时不能配套,大多数城市工业废水和生活污水混合进入城市污水处理厂处理。由于工业废水成分复杂、毒性强、波动性大,给城市污水处理厂带来很大的技术风险和设施隐患,有的污水处理厂"消化不良"甚至"趴下"。如果要保证良好的处理效果,就得提高处理技术和增加成本。虽然工业企业也会对废水进行一些预处理,但由于一些企业的不"自觉",或者处理设施的差劣,存在处理不达标就输入污水

---

① 陈全苗:《柯桥印染大步迈上转型升级之路》,《浙江日报》,2017年9月12日。
② 陈文文:《绍兴传统产业改造提升闯新路》,《浙江日报》,2017年9月12日。

处理厂或者直接排向外环境的情况,对环境造成破坏。

对印染企业的废水排放,国家有着严格的排放限值标准,并且随着环保要求的提高,排放限值标准也在"水涨船高",每一次的标准修改,都是对企业的一次"伤筋动骨",实行的是残酷的"适者生存,不适者淘汰"原则。前一轮印染企业废水排放执行的是 2008 年国家标准,绍兴的印染企业按国家标准要求投入巨资进行改造,生存下来的企业庆幸可以喘一口大气。

可是,环境形势仍然严峻,国家不得不加快环境治理步子。2012 年 10 月 19 日,国家环境保护部和国家质量监督检验总局联合发布《纺织染整工业水污染物排放标准》(GB4287—2012),2013 年 1 月 1 日替代原标准开始实施。新标准对印染废水纳管排放和直排环境有了更严格的要求,如:间接排放废水,也即向公共污水处理系统排放污水的印染企业,主要污染物化学需氧量排放浓度执行 200 毫克/升的标准;直接向环境排放废水的,化学需氧量排放浓度执行 100 毫克/升的标准,并于 2015 年 1 月 1 日起进一步提高标准到 80 毫克/升。新标准比原标准提高了一大截,印染企业又一次面临生死考验。

绍兴还要对上级管理部门提出的一些特殊要求"接招"。2013 年初,国家环保部下发《关于通报 2012 年主要污染物排放量数据结果的函》,其中指出,绍兴、上虞两座污水处理厂必须对工业和生活废水进行分质处理。特别是绍兴污水处理厂,一天 90 万吨的污水处理量满负荷运行,将生活污水和工业废水混合处理,很大程度上不符合处理工艺要求,亟须改造。也是在这个时候,国家对地方考核的《"十二五"主要污染物总量减排核算细则》下达,让当地政府和企业不安的是,对印染废水总量的核算方法有了很大变化,"印染废水排入集中式生活污水处理设施的,自 2014 年起,按企业出厂界化学需氧量平均排放浓度取值",而不再使用污水处理厂的排放浓度。这将导致绍兴市的化学需氧量排放增量在达到新标准的情况下还增加 2.2 万吨,使得全市"十二五"时期减排任务根本无法完成,同时,由于绍兴的印染废水排放量大,也给全省减排任务带来严重影响。

再从生活污水处理角度看,绍兴水域属于钱塘江流域,为了治理"母亲河",省政府在国家标准基础上,对钱塘江流域工业废水和生活污水的排放标准提出了更高要求。2015 年起,生活污水经城镇污水处理厂处理后从一级 B 排放标准提高到一级 A 标准(如化学需氧量浓度为 50 毫克/升等)。

印染业是绍兴市的主要产业,由于受到管网限制,一直以来都是印染废水和生活污水一起进入污水处理厂,处理难度大,出水标准不高。为了执行新的印染污水纳管和排放标准,同时为满足省政府钱塘江流域管理特别要求,绍兴决定对印染行业污水处理工程进行全面系统的改造升级。工程主要内容概括为分质、提标和集中预处理三个方面。[①] 项目总投资 23.4 亿元，计划在 2015 年前建成投运。工程完成后，会取得明显的环境、经济和社会效益。污染减排方面，可实现化学需氧量减排量 5749 吨/年，氨氮减排量 81 吨/年，分别占全市"十二五"减排任务的 49.3％和 8.3％；结构调整方面，可以极大地促进印染产业的集聚升级，加速印染产业向集约化、高端化发展；环境监管方面，可以实现对印染行业环境保护的精细化管理，降低监管成本，控制环境风险，改善环境质量。

所谓"分质"是对绍兴市越城区、柯桥区主城区的污水收集系统进行全面改造，达到生活污水、工业废水分类收集和输送。其中生活污水收集重点区域为越城区、柯桥区主城区及周边乡镇，收集水量约 16 万吨/日；工业园区的工业废水则统一经过集中预处理，降低到较低的规定浓度 200 毫克/升，再进管网送入绍兴污水处理厂。印染集聚区污水收集范围包括市区的袍江工业区、柯桥开发区、滨海工业区共计 197 家印染企业，印染废水量有 41.2 万吨/日，占工业废水量的 90％以上。

"提标"就是要提高生活污水和印染废水经污水处理厂处理后外排环境的标准。具体做法是，将绍兴污水处理厂处理能力 30 万吨/日的一期工程独立出来，改造成生活污水处理厂，执行《城镇污水处理厂污染物排放标准》一级 A 标准；同时对总处理能力 60 万吨/日的绍兴污水处理厂二期、三期工程，增加深度处理设施，并新建处理能力 20 万吨/日的江滨污水深度处理厂，这两座污水处理厂处理工业废水的能力总共达到 80 万吨/日，处理印染废水执行的是《纺织染整工业水污染物排放标准》(GB4287—2012)，处理后的出厂水质化学需氧量降低至 80 毫克/升。

"集中预处理"是对袍江工业区、滨海工业区和柯桥开发区的印染企业工业废水进行集中预处理。工业废水的集中预处理，关键是在"集中"两字。即在印染企业高度集聚的区域，引入专业污水处理运营公司，负责将集聚区内所有企业的高浓度印染废水做降低浓度的预先处理，使印染废水浓度达到国家规定的进入管网标准要求，如化学需氧量降至 200 毫克/升以下，然后通过管网送到污水处理厂做深度处理。

国家 2012 年 10 月出台新标准，要求次年 1 月 1 日起执行。此时绍兴市大部分企业刚于 2012 年 6 月完成前一轮废水处理设施改造，达到 500 毫克/升的化学需氧量出水标准。若按新标准立即进行改造，留给各级政府和企业的准备

---

① 童克难：《绍兴印染企业达标难》，《中国环境报》，2014 年 4 月 10 日。

时间太短。比较三项改造内容，分质、提标的关键在投资和工程技术，实施过程难度不是很大。集中预处理则涉及大部分印染企业，关系到企业的集聚和改造，甚至关系到企业的生死存亡。

在决定预处理是否采取集中模式时，决策过程慎之又慎。绍兴市曾对区域内印染企业执行新标准的基础情况做了一次调研分析，被调查企业 274 家，占印染企业总数的 91.6%。这些企业中，现有的污水预处理设施出水标准达到国家新标准的仅有 37 家，除去 12 家有转型或关停计划的企业，还有 225 家企业的污水预处理设施需要进行改造。调查还显示，共有 144 家企业明确表示自己改建预处理设施存在困难，其中 117 家企业表示土地或资金问题难以解决。这种在环保设施上的大规模投入，可能导致较大数量的中小印染企业倒闭，对大型企业来说，也会在很大程度上影响其新技术研发投入的能力。

采用分散式预处理方式，对印染企业来说还存在一定的环保风险。企业单独处理缺乏专业技术人员，不仅效率低、成本高，难以形成规模效应，而且有的还因各种原因出现运行不稳定，大大增加环境监管难度。预处理设施还会产生臭气，分散处理点多面广，使大气环境受到更多影响。印染企业产生的污泥量较大，由于利益驱动，已经屡次发生委托处理的单位偷倒污泥现象，生产企业因需承担连带责任存在处罚风险。

企业着急，政府更着急。企业印染废水经预处理后，达到国家规定的排放新标准，再纳入管网送到大污水处理厂做深度处理，这是整个处理系统的前半部分，预处理系统的建设将影响到后面深度处理系统的运作。如果按分散处理系统建设改造，其进度需三年甚至更长时间，两三年内该行业会向杭州湾多排放几万吨主要污染物，将完不成国家下达的"十二五"减排任务。同时，让后端深度处理系统"等饭吃"，造成现有污水处理设施的处理能力被闲置，这又是很大的浪费。

而采取集中预处理则相反。2013 年，国内外经济都处于下行期，印染产业也需要在转型升级中突围，集聚整合是绍兴市提出的一大应对策略。印染废水的处理系统改造，对产业转型升级的时间进度和空间布局都有着举足轻重的影响。在时间进度上，在土地、资金等资源要素紧缺的情况下，采取集中预处理方式，能够集中力量，提高效率办成事；在空间布局上，实施集中式预处理有助于加速非集聚企业关停退出，实现"腾笼换鸟"和"上大压小"，提升印染产业总体水平。在经济性方面，经有关设计研究机构测算，采用集中式预处理方式仅需新增建设用地指标 337 亩，资金投放约 7.15 亿元，都不到分散预处理模式的一半，同时处理成本约为每吨 1.7 元,也低于分散预处理模式。

考虑到绍兴市印染行业从业人员多,印染废水处理系统改造对行业震动大,市政府管理部门进行了一次社会稳定风险评估,并召开了一系列座谈会、听证会。各方代表意见高度一致,认为印染污水集中预处理更加经济、合理、有效,适合绍兴市印染行业特点。在企业问卷调查中,100%的受访企业赞成采用集中预处理方式,认为采取集中预处理方式不仅能为企业节约处理费用,还能高效利用土地,利于企业和产业的良性发展。

在充分调研论证基础上,绍兴市委、市政府决定,由市政府牵头,组织企业实施印染废水集中预处理方案。这项方案的实施,是对"企业污染政府买单"的破局。中小企业往往不具备独立建设达标设施的条件,集中预处理有效弥补了中小企业的能力缺陷,又缓解了企业的经济压力,使它们在产业洗牌中生存下来。这对中小型纺织印染企业严格实现达标排放是一项突破性措施。

工程庞大的分质提标预处理项目,经过各方努力和为期两年的加速建设,克服重重困难和矛盾,终于于 2016 年如期正式运行。工程总投资约 23 亿元。项目建设资金由政府出资或财政贴息,对增加的运行管理成本,则通过调整污水处理费的形式,来保证项目顺利建设和正常运行。

实行分质提标预处理后,各个环节的出水标准都按规定提高。企业作为环境监管对象的主体责任不变,必须保证印染废水化学需氧量浓度 500 毫克/升以下进入集中预处理厂,环保科技服务公司负责通过集中预处理将废水化学需氧量浓度控制在 200 毫克/升以下排入深度污水处理厂,同时承担印染废水再生回用和深度处理的技术攻关。集聚区外还有一些分散的印染企业,则需严格执行化学需氧量浓度 200 毫克/升的间接排放标准。经过管网改造,印染废水和生活污水通过不同的管道进入污水处理厂,分开进行处理。印染废水经污水处理厂深度处理后,出厂水质化学需氧量浓度降至 80 毫升/升以下。生活污水处理后,出水的化学需氧量浓度可以达到《城镇污水处理厂污染物排放标准》一级 A 标准 50 毫克/升以下,从外观上看,即是一泓清水哗哗外流。

2017 年下半年,根据中央第二环境保护督察组的督察反馈意见,绍兴地方政府和有关部门对印染废水处理工程进行整改完善,使各类指标都达到标准要求,这项重大工程的运行和管理走上更加规范、稳定的路子。

三、严格规范印染污泥处置的一场硬战

实行大规模集聚整治前,绍兴市区和绍兴县(现柯桥区)范围分布着 300 多

家印染企业,每天产生的污泥数量庞大。污泥由两部分组成,一部分是污水处理厂的印染污泥,另一部分为印染企业从污水中分离出来的污泥,两者每天产生量为 4000 多吨,污水处理厂和印染企业各占一半,绍兴一年产生的印染污泥约 200万吨。[①] 污泥的成分十分复杂,其中所蕴含的重金属,对环境会产生严重的危害。如果将污泥直接倾倒在野外,经过雨水冲刷进入泥土,直接影响到农作物的质量安全。早些年,因污泥中含有大量有机营养物质,绍兴的一些农民曾经将污泥作为肥料还田。然而,随着人们对污泥危害认识的提高,污泥不仅不受欢迎而且受到抵制,国家对污泥处置的规定也日益严格。

污泥处置,国内外普遍采取几种办法:一是将污泥脱水后作为固体废物填埋,但从长远来看这只能是权宜之计,因为填埋占用宝贵的土地资源,还容易因渗漏而造成二次污染;二是焚烧,有热值价值的污泥,可与煤搅拌焚烧用于发电和供热;三是经过焚烧等特殊处理,将泥渣作为制作建筑材料的原材料。

为了防范印染污泥二次污染,绍兴县(现柯桥区)政府根据有关法律规定,对印染污泥处置采取企业自行处置与统一集中处置相结合的办法。自行处置,即鼓励规模较大企业内部消化,通常做法是将脱水或烘干到一定程度的污泥掺入燃煤在锅炉中做焚烧处理。集中处置,是要求规模较小、没有条件自行处置的企业,必须将印染污泥集中运送至绍兴水处理公司集中处理,严禁印染企业将污泥擅自出厂,更不得将印染污泥送到未经环保部门备案许可的单位和个人随意处置。2010 年前后,绍兴专门焚烧处理印染污泥的机构很少,污水处理厂通常的做法是将污泥脱水至含水量 80% 左右,然后送往垃圾填埋场填埋。其后,随着基础设施改善,印染污泥收集后送到热电厂焚烧的比例增高。由于污泥按规定进行填埋和焚烧处理,印染企业都需要按处理量支付费用,在利益面前,一些企业动起了损人利己的"歪脑筋"。

2012 年底始,绍兴市郊偷倒污泥的现象突然增多。影响较大的一起是 2013年 7 月中旬,人们突然发现,在绍兴市袍江工业区越兴路附近的菜地上覆盖了一层厚厚的污泥,向前直行 5 千米,有大大小小的印染污泥堆 13 处,最大的一处高如土丘。随后又有更多的网友晒出了疑似印染污泥在绍兴市镜湖新区的分布点,细数下来竟有近百处。这些污泥不仅覆盖了路边的庄稼,还对道路设施和周边环境造成了破坏。

让人料想不到的是,偷倒现象突然严重起来,竟然与当地的一场燃料改革有

---

① 晏利扬:《绍兴打响反偷倒污泥之战》,《中国环境报》,2013 年 8 月 16 日。

关。为了防治大气污染,从 2012 年 10 月起,绍兴对全市天然气管道覆盖范围内的印染企业全部实施"煤改天然气"改造,这样,企业就无法再将印染污泥以拌煤焚烧的方法处理。同时,"煤改气"后,企业增加了燃料成本,有的企业就考虑在别处节省开支。正常处理固体废物的成本价格,每吨在几百元至几千元不等,一些企业贪图便宜,以几十元一吨的价格,违规将污泥交给没有处理资质的单位或个人处理。这些无资质单位或个人趁夜深人静之时非法操作,将污泥随意倾倒在路边田间。价格产生的巨大利润差和私下结成的利益链,导致一些企业不断地铤而走险。这一时期,绍兴市内频频发现工业污泥偷倒地,涉及镜湖新区、袍江新区、滨海新城、绍兴县漓渚镇等区域,估算各地偷倒的污泥总量大约在 10000 吨。而镜湖新区因为交通方便、人口较少,成为最大的偷倒地,偷倒量达 3000 多吨。

绍兴市区周边屡屡出现偷倒印染污泥事件,引起社会极大反响,群众要求政府迅速制止和严厉惩处这一行为。

从根本上制止污泥随意倾倒行为,首先要考虑的是提高产业区块内污泥的科学处置能力。绍兴水务集团投资的中环再生能源发展有限公司应运而生,一个日处理 2000 吨污泥的烘干项目迅速上马,绍兴市区的印染污泥有了消化渠道。绍兴县(现柯桥区)开建"龙德环保"污泥处理项目,2013 年底投运后消化了绍兴县(现柯桥区)绝大部分的印染污泥。

从制度上规范印染污泥的排放,被视为遏制印染污泥偷倒的最有效方法。《绍兴市工业污泥规范化处理处置管理办法》和《绍兴市工业污泥运输单位管理办法》于 2013 年 8 月开始实施。这套管理办法以"五个统一"为核心,即统一台账、统一清运、统一处置、统一价格、统一结算,实现了从污泥产出后一直到污泥处置完毕的全程跟踪。"五个统一"中制约性最大的是统一结算,它要求污泥运输单位预先缴纳一笔费用,只有等污泥按规定处置完毕,才能拿回这笔资金,这就截断了运输单位偷倒污泥获利的后路。统一清运的措施也很管用,通过招标确定运输公司,运输车辆定期开往印染企业,在每辆运输车上装 GPS 系统,防止了途中随意倾倒。

为形成打击偷倒印染污泥的"统一战线",绍兴市由相关部门组成了工业污泥集中整治领导小组,并建立了污泥监管工作联席会议制度,定期召开会议通报工作情况,协调处理跨区域污染事件。绍兴市环保部门与公安机关加强执法监管的合作,因为污泥偷倒行为经常发生在凌晨 1 点—4 点之间,执法人员如"夜猫子"般于深夜蹲点执法,抓获了一批批违法人员。2013 年至 2017 年,共查处偷倒印染污泥环境案件 5 起,刑事处理 22 人,涉案金额 228 万余元。

2013 年 6 月 19 日，《刑事诉讼法》"两高"司法解释出台。根据"两高"司法解释，有 14 种环境违法情况构成负刑事责任的基本标准，包括非法排放、倾倒、处置危险废物 3 吨以上的，致 30 人以上中毒的，致使公私财产损失 30 万元以上的等情况。引起人们重视的是，"两高"司法解释还对有毒物质进行了界定，含有铅、汞、镉、铬等重金属的物质被认定为"有毒物质"。印染污泥是印染废水处理后留下的残渣，其中一些成分是在处理污水过程中投入的各种添加剂的沉淀，含有化学品和重金属。按照这个司法解释，环境污染案件的适用标准"门槛"降低了，随意倾倒印染污泥行为受到了更严厉的打击。

2013 年 5 月 6 日，绍兴市越城区人民法院判决了一起案子。2011 年以后，在镜湖新区东浦镇清水闸村梅峰山下一水塘边，7 名犯罪嫌疑人分两次倾倒印染污泥共计 10 车 77.4 吨。经检测与评估，污泥中重金属锌、总铬含量超标，挥发性酚含量超标，属于有害物质，并造成公私财产损失 61.4 万元。区法院对 7 人依法分别判处 1 年至 1 年 6 个月有期徒刑，并处 3 万—8 万元不等的罚金。这是当时浙江省判决人数最多的污染环境罪案件。

四、用信息化手段监管企业排污

因产业结构的原因，绍兴涉及排污的企业面广量大，政府部门为了加强监管，较早开始环境执法信息化建设，创建"数据执法监控"体系，先后建成水气环境监测、重点污染源自动监控等 30 余套信息化业务系统。其中在线监控、刷卡排污、雨水排放口在线监控、印染企业中控联网等系统尤显神通，基本形成横向到边、纵向到底的环境监管网络。

企业偷排、漏排生产废水已成"过街老鼠"，它们都是违法违规超量排放或浓度超标排放的行为。为了不再陷入"猫捉老鼠"的被动困局，2007 年开始，绍兴市着手筹建污染源自动监控系统，10 年后，国控企业和省控企业的安装率都达到 100%，等于对这些企业装上了日夜监管的"千里眼"。对于自动监控系统，人们最担心的是监测数据的真实性和准确性，如果将监测数据作为执法依据，数据的准确性还将关系到执法的公正、公平。为了使上传的监测数据精确、及时、有效，环保部门联合质量技术监管部门对自动监测设备进行定时检验，首先保证计量工具没有问题；又对自动监控系统运维进行监理，月均发送故障联系单达 400 多份，真所谓"螳螂捕蝉，黄雀在后"，一环对一环进行监控。将自动监控数据和监督性数据用于执法，是一项制度创新，绍兴市制定《污染源自动监测数据适用环境行政处罚实施办法》，明确自动监测数据在环境行政处罚中的适用范围、处罚情形、处罚程序、证据内容等,突出自动监测数据在环境执法中的作用。一年多内,有10多家企业因此被立案查处。

"移动执法"是绍兴环境执法信息化的又一大业务系统。环保部门利用环保监察移动执法系统,整合已有监控和网络信息资源,建立污染源监控、企业环保数字档案、环境现场执法等多功能集合、多部门联动的综合机制。这一系统将抽查执法、污染源在线监测、信访管理等有关信息移植到数字移动终端上,执法人员可随时获取环保实时动态信息。单是2015年,全市移动执法系统录入监察记录5893条,现场取证5413条,为执法人员应对各种紧急突发事件和日常外查提供了极大方便。2017年开始,绍兴市用2年时间建设以污染源"一证式"管理为核心的"智慧环保"信息化工程,生态大数据建设又跨上新的台阶。

针对排污企业实际排污量"说不清"和对超标、超量排污"管不住"的难题,绍兴全市先后投资3800万元,累计安装刷卡排污总量自动控制系统497台(套),覆盖了占全市工业废水排放量95%以上企业、废气排放量80%的工业企业,涉及印染、造纸等重污染行业及所有市控以上重点污染企业。系统启运至2016年8月,共发出刷卡排污预警短信8300余条,对446家(次)企业实施远程关阀。

2012年2月,绍兴县(现柯桥区)环保局建成刷卡排水系统一期工程,并投入运行。配置这一系统后,印染企业把每个月核定的排水量存进IC卡中,企业只需放置一套占地不到一平方米的小装置,就能在这套装置显示屏和环保部门系统平台上实时看到企业污水累计排放量、当月可排放总量、已排额度、阀门状态等信息。当卡内当月排水额度达到80%时,平台自动向企业发送短信提醒;到90%时即以书面形式警告企业;到100%时,企业排水阀门就会在4小时后被系统远程自动关闭。系统投入运行后,全区污水排放总量从最高时的90万吨/日下降到54万吨/日以内。绍兴县(现柯桥区)也因此成为全省污染源自动监控系统及刷卡排水总量自动控制系统的双试点地区。

当年9月,刷卡排水系统二期建设完成,对印染、化工、造纸、制革、电镀五大行业全覆盖,而且能够做到既控总量,又控浓度。企业生产时,只要化学需氧量排放浓度超标,即使废水排放量没有超量,系统也能自动关阀。系统警示功能也进一步完善,当企业当月污水排放量分别达到核定排放量的80%、90%和100%时,自动监控平台会以蓝色、黄色、红色显示企业当前排污状况,并自动发送短信息告知企业负责人、环保专管员和环保部门负责人。到2015年底,柯桥区共建成刷卡排水系统214台,涉及企业222家。工业废水排放的总量、浓度受到自动信息系统"毫不留情"的严格控制后,柯桥区有100多家印染企业自动采用了膜处理技术,使废水回用率达到了 70％以上,大大减少废水排放量。

污水排放监管问题解决了,工业污泥监管和处理的难题又浮上水面。2014 年 5 月,柯桥区环保局对 30 家印染企业实行统一运输、统一处置、统一结算等 "五统一"的污泥处置方式,由于污泥运输中容易出问题,区环保局还要求确定污泥专业运输公司,实行定量、定车、定人、定线路管理,污泥出厂及车辆运输全部实行刷卡记录及 GPS 上线全程自动监控。2015 年,全区印染企业全部委托浙江龙德环保热电有限公司规范化处置工业污泥,刷卡排泥覆盖率达到 100％。刷卡排泥好比银行储蓄卡消费,环保部门对每家印染企业测算污泥生产总量,确定限额,限额用完了就得停产,企业需通过每次污泥清运处置进行刷卡"还款",直至"全额还清"。系统软件记录下刷卡的时间和数量,处置一单,记录一笔,并通过互联网实时报送到"发卡银行"——区环保局,环保局根据这些"账单",随时掌握企业的污泥处置情况,将刷卡记录与企业的污泥限额进行对比核实,如发现有企业未及时"还账",执法人员就会对这家企业进行重点调查。

五、探索生态环境损害赔偿制度

环境治理有一个重要原则——谁污染,谁付费。但是在现实生活中,常常有企业和个人私倒偷排,造成环境污染,却找不到做坏事的"正主",环境修复无法落实,最后只能由政府"买单"。为破解这一难题,绍兴市尝试实行生态环境损害赔偿制度。

环境损害赔偿的难点,是资金来源和使用范围的确定。2015 年 8 月,绍兴制定了《绍兴市生态环境损害赔偿金管理暂行办法》。为了给环境损害赔偿及修复提供资金保障,制度设计了生态环境损害赔偿金专户,资金来源多渠道,除了来自污染者,还有人民法院判决无特定受益人的生态环境损害赔偿金、企事业单位(个人)自愿定向捐赠。此外,上级部门及市财政为突发环境事件的风险控制、应急准备、应急处置和事后恢复等提供的资金也划入专户。资金使用范围,包括环境公益诉讼、环境损害修复,以及社会化救济。当环境违法的企事业单位或个人无财产可执行、无法找到违法者或案件审结 6 个月后违法者的资产因故仍不能执行时,其对环境造成的损害所需的应急处置费用及修复费用,也可以从生态环境赔偿金中列支。这是地方环境损害赔偿金管理制度上的重大突破。

浙江昌峰纺织印染有限公司越城区盛峰地块,属于绍兴鉴湖水环境保护区范围。2015 年 2 月,因昌峰存在未批先建、超标超总量排污等环境违法行为,绍兴市环保局对其下达了停产整治决定书。但是由于企业偷排漏排废水,导致越城区盛峰地块厂区东侧排水沟(连通大寨河)、农灌渠道及入河口河流污染,形成一条 800 多米的污水带。前一时期,环保部门曾经督促企业在入湖口筑坝,拦截污染河水排入鉴湖,但由于连日大雨,大寨河水位不断上涨,污水极有可能溢出并排入鉴湖,情况十分紧急。

市环保局委托有关专业单位制作应急处置及修复方案,确定所需费用约120 万元,包括应急处理费用、生态环境修复费用,以及检测费用。按照谁污染、谁治理的原则,资金应该由昌峰支付。但这家企业已被停产整治一年。2015 年8 月 7 日,在绍兴市柯桥区发布的印染企业绩效评价排序情况通报中,昌峰排在末位,"综合效应指数栏"显示"已倒闭"。

生态环境损害赔偿金专用账户在此时发挥了作用。修复治理方案经层层审核,被市政府采纳,120 万元治污资金迅速到位。修复工作由属地环保部门——越城区环保局会同东浦镇人民政府实施,2015 年 11 月底,处置修复工作全面完工。市环境监测中心站监测数据显示,两个地表水监测点位的 pH 值、化学需氧量、氨氮、重金属汞和铅含量较修复前明显改善,6 个底泥监测点位的铜、锌、镉等重金属含量有很大程度下降,水质由原先的 V 类提升为 Ⅲ 类。

2016 年初,浙江省指定绍兴市开展生态环境损害赔偿制度改革试点,并将此项试点列为省委深化改革 2016 年重点突破项目之一。绍兴市政府确定以环境损害鉴定评估、赔偿磋商、司法衔接、赔偿金管理和生态修复五个方面为重点,在前一年已经制定实施《绍兴市生态环境损害赔偿金管理暂行办法》的基础上,又先后研究颁布了《绍兴市环境污染损害鉴定评估调查采样规范》《绍兴市生态环境损害赔偿磋商办法》《关于进一步推进生态环境损害赔偿诉讼工作的意见》《关于建立生态环境司法修复机制的规定》等制度。

环境损害鉴定评估是生态环境损害赔偿的首要环节,2014 年,环保部已批准绍兴市环保局作为全国环境污染损害鉴定评估工作试点单位,绍兴市环保科技服务中心被列入环保部环境损害鉴定评估推荐机构名录,并成为浙江省高院对外委托机构中首家也是唯一一家环境污染损害鉴定评估机构。2016 年后,开展环境污染损害鉴定评估案例 45 个,这些案例发生地,除了绍兴本地,还包括湖州、杭州、台州、衢州等地。

2016 年 3 月 15 日,绍兴市环保局环境监察人员检查发现,位于绍兴袍江工业区的浙江乐祥铝业有限公司厂区西侧围墙外有排放口,大量呈较强酸性的淡黄色废水从河道水面下的排放口涌出,进入运河(外官塘)水域。根据调查,当事企业未按环保部门的规定对厂区西侧围墙外的冷却水排放口进行封堵,大量废水通过此排放口外排已持续较长时间。发现这一情况后,环保局对该公司进行封查,并将案件移送公安机关,同时启动了对此次水污染事件的环境损害赔偿程序。市环保局委托绍兴市环保科技服务中心进行损害评估,经过基线确认、污染暴露分析、环境损害确认、因果关系判定,认为此次污染事件造成运河(外官塘)水生态环境损害,浙江乐祥铝业有限公司的环境违法行为与环境损害存在因果关系,评估意见书最终核定环境损害数额为 68.8 万元。此次水污染事件中,浙江乐祥铝业有限公司排放的废水已通过运河(外官塘)的水体和水流进行了混合和稀释,造成的水生态环境损害无法通过现场修复达到完全恢复。根据赔偿原则,生态环境损害无法修复的,实施货币赔偿,用于替代修复。6 月 24 日,市环保局将全国第一份生态环境损害赔偿意见函送达乐祥铝业公司,市环保局与对方经过磋商达成赔偿协议,责任单位共赔偿 68 万元,其中缴纳赔偿金 30 万元,其余赔偿以替代修复方式履行。

2017 年 3 月,诸暨市环保、公安等部门联合对店口镇、阮市镇的 80 余家金属加工企业进行突击检查,查获诸暨申能金属有限公司等 8 家企业非法排放含重金属废水,污染了周边环境。在案件查办过程中,8 家企业认识到自己的错误,主动要求进行修复。诸暨市环保局和检察院共同委托绍兴市环保科技服务中心开展生态损害鉴定评估。根据评估报告,污染责任人自愿共同出资 115 万元建设生态警示公园。2017 年底,店口镇店口社区小山下的诸暨市店口镇生态警示公园建成,并通过验收。8 家违法排污单位共同出资的资金中,89 万元用于基建建设,20 多万元用于生态警示展示。公园总占地面积约 2783 平方米,是绍兴市首个替代性修复场地。

生态环境损害赔偿制度引入行政磋商机制,创立了一种以修复为主的恢复性生态环境损害救济模式。它履行宽严相济、教育与惩罚相结合的原则,既惩处了生态环境损害行为,提高了生态环境损害成本,也能更广泛地教育公众,促使社会形成环境有价、损害担责的共识。这一制度还丰富了生态环境管理模式,弥补了强制性行政手段和公益诉讼的短板,在传统诉讼之外谋求更为高效、和谐的替代性纠纷解决方案,节约了行政成本和司法资源。

从 2014 年至 2017 年底,绍兴市共对 30 家环境污染损害责任单位实施生态环境损害赔偿,追缴污染损害赔偿金 800 多万元,落实司法修复补偿 76 起。绍兴在实施生态环境损害赔偿制度上先行先试,为全省乃至全国推行这一重要的生态制度提供了有益经验。

第五章　环环相扣的治河行动

　　2014 年早春,浙江大地吹响"五水共治"的号角。五水共治,重在治污;治污始行,清河在先。这场现代的大禹治水,形成空前规模,投入巨额资金,运用先进技术,动员广大民众参与,既是向污染宣战,也是向传统发起冲击,更是向生态文明的新高攀登。因为需要综合治理,所以它打的是"组合拳",且必须经过环环相扣的连续战。四年的寒暑易节,浙江人民励精图治、艰苦奋斗,以智慧和汗水写下治水除污的新篇章。

一、"清三河"

　　2014 年,浙江省启动"五水共治"的首战——"清三河","三河"即为垃圾河、黑河、臭河。据调查统计,当时全省共有垃圾河 2096 条,共约 6495.6 千米;黑臭河 1868 条,共约 5106.2 千米。之所以先拿"三河"开刀,是因为"三河"反映水污染问题最突出,群众对"三河"现象意见最集中,从工作进程来说,"清三河"也是河道治理由表及里、由浅入深的起始阶段。

　　"清三河"工作,城乡特点有所不同,农村"三河"面广量大,特别是大量的垃圾河常年未经清理;城市"三河"黑臭现象突出,治黑治臭难度较大。省政府提出的要求是,三年时间基本清理完成,使水环境全面得到改观,最后实现"河畅、水清、岸净、景美"的目标。省治水办制订了具体的验收标准:垃圾河清理后必须达到河面无成片漂浮废弃物、病死动物等,河中无影响水流畅通的障碍物和构筑物,河岸无垃圾堆放、无新建违法建筑物,河底无明显污泥或垃圾淤积,建立河道沿岸垃圾收集处理、河道保洁长效管理、河长巡查监管等制度。黑臭河的验收标准是,在符合垃圾河清理验收标准基础上,再要求河道水体无异味、颜色无异常,河道沿岸无非法排污口及无企业与个体工商户污水直排情况,水体透明度不低于 20 厘米、高锰酸盐指数浓度不高于 15 毫克/升等。各地可根据当地实际制订更严格的标准和细则。

在"清三河"行动中,难度最大的是城市黑臭河治理。这不仅因为黑臭河成因复杂,治理时困难和障碍重重,还在于治理以后容易反弹,形成黑臭河的基础一时难以消除。

从自然因素和水体调控状况看,处于河网末端的城市内河,生态补水相对偏少,水体流动性差,水质容易恶化;一些沿海城市建设的内河水闸,既防止了海水倒灌,也一定程度上影响了内河水系的流动性。也有一些地方,在城市建设中缺乏规划管理,内河系统出现不少盲河、断头河,人为造成水系不畅。在水体调控体系与自净能力不适应的情况下,河水很容易变黑变臭,形成黑臭河和"垃圾塘"。

人口集聚和基础设施不完善,导致老城区、城中村和城乡接合部成为城市水体恶化的重灾区。浙江的中小城市,人口集中,传统服务业比较发达,沿街商铺中餐饮、洗车、理发、建材、菜摊等小行业众多,产生大量未经处理的污水,直排内河。2013 年绍兴市水利部门对城区内河沿线的 4 个区块进行调查,沿河"六小"行业共计 115 家,而污水纳入管网的只有 18 家;3 个区块沿线有河埠头 304 个,沿河公厕、垃圾房 18 个,都是重要污染源。在城乡接合部,暂住人口集中居住,并且搭建违章建筑现象比较普遍,居住密度高于当地人群几倍,生产生活污水直接排到河道。[①]

城市产生的污水量大,与之相对应的是城市污水收集和处理设施建设滞后;老城区污水管网覆盖面小,而各种不为人知的暗管、排污口众多。温州市区 2013 年在河道沿岸排污口普查中,一下子查出排污口 3798 个。杭州上城区有长短不一河道 30 条,在其中 23 条河道排查出晴天排污口 314 个;江干区和睦港干支流共有排污口 296 个,每天入河污水达到 21960 吨;属于城乡接合部的九堡社区十号河全长 414 米,沿线居然有 56 个排污口。令人难堪的还有城区管网雨污不分、破损渗漏、错接错位等现象,而且改造困难,住宅水管雨污不分的在老城区起码占 1/2。城市迅速扩大后,一些地方城中村改造滞后,也影响了污水处理设施和管网建设的进程。温州沿河城中村改造,规划拆除老村 65 个,因土地指标、拆迁补偿等影响改造进程,到 2014 年只完成 4 个,未改造地区只能采取临时措施排污,但是解决不了根本问题。

---

① 绍兴市住房和城乡建设局:《老城区内河"河长制"管理一河一策》,2014 年 5 月。

针对以上这些状况,"清三河"必须水陆共治,综合施策。

为了迅速有效地清理岸上水中非法障碍物,消灭滋生污泥浊水的"土壤",各地普遍将"清三河"与"三改一拆"有机结合起来,形成城市转型、环境转变的"组合拳"。截至 2017 年 6 月底,全省共拆除 7.58 亿平方米违法建筑,完成 11.13 亿平方米旧住宅区、城中村、旧厂区的改造。[①] 嘉兴市将畜禽产业整治提升、违章建筑拆除与河道治理紧密结合起来,三大战役同时展开,拆除违章猪舍 1500 万平方米,生猪存栏量下降到环境容量范围内。温州市"小低散"产业遍布,多年来积累了众多的违章建筑,这些区块也成为污水直排的重灾区,"清三河"行动中,温州同时对沿河 65 个"城中村"(包括自然村和区块)进行改造;将沿河拆除违章建筑作为全市"三改一拆"工作的重点,至 2015 年上半年,共清除 6900 多条河道沿线 3800 多处、223.7 万多平方米的沿河违章建筑。2016 年 10 月起,温州全市又掀起一场声势浩大的"大拆大整"专项行动,截至 2017 年 5 月 17 日,全市拆除违法建筑约 1874.85 万平方米,整治"四无"生产经营单位 56064 家。"三改一拆"驱走了"脏乱差",换来了好风光。拆后新建项目,是一幢幢漂亮住宅,一座座生态公园,一处处创新基地。

"清三河"最艰巨的工程是截污纳管。全省各级政府投入巨资,大规模开展城乡污水收集处理设施的建设和改造。杭州市主城区曾经每天有几十万吨各类污水直排城市河道,从 2014 年开始,全市新建 10 家污水处理厂,24 家污水处理厂经改造全部达到国家一级 A 排放标准。为了破解"最后 100 米"难题,杭州市采取以拆代截、就地处理、末端截流等方式,重点对老旧小区、老集镇、城乡接合部等处的入河污水进行截流整治,累计消除河道排污口 1 万多个,全市新增截污量近 30 万吨/天。绍兴老城区内河与外围水系相对独立,城市内河 3 个监测断面水质,至 2014 年上半年仍然是劣Ⅴ类。当地政府对城区"六小"行业统一采取污水纳管措施,对 73 个区块进行截污纳管和雨污分流改造,特别是对 32 个由于场地限制无法实施雨污分流改造的老小区,采取特殊的截流改造技术,解决了历史街区不能破坏地面的难题。义乌市制订《义乌市城镇雨污分流达标标准》,按照汇水区域、管网流向、地理位置等,将全市划分成 214 个区块,对不同区块的雨污分流措施提出对应要求;对 35 个工业功能区进行"雨污分流到位、预处理设施齐全、持证排水排污"的整治,形成"一标准、三张图、六张表、八步骤、四机制"的工作法。

---

① 钱祎:《"改"出新城乡 "拆"出新的跨越》,《浙江日报》,2017 年 8 月 4 日。

根据"五水共治"原则,"清三河"也与水利建设和城乡景观改造紧密结合起来。2012 年始,对 21 个县、5600 千米河道开展清淤疏浚、水系连通、岸坡整治、生态修复等综合整治,河道面貌和周边人居环境得到明显改善。自 2014 年开始实施的浙江省太湖流域水环境综合治理工程,是国务院批复的重要项目,包括平湖塘延伸拓浚工程、太嘉河工程、杭嘉湖地区环湖河道整治工程、苕溪清水入湖河道整治工程、扩大杭嘉湖南排工程等五大项目,总投资约 177.52 亿元。通过河网综合治理和引排通道建设,减少入湖污染物,增强河湖水系交换能力,提高了水环境容量。2016 年全省组织开展入河排污(水)口标识专项行动,共排查出入河排污(水)口 33 万个,其中 9 万多个进行了限期整治;2017 年,全省所有入河排污口完成标识牌设置,公开排放口名称、编号、汇入主要污染源、整治措施和时限、监督电话等信息,实行"身份证"管理。

河道治理中,建设生态河道成为大部分治理工程的理想设计。温州市实施生态河道和滨水绿道建设,建成生态河道 1224 千米、滨水公园 344 座。绍兴市以"古城"为核心,以环城河和外环河为旅游圈,以古鉴湖、六大湖、古运河和曹娥江为四大区域发展平台,整合水陆资源,营建"畅水、清水、融水、品水、亲水"的生态化格局。这一大工程包括浙东古运河皋埠段治理保护、市区鉴湖治理二期、梅龙湖综合整治、"八湖"植物景观工程建设等一大批河湖生态整治项目,以及上虞区曹娥江"一江两岸"景观工程,诸暨市浦阳江城区段生态改造项目,新昌县新昌江、澄潭江综合整治工程,既治理了"三河"环境,为群众提供了休闲健身场所,又开发了旅游产品。2017 年,海盐的白洋河绿道和滨海绿道、海宁的百里生态绿道、平湖的漕兑港绿道、秀洲的新塘绿道、衢江的信安湖绿道、衢州市乌溪江绿道、常山的东明湖绿道、开化的百里黄金水岸线绿道、天台的沿溪绿道、仙居全境绿道、浦江的生态廊道等在全省"最美绿道"评选中上榜,这些绿道无不是治水和造景结合的成果。

针对平原河网大多配水不足,水体流动性较差的特点,这些地区一般都采取引水活水工程措施,以提升水循环动力,维护河网水系健康。浙江省有史以来跨流域最多、跨区域最广、引调水线路最长和投资最大的引水工程是浙东引水工程。它由萧山枢纽、曹娥江大闸枢纽、曹娥江至慈溪引水、曹娥江至宁波引水、舟山大陆引水二期和新昌钦寸水库 6 项工程组成,涉及杭州、绍兴、宁波、舟山 4 个设区市及 9 个县(市、区),跨越钱塘江流域、曹娥江流域、甬江流域和舟山本岛,引水线路总长 294 千米,总投资超过 100 亿元,历时 10 年建成。富春江、曹娥江、甬江被打通,一江活水奔腾向东,滋润浙东大地。引水工程中比较有影响的,还有如杭州西湖区富春江引水工程,解决了困扰之江地区 41 年的缺水问题,同时为消灭双浦镇 11 条劣 V 类河道创造了条件;实施工程时,引水、治水齐头并进,之江地区进行了大规模拆违和治污行动,清运垃圾 115 万吨,清除违法堆场 378 个。绍兴市投资 4.5 亿元建成曹娥江引水工程,将曹娥江优质水引入市区河道;建成柯桥区主城区活水工程、滨海新城袍江开发区马海片河道引水活水工程。温州市启动温瑞水系活水畅流工程、瓯江翻水站加固改造工程,通过生态调水、水系沟通、建设闸泵等措施,大大改善了市区平原河网水动力条件。2017 年以来,全省加大配水力度,杭嘉湖平原、温黄平原、温瑞平原实现生态配水 35 亿立方米[①],为水质提升提供了重要保障。

"清三河"行动中,生态治理、生态修复技术被广泛应用。绍兴市大力推广应用狐尾草治水技术,种植面积 12.5 万平方米,在消除黑臭河中成效明显。台州市单是 2015 年就有治水科技项目 61 个,计划科技投资 3.46 亿元。其中如:在城市内河和池塘大量种植水生植物和投放水蚤,以净化水质;用"水体曝气增氧系统"供氧,并利用微生物的新陈代谢作用,将废水中高分子有机物转化为简单有机物或无机物,此技术用于主城区 6 条河道生态修复;用过氧化钙注入底泥表层,用这种"化学修复"的方法使"底泥自清"。兰溪市累计投入 500 万元,设置生态浮岛 276 座、面积 5029 平方米、曝气设备 31 套,运用到浒溪、扬子江等 6 条河流和农村 30 口门塘治理。杭州市区大胆设计,运用生态技术建设大型"天然净化器",这个大型"天然净化器"位于拱墅区红旗河片区,包括后横港、连通港、十字港和红旗河,水域面积超过 12 万平方米。2013 年,采用"三步走"方式治理:第一步,封闭河道,清淤后投放食藻虫,同时进行曝气增氧,减少河水浑浊。第二步,在河底种植沉水植物,形成"水下森林",提高水体自净能力;再向水体中引入螺、虾、鱼、贝等水生动物,通过食物链把水体中的氮、磷富营养物质转移出去。第三步,待完整的生态系统建成以后,具有足够的自净能力,河水从劣 V 类转变为 III 类水质,再每天从西塘河引入 1 万多立方米较差的水配水,在这一片区流域内停留 10 天进行净化,然后源源不断注入运河,使整个水系水体流动起来,达到以水治水的目的。

为防止出现"污染—治理—再污染—再治理"的恶性循环,各地积极探索效率高、效果好的治理机制。宁波市有内河 165 条,总长 186 千米,水域面积 405 万平方米。对中心城区河道的治理,一方面,采取综合工程措施,另一方面,在国

---

① 鲍玲、刘柏良:《清淤,让美丽浙江碧水畅流》,《浙江日报》,2017 年 12 月 14 日。

内率先尝试水环境治理的政府购买服务 PPP 模式。经 2011 年试点，2013 年开始全面推行城市河道生态养护合同模式，第一批 82 万平方米水域，覆盖市中心海曙、江东、江北三个区的 38 条河道，2014 年扩展到 292 万平方米水域，2016 年底实现内河水域全覆盖。计划通过三年时间的养护，达到内河水质"一升一降三无"的目标，即水质透明度明显提高，综合污染指数（CPI）逐年下降，水体无色、无异味、无杂质。水质养护单位承担规划设计、投资融资、项目建设、长效管养等工作，技术方案立足于生态修复。政府对水质养护单位工作进行监管考核，根据考核结果拨付资金。在达标基础上，还要求每年按前一年水质本底指标削减 15％，以实现河道水质逐年提升的目标。这一模式实施第一年，河道水质就得到明显改善，38 条河平均化学需氧量下降 34.8％，氨氮下降 44.4％，总氮下降 43％，总磷下降 47.6％。这一做法较好地破解了城市内河治理投资大、管养难、时效短的难题，探索出了一条水质提升程度更大、反弹程度更低、财政投入更少的水环境治理路子。

"清三河"激发带动大量社会民众参与。温州市民自动组建市民监督团，跟踪监督治水工作，全市公益环保组织达 50 多家，治水志愿者队伍达到 3 万多人，影响比较大的是龙湾区永中街道 36 个村居结成护河"联盟"。治水项目投资巨大，一些基层干部群众和企业家纷纷捐资捐物。永嘉桥头镇茹溪河道治理工程，总投资约 4.38 亿元，当地 40 多位企业家自发捐资 3000 多万元用于治理，其中单笔捐款 100 万元以上的就有 22 人。2014 年全省治水认捐金额达 27 亿元。

2014 年年底，11 个市全面完成垃圾河的清理，同时清理黑臭河 5042 千米。经过 2015 年、2016 年的黑臭河治理延续战，2016 年年底，全省清理黑臭河基本完成任务。

二、清淤行动

污泥不除，浊水难清；河水长清，还须治泥。

千百年来，河道在自然力的影响和人为作用下，发生淤积甚至改道，日复一日，年复一年，已成规律。几十年前，农民撑船捻河泥，既疏浚河道又积攒农肥，捻河泥成了江南地区长期以来最盛行的农事活动之一。然而，工业化、城市化的推进改变了当代人的生产、生活方式，农田萎缩减少，捻河泥积肥被放弃，面源污染增多，河道污染的情况越来越复杂。

经过连续多年的水环境治理，浙江的地表水质开始明显改善。然而，由于几十年来河道经常被当作生活污水和工业废水排放通道，河底底泥中沉积了大量重金属、有毒有机物和富营养物质,它们常常"沉渣泛起",导致二次污染,特别是碰到大雨天,一夜之间使河道变黑。所以群众有个顺口溜:"治水不治泥,等于白治理。"

积淤一般发生在河流中下游,及水流平缓的平原河网地区。浙江省清淤重点在杭嘉湖、萧绍宁、温黄、温瑞、瑞平等地的平原河道。资料显示,从 2003 年起,浙江省启动"万里清水河道建设",至 2016 年年底,共清淤河道 44000 余千米,累计投资 300 多亿元,已完成清淤 50 多亿立方米。"五水共治"启动以后,清淤任务更加艰巨,省河道总站对各条河流的节点——湖泊进行初步测算,全省有 2500 多个湖泊尚需清淤,总淤积量达 1.1 亿立方米,平均淤积深度约 0.8 米。[①]成千上万大小河道的清淤量,更是一个天文数字。

清淤疏浚作为河道治理的一项主要措施,被浙江各级政府摆到重要位置。根据全省"五水共治"工作安排,省治水办和省水利厅共同制定了《2016 年—2020 年清淤实施方案》,"十三五"期间全省河道清淤量将达到 3.5 亿立方米,其中 2016 年一年清淤要超过 1 亿立方米。清淤的作用一举多得:能拓宽河道,提升行洪排涝能力;打通断头河,促进水体流动,为农业灌溉蓄水提供便利……;尤其是眼下,能消解河道内源污染。

21 世纪的清淤已经不是几十年前传统的撑船捻河泥,它大量使用的是现代技术和机械设备。浙江省大规模清淤,主要有抓斗式挖泥、水力冲挖和绞吸式挖泥三种方式,挖出的淤泥,主要通过陆路、水路和管道三种方式进行转移。[②]

这些方式各有特点,各有利弊。抓斗式挖泥适用于开挖泥层厚度大、施工区域内障碍物多的中小型河道,多用于扩大河道行洪断面的清淤工程。但挖掘机开到河道旁,需先建造通行道路,会延长工时;这种方式对稀软的底泥敏感度差,清淤不够彻底,也容易引起回淤。水力冲挖先要拦河围堰,抽干河水,施工人员下到河床上用高压水枪冲刷底泥,将底泥搅动成泥浆后再由泥浆泵吸收,经管道输送到岸上堆场。水力冲刷具有机具简单、输送方便、施工成本低的优点。但这种方法形成的泥浆浓度低,为后续处理增加了难度;直接冲挖淤泥,也存在引起河岸塌方的风险。2015 年年初,乐清市城东街道春园路沿河路段就因清淤抽干河水,发生道路坍塌。绞吸式挖泥是一种水下清淤技术,它利用装在船前的桥梁前缘绞刀的旋转运动,将河床底泥进行切割和搅动,形成泥浆,再借助强大的泵力将泥浆经吸泥管输送到堆场。绞吸式挖泥适用于泥层厚度大的中、大型河道

---

① 江晨:《淤泥难题如何攻克》,《浙江日报》,2015 年 9 月 6 日。

② 浙江省环境保护厅:《浙江省河道淤泥处理处置技术及典型案例汇编》,2016 年 7 月。

清淤,采用全封闭管道运输淤泥,不会产生泥浆散落或泄漏,施工不受天气影响。但作业时如果管道较长会影响其他船只通行;管道输送的同时会带来大量泥水,使泥浆体积增加,需要大面积场地堆放淤泥,这在土地资源紧张地区较难解决。

一些重点清淤地区,寻找更先进更有效的清淤方式。一种集前面三种清淤方式之所长的生态清淤诞生了。生态清淤使淤泥固化、垃圾分开、河水返回,实现管网运输、工厂化处理和资源化利用。最早引进使用该技术的是浦江县,对浦阳江城区段 8 千米河道清淤时,这些淤泥中的 1.1 万余立方米最终用于苗圃、制砖和"三改一拆"后的复垦复耕,污染物变废为宝。

金华婺城区婺江古河道"十里长湖"清淤,使用的是大型一体化生态清淤机,清淤机将水底的淤泥绞吸上来,输入管道沉淀脱水后,流出汩汩清泉,分离出的垃圾被运往郊区填埋,而淤泥打散后被烧制成空心砖,无须堆放,日产日清。这种清淤机配备专用的环保绞刀头,具有防止淤泥泄漏和扩散的功能,底泥清除率可达到 95% 以上,同时具有高精度定位技术和现场监控系统,保证较高的挖掘精度。

绍兴市的柯桥区也引进了生态清淤及淤泥快速固化处理技术,在齐贤、钱清、福全三镇建立三个淤泥固化处理中心,设计年处理能力 250 万立方米(水下方),年产生土方 100 万立方米,总共配置 16 台套泥浆脱水固结一体化成套专用设备。抽取的泥浆经过栅过滤、储浆调理、压滤分离等一系列处理,排放出清水,得到含水率 40% 以下的泥饼,用作工程回填土、园林绿化土或制砖瓦的材料,实现"环保清淤、调理脱水、调质固化"一体作业。所有设备共投资 6000 万元,泥浆处理综合单价为每立方米 40—50 元。

宁波市东钱湖是浙江省最大的淡水湖,水域面积约 20 平方千米。东钱湖清淤综合整治工程,采取的是清淤与造地相结合的方式。湖底采用环保绞吸式挖泥船进行清淤,淤泥堆放在东钱湖周边的低洼地内,清淤完成后采用真空预压技术对淤泥堆场进行快速脱水固结处理。这项工程共清淤 204 万立方米,造地 1000 余亩。如果让淤泥在堆场内自然固结,速度缓慢,需要几年甚至更长时间,影响土地资源利用,而运用真空预压技术,大大缩短了时间,提高了效率。

杭州西湖区为了保证工程质量,制订《西湖区河湖库塘清淤技术要求与操作办法》,90% 以上河道采取干塘清淤。干塘清淤,即排干河道或水塘中的水再清淤,比起带水作业,虽然要增加排水的成本,但它能让一切隐藏在水下的问题全部暴露在光天化日之下,使清理更彻底。益乐河一段仅 1300 余米长的河道,干塘作业时发现 7 个排污暗管及大量建筑垃圾,经过多部门协调,及时修改施工方案,追加经费投资,进行更深入的清理修复。全区如益乐河那样,由于采用干塘作业,中途修改施工作业量追加施工的河道有 16 条。

值得一提的是,杭州运河清淤,不忘文物保护。京杭大运河是世界文化遗产,沿线文化保护单位众多,两岸环境复杂,如何既保护好文物,又搞好水环境治理,是清淤工作的一道难题。如横跨大运河的塘栖广济桥是全国重点文物保护单位,也是目前运河上仅存的七孔石桥,距今已有 600 多年历史。然而广济桥桥墩较薄,不宜使用大型机械下水作业,为了保护古桥,运河塘栖段 14 年未曾清淤,平均淤积深度达 1.5 米,河水已呈灰黑色,水底寸草不生。经过专家反复研究论证,余杭区制订了一个“两全”的水质治理方案:以广济桥为界的运河上下游各 60 米水域划为重点保护范围,实施围堰隔离;古桥重点保护范围内排除机械清淤,采取水枪分段精细化冲刷清理,进出工作船以人工牵引通行,施工人员小心翼翼如绣花般谨慎。清淤完成后,在古桥沿线重点保护区域的水底,种植国外引进的水生植物,在河面设置增氧曝气装置,曝气装置的下端会缓慢释放微生物颗粒,对水体中的总氮、总磷起到分解作用。通过人工营造水生态系统,在之后的 10 年到 20 年,塘栖古镇运河段不用再进行清淤,只需简单维护更新,污染物便可自动分解,进入自然生态循环,最终达到水体清洁。

2016 年起,浙江全面启动河湖库塘清淤工作,计划完成 35854 个清淤项目。第一年,全省完成清淤 1.36 亿立方米,第二年,全省完成清淤 1.14 亿立方米。[①]

淤泥从河道起出后如何处置,是清淤必须解决的第二个大问题。900 多年前,苏东坡疏浚西湖,淤泥用于筑堤建岛,造就西湖美景。当代清淤,更要在淤泥的资源化利用上显示智慧。杭州市探索出五大清淤和淤泥利用模式,如余杭区的“淤泥荷塘就地利用”模式,下城区的“留置管道”模式,萧山区的“淤泥干化造地”模式,富阳的“协同焚烧”模式,淳安、临安、建德、桐庐等地的“淤泥回归山林”模式。总的来说,全省淤泥处置的方向是,科学处置,合理利用,变废为宝,并要求在检测基础上,按无毒淤泥、有毒淤泥两种类型分别处理,避免造成二次污染。[②]

大量无毒淤泥被用于造地和农田改造。湖州地区将淤泥用于填埋矿坑、造地复耕。长兴县虹东矿排泥场原为废弃的地上矿坑,位于苕溪干流南侧的和平镇东山村,虹东矿排泥场结合长兴县和平镇的造地项目,对约 70 万立方米废弃淤泥资源化利用,造地面积约 580 亩。德清舍洛镇曾经是远近闻名的砂矿镇,多

---

① 鲍玲、刘柏良:《清淤,让美丽浙江碧水畅流》,《浙江日报》,2017 年 12 月 14 日。
② 《关于全面开展河湖库塘清淤推进资源化利用工作的通知》,浙政办发〔2016〕60 号。

年采矿留下一孔孔废弃矿坑,有的深达 10 米,所属的东衡村 2016 年用淤泥填坑造地 265 亩,全县仅此一项能新增达标水田 2000 多亩,同时能消纳几百万立方米淤泥。海宁市一带的淤泥有毒物质含量少,河道清淤后基本采取还田的方法处置淤泥。在晚稻收割前,村镇通知农户在堆土区块内不要种植其他冬季作物,只需将淤泥在田里堆高 20 厘米至 25 厘米,以便来年种稻。平阳县 2017 年对 20 亩农田进行淤泥返田试验,粮食亩产达 653 千克,亩均增产 142 千克,施肥成本每亩减少 70 元,经专业机构检验,稻谷质量符合标准,没有发现重金属超标等问题。2017 年平阳河湖库塘清淤 170 万立方米,淤泥返田将被推广,用来改造土质提高肥力。

随着越来越多的淤泥上岸,可供填埋的低洼地和农田越来越少,各地更多探索多样化的淤泥资源化利用途径,包括用淤泥焚烧发电、制陶、制肥、制砖等。嘉兴三羊现代农业科技有限公司先对淤泥进行检测分类,将重金属超标的淤泥制作成林木有机肥,重金属未超标的淤泥制作成稻田或蔬菜瓜果基地的有机肥。公司一年处理淤泥 5 万多立方米,产出肥料 3500 多吨。永嘉的瓯北镇对 18 条黑臭河清淤,总长达 3 万米,清出的淤泥成为当地 10 家新墙材企业的廉价原料,其中的强力红页岩墙体建材有限公司,每天能接收 10 卡车近百吨的淤泥,生产 7 万块矩形孔砖。这种加入锯末粉制成的环保砖具有保温、隔热、吸音、抗渗等优点。

很多地方将清淤与生态护岸、沿河绿化结合起来。在长兴虹星桥镇,一家农业公司将镇里清出的近万立方米淤泥用于种植草皮,生产的草皮畅销全国;乐清将清理出来的淤泥作为河道圩堤或海塘围垦时加高加固的土方,每千米可消纳淤泥 3 万立方米。浦阳江流域,上下游联动清淤治水,上游浦江县,清淤绿化,建设浦阳江国家湿地公园;中游诸暨市,捞起淤泥筑岸线,换来水清、流畅、岸绿、景美;下游萧山区,河道清淤,水岸同治,"三江两岸"草长莺飞。2017 年,全省完成池塘清淤 16775 处,各地结合美丽乡村建设,实施"一塘一策",清淤治水与绿化造景同步进行,小水体别样景观遍布山乡村落。

有毒淤泥处理难度大,但处理方法也多。部分受工业污染严重的地区,淤泥成分十分复杂,这些地方就借鉴污泥的处理方法。污泥是污水处理厂处理污水后的产物,由有机残片、细菌、无机颗粒、重金属、胶体污泥等多种物质组成。城镇污水处理厂的建设和运行,在浙江有十多年历史,污泥处理已有比较成熟的技术和做法。可供有毒淤泥参照处理的大致有污泥干化、污泥发电、污泥干馏制生物碳等一些方法。到 2017 年,全省建成固化中心 24 个,年固化能力达到 1400

万立方米。通过淤泥收集、垃圾分离、分组沉淀、化学分解、机械压滤等技术流程,实现淤泥快速脱水,废水达标排放。

清淤工程面广量大,并且是一项周期性、常态化的工作,面临各种技术性、机制性、资源性问题等,需要政策的引导、支持和保障。长兴县制订了一整套清淤实施方案,包括清淤技术方案、土方处理指导方案。当地水利部门组成分片督查组,帮助乡镇出谋划策,提出淤泥科学处置指导意见;制订河道清淤验收办法,对河道清淤标准、淤泥处置方式和去向进行全方位管理。婺城区、柯桥区等地制定政策,对积极参与淤泥处置的企业单位予以用地优先考虑、淤泥运送补贴等鼓励,争取有更多的社会力量参与淤泥处置工作。

省级有关部门加强了工作指导。水利部门以"河长制"管理为载体,落实河道治理责任主体,在此基础上对河道淤泥增量进行实时监测,逐步建立起全省联网的河道淤积情况监测系统。省经信委、财政厅、建设厅、环保厅从不同的途径引导淤泥综合利用,支持相关企业转型升级,加大淤泥违规堆放执法力度。省新型墙材办公室规划,"十三五"期间全省新型墙材污(淤)泥资源化利用率要达到15%。大家还共同在考虑一个更深远的问题,今后如何水岸同治,从源头上减少河道淤泥的产生总量,避免"毒泥"的产生,这才是淤泥处置的长远之计。

三、消灭劣V类水体行动

治污水是"五水共治"的重点、难点和焦点,其"开门战"是"清三河"。经过2014—2016年三年的连续努力,大江大河水质逐渐变清,但小河支流、湖泊池塘的水体仍待改善,人们更不满足的是一些地表水水质监测断面劣V类水体仍然存在。2014年,全省103个国控断面中,劣V类水质断面还有6个;221个省控断面中,劣V类水质断面有25个;392个市控断面中,劣V类水质断面有64个。

2015年,浙江已开始实施劣V类水质断面削减计划,改善水质在提速。消除劣V类水质比"清三河"要求更高,难度更大。如果说,"清三河"重在清除可视污染物,消除劣V类水质则是从观感改善向水体成分的因子改善深化,进一步"消炎去毒",促进"固本复元"。这是一场连续战,"清三河"是治污水的"初级阶段",为消除劣V类水质打下基础,"消劣行动"是治污水的深化阶段,是分阶段治污水的一个重要转折。

按照《浙江省劣V类水质断面削减计划(2015—2017年)》,嘉兴、绍兴、金华3个市,于2015年年底提前实现目标,基本消除境内的省控劣V类水质断面。2016年年底,全省国控断面中劣V类水质断面已全面消除;省控断面中劣V类水质断面减至 6 个,市控劣 V 类水质断面减至 27 个。老百姓期盼长期保持更好的水质,省内劣 V 类水质断面逐年消除的消息令人鼓舞,各级政府看到治水的进展和成绩,对进一步推进治水工作充满信心。

2017 年 1 月的第十二届浙江省人民代表大会第五次会议上,省政府工作报告提出,到 2017 年底要全域消除劣 V 类水体。2 月 6 日,全省剿灭劣 V 类水工作会议在省人民大会堂召开。《浙江日报》2017 年 2 月 6 日刊文《将"五水共治"进行到底》,点出消除劣 V 类水体的意义所在:这是一个更快的目标——2017 年底完成消劣,意味着经济发达、水网密布的浙江,要提早 3 年完成既定目标,兑现"决不把污泥浊水带入全面小康"的承诺,争当全国治水标杆省份。这是一个更严的标准——从消除劣 V 类水质断面,到全面消除劣 V 类水,意味着浙江自我加压,对治水提出了更高要求:大江大河要全流域清澈,小河小溪也要涓涓清流,真正补齐生态环境短板。

剿灭劣 V 类水工作会议提出,打好劣 V 类水剿灭战,重点是抓住"截、清、治、修"四个环节:"截",就是截污纳管,消除水体污染的源头;"清",就是清除底泥,消除水体污染的病灶;"治",就是产业整治,消除水体污染的根源;"修",就是生态修复,改善污染水体的净化能力。围绕这 4 个环节,重点实施六大工程:一是截污纳管工程。加强城镇污水处理能力和配套管网建设,提高"三大率"——污水处理率、污水处理厂运行负荷率和达标排放率。2017 年,全省县以上城市污水处理率达到 92%,年底前所有污水处理厂全部执行一级 A 排放标准并稳定达标排放。二是河道清淤工程。2017 年,全省完成清淤 8000 万立方米,其中劣 V 类水体区域清淤 1500 万立方米。三是工业整治工程。开展对水环境影响较大的落后企业、加工点、作坊的专项整治,2017 年,淘汰落后产能涉及企业 1000 家,关停和整治存在问题的"低小散"块状行业企业 10000 家。四是农业农村面源污染整治工程。2017 年,全省 500 头以上养殖场,以及劣 V 类水体区域 50 头以上养殖场安装在线监控系统;开展 2013 年前建设的农村生活污水治理设施提标改造,对 2016 年及以前完成的项目,全面完成验收并及时运维到位;建制村生活垃圾集中有效收集处理率达到 96% 以上。五是排污口整治工程。规范入河排污口设置,建立入河排污口信息管理系统;2017 年,全省完成 30 个工业集聚区污水、20 个城市居住小区生活污水"零直排"整治。六是生态配水与修复工程。打通断头河,逐步恢复坑塘、河湖、湿地等各类水体的自然连通;科学确定生态流量,开展引配水工程;加强河流生态化治理,全省完成河道综合治理 2000 千米。

3 月,草长莺飞,春风又绿江南岸。3 月 22 日是世界水日,省委、省政府接着召开全省剿灭劣Ⅴ类水誓师大会,会议通过视频开到村(社区),约有20万人参加,直接动员到基层。一场在全省铺开的治水歼灭战迅速拉开大幕。

按照全省统一部署,各地建立起五张清单:一是劣Ⅴ类水体清单,对辖区所有河道再彻底进行一次"地毯式"排查摸底,重点排查劣Ⅴ类水质断面及所在河流全流域水体、已整治摘帽的黑臭河和各类小微水体。二是主要成因清单,"一河""一点"地分析劣Ⅴ类水的成因,针对性地制订对策措施。三是治理项目清单,从市、县到乡、村,将所有治理工作落实到具体工程项目,逐一确定项目表、时间表和责任表。四是销号报结清单,对所有市、县剿劣工作完成情况,都要进行达标验收,劣Ⅴ类水质断面需连续3个月达标才能申请销号,小微水体采取务实管用的验收方法。五是提标深化清单,基础较好地区要自加压力,主动提高治理标准,率先剿灭Ⅴ类水、Ⅳ类水,乃至实现全域Ⅲ类以上水质。几乎11个市都自加压力,提前了完成任务的时间,提高了水质目标的要求,一些市、县提出在6月底实现全域剿灭Ⅴ类水。

全民治水需要全民发动和整体协同。4月份,各级机关单位抽调1.4万多名干部下基层,对剿劣工作进行为期一年的督导服务;省政府组成108个督查组,对108个市、县单位进行常年督促检查。各级人大常委会对剿劣工作开展专项审议,动员8万多名各级人大代表参与监督,省、市、县各人大常委会分别重点监督省控、市控和县控劣Ⅴ类水质断面治理完成情况;各级政协发挥政协委员民主监督作用,通过一线明察暗访,"啄木鸟"式地查找问题,为各地剿劣工作献计献策;33位省内专家组成"首席技术顾问团",对应33个省控、市控劣Ⅴ类水质断面,下到一线主动服务,指导各地明确技术路线、技术方案。

剿灭劣Ⅴ类水,重点对象是省、市、县各级环保部门控制监测点中的劣Ⅴ水质断面和无数小微水体。重点区域在杭、台、温三市,6个省控劣Ⅴ水质断面中,杭州市2个、台州市3个、温州市1个;27个市控劣Ⅴ水质断面中,70%分布在温州、台州平原河网。[①]

杭州上塘河省控断面水环境治理,涉及市本级和江干、下城、拱墅、余杭四个区。2017年实施治理重点项目66个,投资金额计1.6亿元。其中,江干区截污纳管工程9个,到年底完成9个沿河小区的阳台水截污、管网梳理、智能截流设备增设等;河道生态治理项目11个,对一些水质较差的河港,采取安装生物处理装置、滨岸生态截留等技术,达到水质净化要求。全区选择出名的黑臭河六号港

---

① 浙江省治水办公室:《劣Ⅴ类水质断面治理"一点一策"实施方案汇编》,2017年4月。

治理为首战示范,开展剿灭劣 V 类水专项行动大比武,所有河道治理都参照六号巷"五化两好"标准。下城区、余杭区分别对 12 个、6 个河段进行清淤,清淤量达 14 万立方米,占全市当年清淤量的 50%。下城区境内有 31 条河道,有"剿劣"任务的河道 22 条,全部直接或间接与上塘河连接。为此,区政府当年投入 9 亿多元用于截污纳管、河道清淤、河道建设和征迁整治等,其中包括实施 40 个雨污分流项目,城中村改造中进行水网修复。

萧绍运河(官河)是杭州市另一个省控劣 V 类水质省控断面,其污染成因,除老城区居民人口、流动人口多,截污纳管不彻底,等等,还有周边纺织印染、小五金企业密布,工业废水直排漏排带来水质严重污染。2016 年萧山区政府组织整治,对萧绍运河清淤 21 千米、65 万立方米,完成流域内 938 个排放口截污纳管工作,拆除萧绍运河西段违法建筑 15 万平方米。2017 年进一步实施"三清一配"计划,即清违章,拆除沿河 15 米以内的违法建筑共 3974 处 164.5 万平方米,彻底清除沿线企业食堂、厕所、出租房等污染源;清排放口,对萧绍运河实施分段截流,封堵隐藏于平常水位以下的排污口,彻底解决外来污染源,全区共清除排放口 31450 个;清淤泥,实施分段截流清淤,彻底清理水下残留污泥垃圾,对河床进行底泥消毒和生态处理;"一配"是配清水,引入钱塘江、杭甬运河、湘湖水做配水,加速萧绍运河水体流动,提高河道水质的自净能力。同时加强污水管网、污泥淤泥处理设施等市政建设。全年实施重点项目 17 个,投资约 7 亿多元。

宁波作为山水港城,内河纵横交错,2017 年初仍有市控劣 V 水质断面 3 个,县控劣 V 水质断面 8 个。经对治水形势研判,市政府决定纵深推进新一轮治水工程,在未来 5 到 10 年里,在全市范围内开展"污水零直排区"建设,打通排水"经络",做到污水全收集、管网全覆盖、雨污全分流、排水全许可、村庄全治理、地表水环境功能区达标率 100%。海曙区为根治内河水污染,28 个老小区同步启动雨污分流和截污纳管改造工程,当年减少污水直排量 60% 以上,达到"沿河排口晴天不出水"的目标。在工业发达又处于宁波市水系末端的镇海区,整体推进工业园区企业雨污分流改造工作,计划用三年时间实现污水管网全覆盖,企业废水全收集。北仑区针对城中村环境复杂状况,实行"主管道先行,精细化截污,最后 50 米纳管"计划,让城中村生活污水不再直排入河。慈溪市从 2016 年起对餐饮、美发、洗浴、洗车等四类涉水行业开展整治,共排摸出并治理改造 7161 家。"污水零直排区"建设工程规模大,改造程度彻底,建设时间相对较长,显示出当地各级政府对全面、精细、彻底治水的决心和毅力。

台州可以说是压力最大、任务最重的地区。全市有县控以上 15 个断面为劣

Ⅴ水质,其中省控断面 3 个,占全省省控劣Ⅴ水质断面的 50%,市控 6 个,占全省市控劣Ⅴ水质断面的 20%,另有排查出的劣Ⅴ小微水体 1002 个、排污口 13844个。更大的难度还在于,在全省现有的劣Ⅴ水质断面中,台州劣Ⅴ水质断面的氨氮、总磷指标浓度最高,同时,受地理条件限制,台州水资源分布不均,温黄平原工业发达、人口集中,但补水来源单一,污染造成的水质性缺水严重。近几年,台州在城市污水处理厂中水回用上做出很大努力,投入巨资将出口水质标准提高到准Ⅳ类,每天用数十万吨中水补充河道,但是截污纳管工作仍然有较大差距,存在每天几十万吨的缺口。

面对重重困难和艰巨任务,台州市委、市政府没有退路。经过排摸研究,确定金清水系、椒江河网、玉环河流三块重点区域和氨氮、透明度两个重点指标,开展劣Ⅴ类水剿灭战、截污纳管攻坚战、排污口销号战、六小行业截污大会战和打通断头河突击战等"五大战役"。622 个工程项目密集上马,完成清淤 1213 万立方米,打通断头河 74 条,设施建设新增污水处理能力 25.85 万吨/天,准Ⅳ类水处理能力达到 33.15 万吨/天,已建的农村生活污水处理设施进行了提高氨氮处理水平的改造。15 个劣Ⅴ水质断面涉及的椒江、路桥、温岭、玉环四县,共计划重点项目 35 个,投入资金约 23 亿元。

温州地区剿劣任务之重不亚于台州,全市县控以上劣Ⅴ水质断面共有 20 个,其中市控以上劣Ⅴ类水质断面 15 个,几乎占了全省的一半,2331 个劣Ⅴ类小微水体,也是全省数量之最。因此,温州实施的剿劣工程也是重量级的:投资治水 318 亿元;推进沿河旧厂房、旧市场、旧小区等重点片区"大拆大整",2017 年拆除各类涉河涉水违法建筑 2199 处、512 万平方米;针对城镇污水处理设施建设欠账较多的"短板",加快城镇污水处理能力和配套管网建设,2017 年完成 17座城镇污水处理厂的提标改造任务,新建城镇配套污水管网 1726 千米,新增污水处理量 10 万吨;大面积开展河道清淤工程,2017 年完成清淤 1000 万立方米以上;继续推进新一轮地方特色产业的重污染行业整治,加快小微企业创业园建设,2017 年底前开工建设 3010 亩;整治封堵 41100 个入河排污(水)口,完成 8 个工业集聚区污水"零直排"整治;实施引水、调水工程,2017 年全市完成 3 亿立方米生态调水任务。

如果说,消除劣Ⅴ水质断面难度在于污水集中,那么,治理劣Ⅴ小微水体的难度在于分散和大量。各地治理小微水体一般经过"三步曲":第一步,摸清底数。各地基层干部群众跋山涉水,反复核查,并标号建档。第二步,治理。对劣Ⅴ小微水体怎样治理,各地"八仙过海,各显神通",通行的做法一般是清淤、砌坎、消毒、封堵排污口,配水换水、周边绿化,并加强平时保洁,很多村庄将小微水体改造成了小微景观。第三步,验收。对一万多个小微水体采取规范的技术检测,成本太高,难度太大,也没有必要。省治水办经过反复研究,最后专门制订了定性与定量监测相结合的统一验收标准,验收要经过层层抽查复核,并在媒体上公示。为消灭这些劣Ⅴ小微水体,全省在 2017 年的前 10 个月,共完成 19163 个治理项目,累计投入 199.6 亿元。

在黄叶纷纷而下的晚秋时节,省环保部门通报,经过 11 个月的全面治理,全省 58 个省控、市控、县控劣Ⅴ水质断面均已消除,全省排查出的 16455 个劣Ⅴ类小微水体也于 10 月底全部完成验收销号。全省大江大河水质总体优良,其中六大省级河长水系,除京杭运河浙江段总体水质有轻度污染外,钱塘江、瓯江、曹娥江、苕溪、飞云江水质状况均为优。

这一年,全省新增城镇污水配套管网 3000 千米,新敷设农村管网 3766 千米,建成 48 个城镇污水处理厂一级 A 提标改造项目,完成河湖库塘清淤 11618 万立方米,整治涉水地方特色重点行业企业 637 家,整治淘汰"低小散""脏乱差"问题企业(作坊)47198 家,建设 5815 个配套智能化防控设施的养殖场,整治排放口 77276 个,农村生活污水治理提标改造新增受益农户 40 余万户,全部完成或超额完成年度计划。而从 2015 年始,为全面消灭劣Ⅴ类水,从根本上治理岸上工业污染源,全省关停淘汰企业 30000 多家,整治提升企业 9000 多家,建成相关园区 58 个。[①]

四、农村垃圾的收集和处理

2014 年,浙江全面启动"五水共治",当年"清三河"旗开得胜,首战告捷,曾经垃圾漂浮、杂物壅塞的河渠湖塘,经过疏浚清理,重新变得清澈秀丽。突击治理已经奏效,但要长期保持河道整洁,不再出现垃圾河,农村千家万户的生活垃圾该往何处去? 简单看,这似是日常生活平常事,实际却关系到农村千百年来的生活方式和传统习俗的改变,涉及政府部门对民生问题的深度考量。

垃圾收集和分类处理工作摆上桌面,成了各级政府加强城乡管理的重要内容。

其实,浙江农村的垃圾收集处理工作在 10 年前已经开始。2003 年浙江省委做出生态省建设和"千村示范,万村整治"的决策部署,提出"从花钱少、见效快

---

① 施力维:《看浙江如何打赢剿劣攻坚战》,《浙江日报》,2017 年 12 月 11 日。

的农村垃圾集中处理、村庄环境清洁卫生入手,推进村庄整治建设",进而建立城乡联动的垃圾集中处理网络体系。

从 2003 年开始,全省各地逐步实行"户集、村收、镇运、县处理"的垃圾处理模式,村民把垃圾集中在一处,村保洁员负责统一收起,乡镇派车运送到规定的填埋场或垃圾焚烧厂,最后由县级单位进行集中处理。这是第一阶段的农村垃圾处理革命。它改变了千百年来农村生活垃圾由千家万户自行随意处理的做法,"私事"变成了"公事",政府担起了责任;它也改变了垃圾纯粹由自然力降解、分散消化的过程,变成需要通过技术和动能去人为处理的工程,而且这一工程需要花费巨大的成本。

村庄明显变清洁了。然而,这个模式在 10 年后遭遇到了重重挑战。以县或市为单位,每年集中处理的生活垃圾量快速地节节上攀。杭州市农村地区理论人口总量约为 475 万人,按卫生部统计方法计算,杭州市农村地区垃圾年产生量可达到 149 万吨,不但有厨余、果皮、树叶等有机物垃圾,还有砖瓦灰渣、纸类、布类、包装物、家具等无机物垃圾,成分越来越接近城市垃圾。金华市区年均清运垃圾 36 万吨,并以每年 15% 的速度增长,按此估算,到 2016 年底,正在使用的垃圾填埋场剩余使用期不到 6 年。这也正是全省普遍面临的困境。随着群众生活水平的提高,全省每年产生的城乡生活垃圾量以年均 8.5% 的速度增长,2015 年已达到日均 6 万吨。一个严峻的问题摆在人们面前,未来垃圾往哪里去?

垃圾是放错位置的资源,人们的观念需要转变。减量化、无害化和资源化,是目前已得到公认的垃圾处理三大原则,浙江的农村生活垃圾处理面临着第二次革命。

经对农村生活垃圾成分分析,人们发现,厨余垃圾竟占一半以上,这部分垃圾采取不同工艺的处理,可以还山还田当肥料。2013 年以来,浙江省选择一批村庄开展农村垃圾分类减量试点。

根据中外经验,实现"三化"重点要抓好前端分类、中端收集、末端处理利用 3 个环节。怎样让长期适应农村生活习惯的农户懂得垃圾分类呢?实践再一次证明,群众是真正的英雄,农村干部群众经过一段时间的摸索,让这道难题迎刃而解。金华市金东区尝试"二分法":将生活垃圾分成"会烂"的、"不会烂"的,这虽然不是严格意义上的垃圾分类,但通俗易懂,符合农村实际,可使妇孺皆知。[①]澧浦镇后余村,村民每天第一件事是将垃圾丢进家门口的分类垃圾桶里,会腐烂

---

① 浙江省农业和农村工作领导小组办公室:《浙江省农村生活垃圾分类处理探索与实践》,2007 年 7 月。

的扔进绿色桶里,不会腐烂的扔进白色桶内,在他们看来,垃圾分类就这么简单。金华市总结本地经验,将分类方法进一步提炼为"二次四分法",即农户在家进行"会烂"和"不会烂"的初次分类,保洁员上门收集并在"不会烂"的垃圾中再进行"能卖"和"不能卖"的二次分类。70%左右"会烂"的垃圾就地堆肥还田,10%至15%"能卖"的垃圾由再生资源公司上门有偿回收,只有 15%至 20%左右既"不会烂"也"不能卖"的垃圾才送去填埋或焚烧。通过现场会,这样的分类方法又推广到全省许多农村地区。经过分类,垃圾减量达到 40%以上。永康市的端头村共 146 户、398 人,从 2017 年初起实行垃圾精细分类,加大资源回收利用力度,村里每月外运处理的垃圾只有 450 千克,即日均 15 千克,而以前简单收集外运的垃圾,每月要超过 3000 千克。

在组织发动村民开展垃圾分类中,村级基层组织发挥了重要作用。村庄里的党员干部制定规章制度,在村里开辟宣传栏,挨家挨户上门做工作,并且自己带头做好示范表率。村级妇女组织动员妇女发挥家庭骨干作用,带动全家参与生活垃圾分类。东阳市东雅村,村里每个党员按"就亲、就近"的原则联系 5 至 10 户农户,引导并监督他们开展垃圾分类。人们还可看到,镇、村干部组成垃圾分类指导组和督查组,经常进门入户讲垃圾,查垃圾。

为了鼓励和督促村民对垃圾分类,会动脑筋的村干部想出妙招。龙游县大街乡贺田村为每只垃圾袋设置三级编码,一级代码为垃圾分类号,二级代码表示卫生责任区区号,三级代码表示户主代号。全村被划分成 5 个责任区,共设有 24 个投放点,每个责任区有对应的农户,给垃圾袋贴上"身份证",垃圾"见袋知主",便于监督考核。村里专门成立卫生保洁领导小组,下设测评组和监督组,每月组织检查评分,年终根据各户全年得分情况,予以不同等级的奖励。还有更多的村庄,将垃圾分类写入村规民约,建立"笑脸墙""红黄榜",公布分类结果,如果说"两只桶"管好的是村民家里的"一亩三分田",那么,"一面墙"让村民看到了与乡亲们的差距。海宁市长春村在显眼位置设置"农户生活垃圾分类考评表",每周将各户的分类成绩以绿、黄、红三色公示上墙,绿色代表全部正确,黄色代表较好,红色代表不合格。"张家长,李家短,谁也不愿落后面",这就是考评成绩张榜所需要的效果。

许多村庄对垃圾分类实行奖惩措施,大的与村民享受集体福利挂钩,小的则施以"小恩小惠",通过积分或以物换物兑换生活日常用品,如 50 只塑料袋兑换一袋鸡精,20 个塑料瓶兑换一支牙膏,10 节旧电池兑换一包酱油……这一时期推行垃圾分类,农村明显快于城市,究其原因,除了实行简单有效的分类方法,采取与利益挂钩的管理模式,还与巧妙发挥传统熟人社会的作用分不开。

分类后,会烂的垃圾被就地处置。各地因地制宜,针对山区、海岛、平原等不同地形农村的特殊性,形成一批可复制、可推广的经验,主要有两种模式:太阳能普通堆肥、微生物发酵快速成肥处理。金华市大多采用太阳能堆肥模式,以一村一终端为主,鼓励"多村合建""村企联建""村校共建",全市建成阳光堆肥房2275座,微生物发酵器101座。堆肥房顶部使用透明钢化玻璃,配备活性炭投放、通风和微生物投放等技术配套装置,利用生物技术,通过阳光照射以加快发酵,堆肥期为2个月。1吨垃圾经堆肥房处理后,只剩下0.2吨至0.3吨有机肥。这种模式在全省推开最广。

桐庐县是浙江农村生活垃圾分类处置的先行者之一。到2017年,11万户共32.3万农村居民全部参与垃圾分类,183个行政村共建145个资源化处理设施。在考虑人口密度、可堆肥垃圾量、有机肥需求、交通运输成本等因素后,或一村一建或多村联建,分别按两种模式建设处置设施。芦茨镇采用的是微生物发酵处理法,村保洁员将收集到的可堆肥生活垃圾投入处理机,3到7天就能出料,150千克餐厨垃圾可制成100千克有机肥。这些有机肥或供应给水果种植户,或用于村里的绿化,或以商品形式对外销售,成了抢手的宝贝。微生物发酵机器处理模式出肥速度快、肥力好,2017年全省有700多台机器被实行垃圾分类的村庄选用。

此外,还有三门县引进的垃圾生物制气发电模式、诸暨市等地运用的厌氧发酵模式、余杭区有的农村使用的黑水虻高效生物转化模式等。

一座太阳能堆肥房成本达数万元,一台快速成肥机动辄需花费数十万元,对于基层农村来说,资金是不小的压力。为推进农村垃圾减量化、资源化处理,省级财政按平均每村30万元的补助标准,并根据各县(市、区)试点村数量切块下达资金,由试点县(市、区)政府专项用于微生物发酵资源化处置、生物堆肥设施购置和安装等。设区市、县(市、区)、乡镇各级政府也相应每年投入经费,2015年,全省共对垃圾分类和减量处理投入资金达44.13亿元。

为了争取更多资金投入,各地又动起脑筋。在永康市,有的村采取与有车、有劳动力的农户签订垃圾清理和运输承包合同的方法,吸引民间资本投入。桐庐县对全县145个资源化利用站生产的垃圾有机肥统一管理,生产"世外桃源"牌垃圾有机肥,这些有机肥进入省内110余家世纪联华超市、大润发超市,每年可收益200多万元,成为支持垃圾分类工作的一笔重要收入。

十年磨一剑,从"千村示范、万村整治"开始,浙江农村垃圾收集处理工作逐渐向所有的村庄普遍推开。到 2017 年 6 月,全省 27901 个建制村中,集中收集处理村 26935 个,分类处理村 11084 个,提前五年完成国家提出的 2020 年集中收集处理率达到 90% 的目标要求,分类处理村占全省建制村的 39.7%。为处理每月 100 多万吨的农村生活垃圾,各地共购置大型清运车 1357 辆,普通清运车 16760 辆,分类清运车 15326 辆,农户垃圾桶 650 万个,公共垃圾桶 58.6 万个。[①]

自然成习惯。在试点农村,垃圾分类几乎家喻户晓、人人能做,"污水靠蒸发、垃圾靠风刮"的现象逐步消失。以垃圾分类为主的村庄整治工作,成为最受农民欢迎,也让农民最为受益的一件实事。百姓对垃圾分类工作肯定的背后,是科学的顶层设计、各级政府配套的资金支持,以及所有村民亲身参与的共同结果。

2017 年 12 月 8 日,省委、省政府召开全省生活垃圾分类处理工作动员大会,号召把垃圾治理作为环境治理又一个重要突破口,全民动员起来,强力推进"垃圾革命",实现垃圾治理一年见成效、三年大变样、五年全面决胜。到 2020 年,全省城乡生活垃圾分类处置基本实现全覆盖,新增省级高标准生活垃圾分类示范小区、示范村各 1200 个,生活垃圾回收利用率达到 60% 以上,资源化利用率基本达到 100%。而那时,垃圾河必定会被完全切断源头。

---

① 浙江省农业和农村工作领导小组办公室:《以美丽乡村建设为引领扎实推进农村生活垃圾分类处理工作》,2017 年 6 月。

第六章　激浊扬清的工程治理

　　现代治水离不开截污纳管,即通过管网收集各类废水、污水,经污水处理厂相应工艺处理,再按标准向外排出处理后的清水,达到清除污染保护环境的目的。就像牛吃进的是草,吐出的是奶,它"喝"进的是污泥浊浆,吐出的是汩汩清水。截污纳管是工程治水的必要手段,是现代治污的重要基础。浙江治理污水过程,见证了污水处理设施建设和管理在探索中的前行,也让人们清楚见识到截污纳管在水环境治理中发挥的独特作用。

一、提标改造"吐"清水

　　喝进又臭又黑的脏水,吐出无色无味的清水,这是污水处理厂的基本功能。污水处理厂排出的尾水清到什么程度,由国家规定。根据环境保护目标和处理工艺,城镇污水处理厂外排水应控制的常规污染物标准值分为一级标准、二级标准和三级标准,一级标准又分为 A 标准和 B 标准。一级标准的 A 标准是现行国家污水处理厂尾水排放的最高标准,是城镇污水处理厂出水作为回用水的基本要求。当污水处理厂出水引入稀释能力较小的河湖,作为城镇景观用水和一般回用水等时,执行一级标准的 A 标准。城镇污水处理厂出水排入地表水 III 类功能水域(划定的饮用水水源保护区和游泳区除外),海水 II 类功能水域和湖、库等封闭半封闭水域时,执行一级标准的 B 标准。

　　经过十多年的建设,到 2017 年,浙江省已经建成城镇污水处理厂 296 座,其中县级以上城市污水处理厂 136 座,建制镇污水处理厂 160 座;管网建设累计达到 4.1 万千米,县级以上城市污水处理率达到 93.34%。早些时候建设的城镇污水处理厂大多是一级 B 排放标准,有的甚至是二级排放标准。随着环境质量目标要求的提高,这样的排放标准显然适应不了环境治理的需要。浙江开展"五水共治"后,在一些重点流域,污水处理厂的使命已不是简单地处理污水,而是要使生产、生活污水变成更加干净的清水。

早在"十一五"时期,省政府已提出城镇污水处理厂提标改造的要求,并在太湖流域率先实施。2014 年,省建设厅专门制订城镇污水处理厂提标改造 3 年行动计划。根据方案,太湖流域、钱塘江流域的城镇污水处理厂在 2015 年全部实现一级 A 排放标准,其他地区在 2015 年全面启动提标工作,到 2017 年年底前污水处理厂全部实现一级 A 排放标准。这项工作被列入全省"五水共治"工程计划,并在 2014 年、2015 年连续两年被列为全省年度十大民生实事。按照计划要求,已建的污水处理厂要加快改造,解决设施老化、工艺缺陷、标准过低等问题;在建的污水处理厂要改变设计,提高工艺要求和排放标准;新建的污水处理厂高起点开步,成为更先进的现代污水处理设施。一个标准的改变,需要的是先进技术和大量资金的支撑。一个中等处理能力的污水处理厂,改造资金动辄几百万乃至几千万元。

杭州、宁波、温州、台州等城市基本上是新建、扩容、提标同时进行。因为随着截污纳管工程的加速推进,城镇的污水收集率明显提高,原有的城镇污水处理厂处理能力与实际需求发生矛盾,满负荷运行甚至超负荷运行已成常态。这些城市,一方面要增加污水处理设施,提高污水处理率;另一方面,还要提高污水处理工艺,处理后的排水必须达到尾水排放国家最高标准。

2016 年 1 月 5 日,宁波江东水厂二期虹吸滤池完成浸没式超滤膜生产工艺改造,投入试运行;同一天,宁波北区污水处理厂二期建成通水。新投用的北区污水处理厂二期不但新增日处理能力 10 万吨的规模,而且通过计算机程序模拟高效工艺流程,通过混凝、沉淀和过滤等程序进一步去除污染物,把排放标准提升到一级 A。

杭州市 2017 年开工建设总投资超过 20 亿元、日处理能力达到 30 万吨的七格污水处理厂四期工程,是国内最大的在建地埋和半地埋式污水处理厂;另外加速建设的还有富阳污水处理厂四期工程、临安污水处理二厂一期工程、淳安坪山污水处理厂一期工程,3 座污水处理厂投入运行后,可增加日处理能力 11 万吨。这一系列设施工程,可使杭州九城区的污水处理率再提高 3.57 个百分点。在增加处理能力的同时,杭州也致力于提升污水处理工艺。新建设施当然都是高起点、高标准。已建设施如七格污水处理厂,是杭州最大的城市生活污水处理厂,日处理污水能力为 120 万吨,杭州主城区 90％以上的生活污水通过管道来到这里,经处理后达标排放,最终流向钱塘江。七格污水处理厂的提标改造工程,被列为省"五水共治"的重点项目,2014 年年底开工建设。到 2016 年上半年,七格污水处理厂连续三期的改造工程全部完工并投入运行,出水水质由原来的一级 B 排放标准提高到一级 A 排放标准。这一大型提标工程,是在原有的污水处理过程中最后增加了一道处理环节——深床滤池处理。改造三期共新建 30 个滤池,约 500 平方米,其作用犹如家庭使用的净水器。污水经过预处理区、沉淀池、生物池后来到深床滤池,经过 2.44 米厚的石英砂和 45 厘米厚的卵石承托层后,水质会变得更好。按照日处理污水 120 万吨测算,一年下来,七格污水处理厂可以减少向钱塘江排放化学需氧量约 4380 吨,氨氮约 2482 吨,对改善区域水环境和促进钱塘江水资源保护具有重要意义。[①]

然而,对于治水要求较高的一些地方而言,对城镇污水处理厂执行一级 A 排放标准仍不满足。因为国家现有的城镇污水处理厂排放标准已有十多年未修改,即使是最严的一级 A 排放标准,其中的主要污染物总磷、氨氮浓度仍然分别是地表水 Ⅲ 类标准的 2.5 倍和 5 倍之多,其浓度对照地表水标准属于劣 Ⅴ 类。对于一些缺少生态补水的江河来说,污水处理厂每天处理后的大量外排水反而成了河道的污染源。2016 年,台州、宁波、金华等地规划,通过工艺改造,采取高于国家标准的地方标准,在氨氮、总磷等主要污染物指标上,使污水处理厂出水水质达到地表水 Ⅳ 类水的标准,可直接为自然水体提供常态、稳定的生态补水。与有的地方对国家已有标准迟滞实施的态度相反,这种自我加压的提高标准,反映了当地政府治理污水的坚定决心和积极态度。

宁波受水资源缺乏的限制,全市用水量的 1/4 依靠境外引水解决,每年补充流入河道的环境生态用水约为 1 亿吨,仅有杭州的 1/15,天然缺水使得宁波内河水体流动性差,水体环境容量较低。作为城市污水总排放口的城镇污水处理厂排出的尾水,成了自净能力较差的河网不能承受之重,容易引起水体富营养化,埋下黑臭河反弹的隐患。市政府要求污水处理厂出水水质高于国家最高标准,虽然一时投入量大有压力,但他们认准这笔账不会亏,每天十多万吨接近 Ⅳ 类水质的出水,将成为激活城市水体的一股清泉,不仅能减少污染物的流入,还能大大缓解生态用水短缺的困境,给一直缺水的城市河网"解渴"。他们还认为,城镇污水排放标准与地表水水质标准接轨,必定是未来的趋势。[②]

这些地区敢于提出执行严于国家标准的地方排水标准,另一原因是技术上已经有突破。简单地说,就是在国家一级 A 排放标准的基础上,再增加一道工

① 钱祎:《杭州 污水处理厂升级》,《浙江日报》,2016 年 5 月 6 日。
② 施力维:《浙江多地提高污水处理标准》,《浙江日报》,2016 年 9 月 20 日。

序,进一步提高水质。台州的椒江污水处理厂主要增加了超滤工艺和反渗透工艺,用于降低氨氮、总悬浮物等浓度。宁波的江东北区污水处理厂采取 MBR 膜生物反应器工艺,新周污水处理厂则通过深床滤池技术来净化水质,这两套技术在降低废水中总磷、总氮的浓度上十分有效,而这两个指标正是达到地表水 Ⅳ 类水质标准最难过的两道关。

浦江的污水处理厂通过建造"人工湿地"来对排水做深度处理。浦江第四污水处理厂是新建厂,污水经处理后的出水已经高出国家标准一个等级,即便如此,还要经过人工湿地再次过滤。污水通过湿地吸附,污染因子进一步减少,流到浦阳江里的水更加清纯,基本优于地表 Ⅳ 类水、景观用水标准,有些甚至接近 Ⅲ 类水标准。另一家浦江城市污水处理厂通过增加吸附过滤、废渣脱水、加药、反冲洗等系统处理,再经过 200 亩人工湿地净化,水中的化学需氧量浓度从 60 毫克/升降至 20 毫克/升,接近地表 Ⅳ 类水。

义乌市建有全球最大的小商品国际商贸城,工业企业多为中小企业,集中于针织、饰品、印刷等传统行业,既是缺水城市,又是污水排放集中地区,全市共建有大大小小 9 座污水处理厂,日均处理污水达到 44.5 万吨,平均负荷达到99.6%。虽然治水任务艰巨,但早在 2013 年,义乌作为金华市的试点地区,制订了一个污水处理厂出水"义乌标准",即在国家一级 A 排放标准基础上,额外规定氨氮指标为 1 毫克/升、总磷指标为 0.4 毫克/升,比国家一级 A 排放标准还要削减 80% 和 20% 以上,基本向地表水 Ⅲ 类看齐。为此,义乌市投入 2.35 亿元对全市 9 个污水处理厂进行提标改造和工艺优化。他们同样推行"尾水湿地工程",外排水经过人工湿地水生植物 36 个小时的净化后再排放回补义乌江和城市内河,相当于义乌新增了一座 3000 万立方米中型水库的生态水量。义乌第一污水处理厂建起了日产 5 万吨的再生水利用工程,主要用于义乌经济技术开发区工业用水,如印染、电镀行业的生产用水。

在义乌先行先试的基础上,2016 年 3 月,比"义乌标准"更进一步的"金华标准"开始推行。[①] 为保证"金华标准"落到实处,金华采取了治污绩效考核。根据考核办法,污水处理厂外排水达到"金华标准",且化学需氧量月平均进水浓度不低于 100 毫克/升的,市政府给每厂每月奖励 5 万元,连续 12 个月达到"金华标准"的,再另奖 10 万元,给每吨污水补助运行费 0.1 元。反之,如果外排水达不到"金华标准",每厂则按月处罚 5 万元,每周监督性监测达不到"金华标准",要

---

① 晏利扬:《金华污水处理推出最严地方标准》,《中国环境报》,2016 年 8 月 9 日。

扣除当天 50% 的污水处理费。首批实施考核的 4 个污水处理厂在开始运行以后,出水的氨氮和总磷平均浓度都达到地表水Ⅲ类水标准。

当然,受各种条件限制和影响,污水处理标准也并非越高越好。提标改造既要充分考虑受纳水体的自净能力,也要考虑技术水平和经济效益,因地制宜地推进,毕竟提标的成本是相当高的。同时,污水处理是一个系统工程,改造工艺提高标准之后,还需要其他各个环节的配合,才能真正让污水处理厂流出清泉。如果对生产企业排污监管不严格,造成污水处理厂进水水质控制不好,浓度超标,那么污水处理厂的工艺再先进,标准要求再高也达不到效果。已经实施提标改造的地区,正是在这些配套措施上做了多方面努力。

二、污水处理设施建设和运行的新机制

在加大环境治理的大背景下,巨额的投资全部依靠财政资金,或建成的环境基础设施由政府部门来直接管理运行,是既不可能也不现实的。如果对环境基础设施的建设、运行和管理,引入 PPP(Public Private Partnership)等创新模式,可以使各类社会资本拥有更多的投资机会,又可以引入市场竞争机制,创新管理理念和手段,提高服务效率,更好地满足公共需要。同时,还可以把政府从具体的投资事务中解放出来,更好地履行公共财政职能。浙江处于全国改革开放前沿,民营经济的蓬勃发展,使浙江经济格局的市场化程度较高,在污水处理设施建设、运营和管理上,浙江同样理念超前,较早进行市场化探索,实践较多的是BOT(Build-Operate-Transfer)、PPP 和第三方管理等模式。

我国在推进基础设施建设投融资体制改革过程中,BOT 模式的引入先于PPP。浙江最先尝试的也是 BOT 模式。BOT 是指政府通过契约授予私营企业一定期限的特许专营权,许可其融资建设和经营特定的公用基础设施,并准许其通过向用户收取费用或出售产品以清偿贷款,回收投资并赚取利润;特许权期限届满时,该基础设施无偿移交给政府。在这一思路下,2008 年前后,浙江省在太湖流域、钱塘江流域建设了一批 BOT 模式的污水处理厂。根据 2014 年的调查,湖州市 32 座乡镇污水处理厂中,BOT 模式的占了 23 座。

不可否认,环保领域是政府建设和管理的新领域,在基础设施建设运行管理模式的探索中,各地也产生过一些疑虑、困惑,甚至走了弯路。较早时候的建设投资,浙江有的地方的政府和部门事实上更愿意接受的是传统的 BOT 理念,而不是 PPP 理念。也就是说,人们实际上关注的是基础设施在本届政府任期内能否建成并顺利运行。至于项目各方的权利义务关系如何妥善处理,工程贷款的

本金和利息能否按期偿还,风险如何分担,如何在未来 20 年甚至 30 年的漫长时间内维持具有可持续性合作伙伴关系,等等,对此类问题缺乏认真研究和对待。因此,早期以 BOT 模式建设的污水处理厂,或多或少遇到经营风险和与政府的摩擦,有的直接影响了正常运行。

"十二五"期间,浙江各级政府积极推进 PPP 模式,PPP 模式是指政府和社会资本为建设基础设施及提供公共服务而建立的长期合作关系和制度安排。政府部门负责基础设施及公共服务的价格和质量监管,以保证公共利益最大化;社会资本承担设计、建设、运营、维护基础设施的大部分工作,并通过"使用者付费"及必要的"政府付费"获得合理投资回报。

BOT 模式与 PPP 模式有区别也有联系。BOT 就其字面含义而言,主要强调的是项目能否建设(Build),能否进行有效运行(Operate),能否顺利移交(Transfer),反映的是项目周期不同阶段的具体活动。PPP 则强调的是在合作主体之间能否构建一个可持续的合作伙伴关系。如果在 BOT 的项目动作结构中充分考虑到了有关参与各方的权利义务关系、风险和利益分担机制,构建了具有可持续合作伙伴关系的项目架构,那么,这样的 BOT 也是 PPP。

2015 年年初,浙江省政府制订《关于推广政府与社会资本合作模式的指导意见》,提出推广 PPP 模式的基本原则和主要任务。2 月初,省财政厅公布首批政府和社会资本合作推荐项目清单,涉及城市轨道交通、垃圾和污水处理、水利等领域,投资总额超过千亿元。PPP 模式在全省推广由此全面加速。10 月下旬,政府再次开启财政资金与社会资本共舞的 PPP 盛宴,60 个项目登台亮相,投资总额达约 1448 亿元,涉及市政、环境治理、交通、养老等多个领域,覆盖 35 个市、县,吸引 200 多个企业竞争投资。此后每年各级政府都推出基础设施建设的 PPP 项目。省财政出资 100 亿元设立基础设施投资(PPP)基金,目的是通过基金的引导和放大作用,增强社会资本投资基础设施和公共服务领域的信心,并通过母子基金形式,按照"政府引导、市场化运作、分级分类管理、风险可控"的原则进行运作管理,采用股权投资等方式支持符合条件的项目,缓解项目资金缺口,加快项目实施进度。在每年推进实施的 PPP 项目中,污水处理设施项目占了相当比例。它较好缓解了地方在"五水共治"中资金短缺的困难,使污水处理设施建设能赶上进度,及时投运。①

PPP 项目需要解决一个核心问题,即合理定价。如果单是迎合社会资本的

---

① 李倩:《让社会资本共享千亿盛宴 浙江再推 60 个 PPP 项目》,《浙江日报》,2015 年 10 月 23 日。

偏好,把项目竣工后的公共服务价格定得太高,就会增加老百姓的负担;反之,服务价格过低也会导致企业运营困难。所以这就要求"优化而不退化""盈利而不暴利",实现各方利益的最大化。PPP不仅是一场"婚礼",更是一段"婚姻",双方需要考虑的是如何携手走好漫漫长路,实现共赢。对此,浙江新生的污水处理厂PPP项目都进行了一番认真的探索。

嵊新污水处理厂是由嵊州和新昌两县市合作建设的污水处理企业,主要承担两地每天15万吨的工业废水和生活废水处理,由于进水水质不稳定等,排入剡溪时水体形成明显色带,多次受到环保部门的督查警告。2014年7月,湖北君集水处理有限公司以PPP模式全额投资建设嵊新污水处理厂一期提标改造工程,采用粉末活性炭吸附工艺改善色度,3个月后完成有关改造,出水标准稳定达到地表水Ⅳ类标准。君集公司乐意接手该项目,是因为得到了合理回报,企业获得了政府出让的期限达22年的污水处理服务费。

诸暨城东三环线外有一片70多亩的田地,2016年年初这里开始动工,经过一年半时间的建设,出现了一座立体式的浣东再生水厂,该设施独特之处在于地下是污水处理厂,地上是水体公园。项目采取PPP模式,资本金1.4亿元由市水务集团与北京碧水源科技股份有限公司按3∶7比例出资,后者再另行筹集4.3亿元建设资金。浣东再生水厂的经营期为30年,双方股东按照商定比例承担权利义务。项目公司负责投资、建设、运营与维护,在特许经营期内自行承担费用、责任和风险;政府方负责对项目工程进度、质量、出厂水水质、设施运行状况、服务质量的监管。表面上看政府"失权",把污水处理经营的大部分收益让给了社会资本,但实际得好处的是社会民众,因为政府用4200万元财政资金快速带动了一个投资额5.7亿元的污水处理项目,可以让老百姓尽早享受服务。这一项目还延伸了公司的环保产业链,北京碧水源科技股份有限公司在建设该项目的同时,同步推进省内首个水处理膜材料及膜装备产业研发基地项目,将膜处理技术首先用于浣东再生水厂,再向全国销售推广,项目投产后年产值达1亿元以上,企业"图利"拓宽了空间。

在污水处理的运行管理机制上,从"十二五"起浙江大力推行环境污染第三方治理。

环境污染第三方治理(简称第三方治理)是排污者通过缴纳或按照约定支付费用,委托专业化的环境服务公司进行污染治理的一种运行模式。第三方治理可用两句话概括其核心内容:一是专业的公司做专业的事;二是谁污染,谁付费。也就是"专业化治理,污染者付费"。在国外这是一个非常普遍的商业模式,其中专业的环境服务公司做专业污染治理是这一模式最核心的内容。让专业的事情由专门的公司做,有利于提高污染治理专业化水平和治理效果,有利于推动政企分开;把分散的污染源集中由一家企业处理,有利于环保部门集约监控,并使分散的工业排污企业减少处理设施建设成本。

为打破污水处理行业内政府部门既当裁判员又当运动员的不利局面,浙江省在"十二五"时期开始全面推进污水处理厂脱钩改制和实施第三方运营管理,要求在 2016 年年底前,凡是人事与财务管理隶属于排水、环保等主管部门的城镇污水处理企业,都要与主管部门脱钩;并代之以组建或引进专业化排水(污水)运营公司,对辖区内的城镇污水处理设施实行统一运行管理,以实现城镇污水处理厂专业化、规范化运行。曾经由镇政府直接负责运营的镇级污水处理厂,也要同时转制。截至 2015 年年底,全省已有 235 座污水处理厂实行了第三方运营,占已建污水处理厂总数的 81%;到 2017 年,第三方运行管理率达到了 100%。企业第三方运营包含委托运营、特许经营管理和由已与主管部门脱钩的国有企业运营三种形式。

除了城镇生活污水处理厂,很多地方的工业园区预处理污水厂也采取了第三方治理模式。

长兴县的夹浦镇就是一个较好的典型。夹浦镇的印染产业经整治提升后,最后余下 12 家,这些有一定规模的印染纺织企业除少数几家自己建设污水处理设施外,9 家企业的污水汇集到工业园区北部的污水预处理厂。处理厂设计规模 2 万吨/日,自 2014 年 5 月投运以来实际处理在 1.5 万吨/日左右。每家企业从管道进来的水颜色各异,化学需氧量在 1500 毫克/升左右,通过预处理可以达到一级 B 标准,化学需氧量浓度控制在 200 毫克/升以下。从进水口和出水口分别取水检验,前者颜色呈红豆色,并且浑浊夹絮状物,后者已接近无色透明。经过预处理的工业废水再经管道进入夹浦镇污水处理厂进行深度处理,使化学需氧量排放符合国家《纺织染整工业水污染物排放标准》规定的 60 毫克/升特别排放限值要求。

三、让乡镇污水处理厂不再"晒太阳"

随着工业化、城市化的推进,污水治理也从工业领域向农业和生活领域推开。浙江的建制镇污水处理厂建设,在 21 世纪初掀起两个小高潮:第一轮是在 2008 年前后,中央部署大范围基础设施建设,浙江根据水环境治理目标要求,在太湖流域和钱塘江流域率先铺开建设建制镇污水处理厂。第二轮是在 2014 年前后,全省开展"五水共治",省政府规划用两年时间,到 2015 年年底,所有的建制镇都建成污水处理设施。各地以更快的速度在更多的乡镇投入建设。省政府出台鼓励政策,按规模大小分档给予补助支持。

截至 2015 年年底,全省共建成建制镇污水处理厂 160 座,日处理能力达到 167.03 万吨。继 2007 年在全国率先实现县级以上城市污水处理厂全覆盖之后,浙江又成为全国第一个建制镇污水处理设施全覆盖的省份,实现了从"县县都有"到"镇镇都有"的跨越。

在公共基础设施相对缺乏的乡镇建设污水处理设施是前所未有的。几千年来,农村居民习惯将脏水随地泼洒,几十年来,小企业、小作坊习惯将生产污水直排江河或田野,而现在,这一切都要改变,工业污水、生活污水从此被接入管网,送入污水处理厂处理。建制镇的污水处理厂怎么建、怎么管,对基层政府来说是一个全新的课题,所以,这个过程并非一帆风顺。

2015 年 9 月底,省十二届人大常委会第二十三次会议听取和审议 2014 年度省财政预算决算报告和审计工作报告,审计报告中一项内容引起常委们高度关注:23 个乡镇污水处理厂建成后仍处于闲置状态,影响了政府资金的使用绩效。据计算,23 个污水处理厂共投资 7.81 亿元,因闲置每天 14.3 万吨污水处理能力被白白浪费。由此,10 月 8 日起,省人大常委会组成 7 个"五水共治"专项跟踪督查组,由各位副主任带队分赴有关市县,深入实地调查。这 23 个污水处理厂分布在杭州、宁波、绍兴、金华、舟山、台州等 7 个地区。

杭州市富阳区的场口污水处理厂位于场口镇青江口村,一期规模为日处理污水 1 万吨。在乡镇一级,这样的规模已不算小了。然而,污水处理厂建好后,每天的污水处理量只有 1000 吨左右,最多时也只能达到 1500 吨。由于需要处理的污水量不足,理应 24 小时运行的设备,真正"出勤"时间只有 6 小时,实际工作量只有处理能力的 1/10。

类似问题也在其他一些地方发生。建德市莲花镇污水处理厂设计日处理能力为 1000 吨,而实际负荷只有 30%,主要原因是该厂服务的企业因市场原因而产能利用不足,原规划满负荷每天排放 500 吨工业废水,当时实际排放只有 150 吨左右。污水处理厂污水"吃不饱",需要等待来水增加。金华婺城区琅琊镇污水处理厂投资 1273 万元,设计规模为日处理量 5000 吨,2009 年 9 月开工建设,2014 年 4 月完成一期建设并通过验收,然而一直未使用,污水管道也未完全建好,全镇的生活污水仍然在直排。检查时发现,部分设施已经损坏,污水池里积满了雨水。①

问题是从项目资金使用的年度审计中发现的。省人大常委会审议后认为：23 个镇级污水处理厂闲置，暴露出财政资金项目规划和前期工作不够充分，安排不精准，监管不到位，等等问题。但就建设项目本身来说，污水不足、管网建设跟不上，是乡镇污水处理厂"晒太阳"最直接的原因。省人大常委会发出了整改意见，并于 2016 年跟踪"追击"，除了对 23 个曾经闲置的乡镇污水处理厂"回头看"，还扩大到对全省所有建制镇污水处理厂的建设、运行、管理情况进行一次全面调查监督，9 月份再一次进行专门审议。

根据省政府的报告，这些年，政府部门组织编制了城镇污水处理设施建设、污水配套管网建设、污泥处理设施建设等一系列专门规划；省级财政 2009—2016 年累计投入 28 亿元，专项用于城镇污水处理设施建设，同时积极争取中央资金支持，并通过 PPP 等方式鼓励社会资金投入参与建设和管理；2015 年底实现建制镇污水处理厂全覆盖，污水处理率达到 64.5%，至 2016 年 7 月，全省 80% 以上的镇级污水处理厂已执行国家一级 A 排放标准；160 座污水处理厂中，列入化学需氧量减排计划的 106 座，平均运行负荷已接近 80%。

在运行管理上，省政府出台了城镇污水集中处理管理办法、污水处理费征收使用管理办法、城镇污水处理厂运行管理考核办法等政府规章；将城镇截污纳管工作列入省政府对各市的一类考核目标，将"三率"——城镇污水处理率、污水处理厂运行负荷率、污水处理达标率作为"五水共治"考核的硬指标。145 家污水处理厂在人事和财务管理上完成了与建设、环保等主管部门的脱钩，并通过组建专业化公司统一运营管理，专业化运营率超过 90%。污水处理厂被列为监管执法的重点单位，110 家镇级污水处理厂安装在线监测系统，管理部门严查违规运营、超标排放、恶意偷排漏排等各类违法行为，使建制镇污水处理厂出水达标率超过 90%。②

大面积的快速建设，使建制镇的污水处理能力迅速提升，但也不可避免地带来建设和管理上的粗放。省人大常委会对 160 个污水处理厂全面"体检"后，发现各类大小"病征"，综合 23 个闲置污水处理厂情况，开出一份详细的"诊断报告"。③

---

① 廖小清：《省人大常委会专项督查追问——污水处理厂何以闲置？》，《浙江日报》，2015 年 10 月 22 日。

② 《浙江省人民政府关于全省建制镇污水处理厂建设运行管理工作情况报告》，浙江省十二届人大常委会第 33 次会议文件(47)，2016 年 9 月。

③ 《浙江人大环资委关于我省建制镇污水处理厂建设运行管理情况的调研报告》，浙江省十二届人大常委会第 33 次会议参阅文件(1)，2016 年 9 月。

第一是规划问题。一些地方因科学论证不足,导致设计规模过度超前,或者选择工艺、选择地址不当。具体又分两种情况,一种是盲目"贪大求洋",不顾实际把盘子随意做大;另一种情况是对形势变化估计不足,遇到产业结构调整工业污水减少、农村人口转移后生活污水减少等新情况,来不及做出调整反应,有点"人算不如天算"。

第二是管网建设滞后。重视终端主体工程建设而轻视管网建设,重视主干管网建设而轻视毛细支管网建设的情况在各地不同程度存在。管网建设不配套成了污水处理厂运行负荷、进水浓度偏低的直接原因之一。嵊州甘霖镇污水处理厂投入1100万元建成主体工程并具备运行条件,但配套管网建设需投资4000多万元,镇政府不堪重负。淳安姜家污水处理厂总投资2447万元,一年前污水处理厂主体工程已经完工,但由于管网工程投资数额较大且线路复杂,设计招投标过程用时较长,拖延了时间,影响了整个截污纳管工程的进度,造成污水处理厂运行负荷率低。

管网建设的另一个突出问题,是雨污分流未解决。雨污分流是指将雨水和污水分别接入不同的管网,雨水排入河道可作为生态补水,污水则送入污水处理厂处理。如果雨污不分流,污水进入河道会污染河水,使河道变黑变臭;大量雨水进入污水管,则会造成污水处理厂进水浓度偏低或不稳定,造成处理能力浪费或影响处理质量。现实中,老社区居民住房雨污不分、阳台洗衣机排水入雨管、管网破损雨水窜管等情况普遍存在,进行全面改造需要较大投资和一个较长的过程。

第三是部分污水处理厂运行负荷不正常。运行负荷率是指设计处理能力与实际处理量之比,反映的是工作效率。运行负荷过低,会使污水处理厂因效率偏低而无法维持正常运营,运行负荷过高,则会使处理设施不堪重负,影响处理工艺,造成排放不达标;如果污水处理厂是真正按当地产生污水总量科学设计的,那么运行负荷率还反映出污水收集处理的实际情况,也就是说当地产生的污水有多少已经被收集处理了。所以污水处理厂的运行负荷率能够反映一个区域的污水处理水平,得到政府管理部门的重点关注。

浙中地区的一些建制镇,经济发展和人口集聚较快,建设污水处理厂时间稍早,污水处理量已超出原设计处理能力,长期处于运行负荷过高状况,需要及时扩容改造。但当地政府对此并不担忧,因为扩容工作已在计划之中,而且污水量的增高也从一个侧面反映出城镇的繁荣。比较多的是负荷偏低现象,特别是一些新建厂。这一现象令当地政府相当难堪。2016年上半年,杭州市27座建制镇污水处理厂中,运行负荷率低于 60％的还有 8 座;全省 23 座"晒太阳"污水处理厂虽然已全部投入运行,但运行负荷率达到 60％的只有 8 座,有的污水处理厂延长试运行期,运行负荷率只有 20％—40％。少数污水处理厂为了应付运行负荷率的检查考核,甚至采取弄虚作假的办法。也有一些污水处理厂运行负荷和出水排放浓度都达到标准,但进水浓度明显偏低,有的甚至低于排水浓度标准,设施运转纯粹是无效"劳动"。运行负荷率和进水浓度偏低,既有规划设计规模过大的原因,也有管网建设滞后的原因。

第四,是管理方面的问题。俗话说"三分建,七分管",污水处理长期有效主要看管理。但是一些污水处理厂投入不足,监测监控设备不全;有的厂管理制度不健全,管理操作不规范;更普遍的问题是专业人员缺乏,技术力量薄弱,浙北一个区的污水处理厂共有 21 名技术人员,仅有 7 名是专业出身。

困扰地方政府的还有收费难。2015 年,《浙江省污水处理费征收使用管理办法》已经颁布,但大部分地区的建制镇污水处理收费机制还没有完全建立起来。这涉及人们千百年来观念和习惯的改变。一些偏僻地区的居民和企业使用自备水较多,政府采取在水费中加收污水处理费的办法,很难征收到自备水的污水处理费。收费政策执行不到位,严重影响污水处理厂的正常运行管理,同时给当地政府带来沉重的财政负担。

面对督查和考核的巨大压力,各级政府采取"一厂一策",分别诊断和限期整改,重点解决"吃不饱"和"吃不了"的问题。在集中力量加强管网建设基础上,又分别采取调整规划、提高标准、改进工艺、更新设备、完善制度等措施,在不到一年时间内,使各个"问题"厂完全改变面貌。特别是被点名的 23 家乡镇污水处理厂,"大病复元,起死回生",全部投入运行,平均运行负荷率从前一年的不足30％提高到 65.6％。①

问题比较突出的琅琊镇污水处理厂也"复活"了。面对这块"难啃的骨头",是放弃还是救治,金华市政府和婺城区政府专门进行调查研究。区政府经过反复论证,决定从建设管网解决污水直排问题入手,尽快启用污水处理厂,并召开专题会议,对建设任务、各方责任进行细化分解,具体到立项、造价、评审、招投标、施工等各个环节,倒排时间抓好落实。整改后,收集污水量从原先的 400 吨/天增加到 2000 吨/天,2015 年 11 月 6 日,污水处理厂开始试运行。在此基础上,又进一步启动提标改造工程。温岭市箬横污水处理厂也曾是 23 座问题污水处理厂之

---

① 廖小清:《"停摆"的污水处理厂开工了》,《浙江日报》,2016 年 10 月 20 日。

一,由于污水支管网没有配套建好,运行负荷率仅达 40% 左右。整改中政府加大支管网建设力度,使运行负荷率提高到 95%。温岭市还趁机调整市域城镇污水处理设施建设规划,污水处理厂数量从 16 个缩减为 10 个,面目一新的污水处理厂实行第三方运行管理,平均运行负荷率超过 70%。

通过这次专门整改,基层干部又学到一课,他们从污水处理设施规划、建设、运行的各个环节总结出几点经验或教训:一是污水处理设施建设按流域统一规划布局比较合理,而机械地按行政区划分割各自为战,容易造成浪费;二是厂区处理设施与污水管道要同步建设,两者不配套就会造成运行困难;三是因经济社会发展迅速,企业和人口等会产生变动,污水处理厂的规划、建设、运行须做长远和动态的考虑,土地利用、设备购置和实际运行可以分期有序实施。

省建设部门在加强监督管理上推出新举措。如利用信息技术,建立城镇污水处理设施基础档案信息库和数字化管控平台,对城镇污水处理厂运行调度和水质变化采取实时监测,污水处理厂运行状态和各类数据对社会公开,接受社会各方监督检查;建设部门和环保部门建立联合督查机制,实施污水处理厂分类排名制度和黑名单制度。

浙江的乡镇污水处理厂建设、运行和管理工作,从此走上更加科学、健康、稳健的道路。这些矗立在绿水青山中的环保设施,为浙江的水更清、山更绿,持续发挥着清道夫的作用。

四、农村生活污水处理走新路

对农村生活污水带来的污染,桐庐县在 2009 年有个初步统计,全县农村生活污水源年排放废水约 500 万吨,相当于 10—15 家万吨规模造纸企业排放量之和;化学需氧量排放量 1700 余吨,相当于 10—20 家万吨规模污水处理厂达标排放量之和。浙江共有 1500 多个乡镇(街道),27000 多个行政村,在工业污染治理逐年推进并出现成效后,农村水环境污染的问题开始日益凸现。2014 年 10 月 11 日,全省农村生活污水治理工作推进会在杭州召开,会议指出,农村生活污水治理是"五水共治"的关键性工作,基础最薄弱,任务最艰巨,涉及面最广。如果说治污水是"五水共治"的"大拇指",那么农村生活污水治理就是"大拇指"上的重要一节。

早在 2003 年,浙江省实施"千村示范万村整治"工程,农村生活污水治理已经作为其中一项任务,在部分村庄先试先行。2013 年底,全国改善农村人居环境工作会议在杭州市桐庐县召开,乘此东风,省政府继续做出新的部署。2014

年,省委、省政府发出《关于深化"千村示范万村整治"工程扎实推进农村生活污水治理的意见》,提出"全面启动全省有治理任务的县(市、区)农村生活污水治理工作,力争用三年时间,使全省农村生活污水得到全面有效治理"。这一年,浙江农村开始大规模分期分批建设生活污水处理设施。在年初的省人代会上,省政府提出年度十大民生实事,其中一项是到 2014 年年底,完成农村生活污水治理任务的村庄达到 6120 个,受益农户 150 万户。2015 年又提出村庄覆盖面达到 70%,新增受益农户 110 万户以上。2016 年省人代会上,省长提出"十三五"时期仍然要把农村生活污水处理设施建设作为水环境治理的重要任务,行政村覆盖面要达到 90%。

在地域广阔的农村开展生活污水治理,在浙江史无前例,这无疑是一项宏大而艰巨的工程。

浙江省计划用 3—4 年时间,在 82 个县(市、区)的 2 万多个建制村,开展从未搞过的农村生活污水治理,"规划先行"显然十分重要。金华市各县(市、区)按照"一次规划,分步实施"的原则,依据最新的村庄布局规划,结合村庄整治、农房改造、农村环境连片整治、中央卫生改厕项目,在充分考虑各村人口、地理状况、集体经济条件和污水排放量等因素基础上,编制三年建设规划,规划内容具体到每个村采用的治理方式、技术工艺、工程完成期限、资金筹集等。金华的做法随后在省内推广。

从全省来看,农村生活污水处理一般采取三种模式:一是纳管进厂集中处理,即靠近城镇污水处理厂和主管网的村庄,将农户生活污水直接接入主管网到污水处理厂处理;二是以简易方式集中处理,即村民居住集中的村庄,以多户农户为一个单位,联合建设污水处理系统,视村庄大小,可建一个或若干个这样的处理系统;三是分散简便处理,对那些单家独户居住、与集聚居住的村庄相隔较远的农户,则建设简易设施单独处理。每个村庄具体采取何种模式,客观上与当地城乡一体化发展水平和自然地理条件密切相关。一些城市边缘的农村和工业经济较发达的乡镇,生活污水进污水处理厂集中处理的比例较大。如义乌市,先后建设 9 个污水处理厂,覆盖市区和所有的乡镇,农户污水收集率达 95% 以上。柯桥区主要采取多户集中建污水处理系统的模式,每家每户的洗漱用水、洗涤用水和厕所用水通过三根管道,统一纳入"污水终端处理池",全区共建 757 座,一座可连接几百户,年处理量约达到 500 万吨,解决了 12.4 万户农户的污水处理问题。临安区采取"统一纳管、联户治理、单户处理"三式齐上,由于山区面积较大,后两种模式占比例较高。桐庐县的做法与临安相似,对有条件纳入城镇污水处理厂的村庄,尽可能纳入城镇管网处理系统;对于无法纳入城镇污水处理厂的村庄,选择以分散式人工湿地为主,无动力厌氧、户用沼气等其他处理模式为辅的处理办法,到2014年年底,共建设分散式污水工程1648座。这种因地制宜的做法,既使农户受益,又降低了建设和运行成本。

规划设计还要考虑处理规模。农村污水治理中,土地资源、污水管网及终端建设、后续运行维护都要受到市场制约,污水就地处理的设施规模不能盲目求大。针对山村偏远、居住分散的特点,一些地区用上了"私人定制",即选用合适的小规模处理设施,做规划前先做挨家逐户调查,再考虑各家的排污口和管网设置。由于农村闲置的荒山荒地多而且零散,在终端选址时,小型的用地需求反而更容易得到落实,这在用地紧张的浙江是一个很实际的情况。

再是处理设施采取何种技术和工艺问题。村庄形态各异,治理模式和工艺技术也丰富多样。全省初步统计,采用的工艺有35种以上,应用较多、反映较好的常用技术工艺有10多种。安吉县在2015年年底,累计建设各类农村生活污水处理设施3600座,分别采用动力、微动力、无动力三大模式,以及多介质土壤层、久保田KJ5型净化槽、爱迪曼、PEZ系统、德安一体化设施等11种不同技术类型。长兴县治理221个行政村的生活污水,分别采取多种形式。如地处平原地带的新塘村,300多户农户分散居住在7个自然村,规划时就将7个自然村划分成两个片区,选择建立微动力污水处理系统;位居山区的村庄又是另一番设计,如煤山镇的各个村地势起伏不平,房屋紧挨拥挤,空间狭小逼仄,周围已经没有空地可用于建设设施,就采用更为小巧的净化槽。这种净化槽占地只需5平方米,一般可使5户或10户联用,处理效果并不比微动力污水处理终端差,特别适合山区的实际需要。

钱从哪里来,是农村生活污水治理的另一个突出问题。据初步估算,全面完成这个任务,全省需投入资金300亿元以上,其中省财政投入100亿元。资金到位对工程推进起到至关重要的作用,一些经验丰富的基层干部,在解决资金困难上想方设法。他们不无骄傲地说:"靠花大钱治水不是真本事,用少量钱治好水是有本事,没钱也能治好水是真本事。"他们对治水资金重点关注两件事,一方面,加强资金管理,提高农村治水资金的使用绩效,防止浪费、挤占、挪用,保证专款专用;另一方面,发挥财政资金"四两拨千斤"的作用,发动社会力量投资投劳和捐助,依靠群众自己的力量推动农村治水。

金华市走多元筹资的道路,形成了财政专项扶持、村集体农户自筹、社会各方合筹的多渠道资金投入机制。当地政府一方面加大财政资金支持,另一方面鼓励群众投入，引导村集体经济组织自筹资金，让农户以投工投劳、自愿捐助等方式参与污水治理工程建设；同时又另辟蹊径，成立新农村建设投融资公司，吸收社会各界和金融机构参与污水治理基础设施工程建设。至 2013 年上半年，金华市在农村生活污水治理工程项目中，村集体和农户自筹资金 3 亿多元，社会各界投入 1.14 亿元，有效缓解了财政资金不足与实际需求的矛盾。

遂昌县在两年内共完成 134 个村、22705 户农户的农村生活污水治理任务，总投资约 95 亿元。作为一个经济发展水平一般的山区县，他们深谙少花钱多办事的重要性，在治理设施建设过程中精心"算计"，锱铢必较。在设计环节采取合理的区域型布局，设法减少管网长度，提高污水收集率，全县节省投资 300 万元。在污水处理终端的设计和建设上，以科学合理、经济实用为标准，广泛采用厌氧＋人工湿地处理工艺。对于处理能力超过 30 吨的集中型村庄，厌氧池采取现浇混凝土建设，处理能力 30 吨以下的终端，推广使用一体化玻璃钢厌氧池，就终端建设一项，全县又节省建设资金 380 万元。

值得一提的是，浙江农村治水还获得了国际贷款的支持。2012 年 7 月，浙江农村生活污水处理系统及饮水工程建设项目申请世行贷款 2 亿美元获国务院批准，列入 2015 年财年备选项目。这是近 10 年来，浙江获得的最大的国际金融组织贷款项目。项目总投资约 24.6 亿元，其中利用世行贷款 2 亿美元（约合人民币 12.3 亿元），主要用于安吉县、富阳区、天台县、龙泉市等的 500 个自然村的农村生活污水处理系统建设，受益农户达 20 万户。2015 年 2 月 2 日，项目正式生效，进入全面实施阶段。施工中运用工艺简单、造价低廉、运行成本节省的生物滴滤池农村污水处理技术，采用切合农村实际的生活污水排放限值。同时，开创性地设立了由县一级专业水务公司代表政府，负责村镇一级农村生活污水处理设施的规划、设计、建造、运行维护的体制。项目实施有效提高了四县（市、区）农村生活污水处理能力，帮助解决了当地重大民生问题。到 2017 年年底，受益农村人口已达到 40.3 万人。与这笔国际化贷款项目一起扎根浙江大地的，还有先进的水环境治理国际化理念。①

2014 年是农村生活污水治理全面展开的第一年，全省共投入资金 171 亿元，有任务的 82 个县（市、区）累计完成污水治理终端站点 4.69 万个，村内主管敷设 1110 多万米，化粪池改造 93 万多户，受益农户 195 万户。2015 年年底，全省实施农村生活污水治理村达到 1.9 万个，受益农户超过 400 万户。2017 年统

---

① 陈爽：《世界银行贷款浙江农村污水处理系统及饮水工程建设项目成果显著》，《浙江日报》，2017 年 12 月 28 日。

计,全省建设农村生活污水处理设施121993座(包括单户、联户终端),三年各级总投入约350亿元,完成2.3万个村庄的治理,村庄覆盖率达到90%,受益农户达到550万户,农户受益率达到74%。

这项巨大的工程取得有目共睹的成效,"笑语染枝头,清流绕村走"的景象重新回到人们眼前。但是由于缺少经验,不少村庄在处理设施建成后,运行的维护管理没有及时跟上,出现一些新的问题。如何规范后期的长效运行和维护,成为各地着力探索的新课题。2015年,浙江省环境保护科学设计研究院发表《浙江省农村生活污水处理现状及其对策》,研究报告了时下的农村生活污水处理设施运维模式及现状。[①]

当时的农村生活污水处理设施运行管理,有村委会管理、政府管理、第三方运营管理三种主要模式。三种主要模式中,村委会管理占比最高,全省共有萧山、海盐等67个县(市、区)实行这种模式,占比达到77%。这种模式管理主体是村委会,一般由村保洁员、电工等承担具体工作,资金保障一般是村集体经济自筹为主,县乡(镇)少量补助为辅,也有少部分村是政府出资为主。村委会管理模式在形式上基本解决了治理设施无人看护状况,但主体责任不清晰,技术力量薄弱,管理资金难以保障,很难保证治理设施长期稳定运行。

全省有桐庐、慈溪等10个县(市、区)采用政府管理模式,占比为11.5%。这类模式的运营管理主体是政府,一般由县级农办、环保等行政主管部门牵头,负责监督管理和考核评价,提供技术指导和培训,运营经费以县级财政统筹保障解决为主,乡镇补助为辅。政府管理模式的优点是,有关行政管理和技术指导措施比较到位;缺点是组织保障和资金投入明显受到当地政府重视程度的影响。乡镇需配备一定数量的固定工作人员,这将导致管理队伍膨胀。同时政府部门承担运营管理和考核评价双重职责,既当运动员又当裁判员,与政府职能改革方向不符。

第三方运营管理模式是一种市场化运营形式,即由政府部门通过统一招标,将治理设施运营管理委托给市场第三方。全省有北仑、鄞州等10个县(市、区)采用这种模式,占比11.5%。这种模式具体又可分为技术托管和全托管两种形式。第三方管理运营模式市场化程度高,技术和管理保障强,考核评价主体清晰,能有效解决农村环保专业技术能力不足、乡镇和村级组织难以胜任专业管理的难题,可有效落实日常环境监督管理要求,提高运营管理效率。此模式总体上

---

① 浙江生态省建设工作领导小组办公室:《浙江生态省建设工作简报》,2014年总第588期。

符合政府购买社会公共服务的导向,适宜在治理设施相对集中的连片农村地区采用。

经过实践探索,一个较为科学和完善的运行管理方案逐渐形成。2015 年 7 月,省政府办公厅发布《关于加强农村生活污水治理设施运行维护管理的意见》,要求到年底,各县(市、区)建立起以政府主导、群众分担、权责分明、市场运营、管理规范的"五位一体"县域农村生活污水治理设施运行维护管理体系,保障农村生活污水处理设施"一次建设、长久使用、持续发挥效用"。具体而言,就是以县为责任主体,乡镇政府(街道办事处)为管理主体,村级组织为落实主体,农户为受益主体,以及第三方专业服务机构为服务主体。村委会运营管理模式逐步被淘汰。

德清县是首创"五位一体"模式的地区,其主要做法是,县里负责落实考核监督职能,乡镇负责辖区内设施运行维护监管工作,村里做好日常设施管理维护工作,农户管好自家门前包干区,第三方公司负责一体化设施的日常运行管理。一根管子接到底,让卫生间污水、餐厨污水、洗涤污水、洗浴污水等四种污水纳入同一根管子处理。2015 年,县里通过公开招标,以政府购买服务的方式,支付运维费 180 万元,由专业公司来打理。同时,将全县纳入后期运维的 200 多个农村污水处理站点都建起电子档案,部分站点建立 3G 无线网络物联体系,对站点的水质、流量、设备、能耗、图像等进行全面监控,保障站点稳定达标运行。余姚是国家住建部确定的农村生活污水治理全国示范县。2015 年 3 月 31 日,余姚与北京首创股份有限公司签订合资经营协议,成立余姚首创污水处理有限公司,公司注册资本 2 亿元,合作内容主要是余姚全市范围内农村生活污水处理工程建设和运行维护。这是全国首个将县级市整体打包的农村生活污水治理项目。项目建成后,全市农村生活污水收集处理规模达到每天 8.6 万吨。

为了使农村生活污水处理设施能长期保持正常运行,省政府要求各地管理部门,对处理系统处理的水量、水质进行准确的监测、报告和核查,对接户系统、管网系统、终端系统和机电系统开展"防渗漏、防堵塞、防破损、防故障"工作,建立数据监测、巡查维修、设备更换等运行维护管理制度,做到出水水质达到规定排放标准。按照农村生活污水治理省级部门职能分工,前段设施建设由省农办牵头,后续运行维护管理由建设部门负责。2016 年,以工程的验收交接为契机,全省全面"过滤"一遍污水处理设施的设计标准和建设质量,凡不合格项目或已破损设施,必须进行改造完善,逐个过关交付。

农村污水处理设施长期的运行维护仍然需要解决经费问题。为此,省级财政建立奖补机制,每年根据各市、县农村生活污水处理设施运行维护工作年度考核结果,进行适当补助激励,同时要求各县(市、区)政府根据处理工艺、站点分布、处理规模等情况,对运行维护管理经费进行科学测算,将属于政府承担的管理经费列入年度预算,通过财政挤一点、治污费中切一点、村集体出一点、农民筹一点等办法,保证长期运行维护经费得到落实。

德清县为了强化运行管理资金保障,部分从中小型水库饮用水水源保护区生态补偿专项资金、城镇集中供水排污费中列支,再向治理设施服务范围内村民征收适量污水处理费。另外,还鼓励和引导人民团体、企事业单位、社会人士及志愿者通过结对帮扶、捐资等方式支持设施运行的资金保障。永康市考虑到不同村庄发展水平的差异性;对设施建好后通过验收的村庄,从次月起,运行经费每年按村庄规模补助 5000 元至 1.5 万元,同时鼓励各村制订符合村情民意的收费服务标准,向村民收取一定的服务费用。上虞区财政每年设立专项资金,按受益农户每户每年 100 元标准给予补助,2016 年区财政投入一次性补助 1000 万元;设施运行的电费由镇、村各承担 50%,农户按用水量每度 0.7 元交纳排污费,不足部分由负责统一管理运维的区水务集团承担。

第七章　同饮一江水

"君住长江头,我住长江尾,日日思君不见君,共饮长江水。"古诗词里朴实直白的字句,本来寄托的是情人相思的浪漫情怀,在生态环境形势日益严峻的今天,却引出了流域联治和生态补偿的严肃话题。

一、越走越近的省际联动治水

浙江与周边沪、皖、赣、闽等省市地域相邻、水系相连,上下游之间同饮一江清水,共造流域文化。但是由于水的流动性,人们不经意的环境破坏行为,也会给相邻的兄弟省、市地区带来麻烦,特别是进入工业化快速发展时期以后,水质污染引起的纠纷和摩擦,常常困扰着两边的群众。守土有责,为了保护一方人民的切身利益,也为了保持和发展相互之间长期建立的深远情谊,相邻省、市之间的各级政府,建立流域联防联控、协同治理机制,为江河恢复清流做出很大的努力。浙沪、浙闽、浙皖、浙赣之间唱响一曲曲联治之歌。

浙江省庆元县与福建省松溪县毗邻,两地山水相依,庆元县境内松源溪、安溪、竹口溪3条溪江潺潺而下汇入松溪县松溪河内。20世纪70年代末,庆元县造纸厂、染化厂、水泥厂落户竹口镇,三家高污染企业的工业废水未经任何处理直接排入河中。松溪河因受到上游的化工污染,经常变成红褐色,泛着大片泡沫,散发出刺鼻的恶臭。常年流淌的劣Ⅴ类水,使农作物产量锐减,鱼虾荡然无存,水电站水泵腐蚀受损。庆元县竹口溪汇入福建松溪河的第一个村庄是松溪县岩下村,在这个360户人家的村子里,有200多口水井。这是因为当时上游庆元县出口流下来的水又黑又臭,无法饮用,村里农户只能家家打井解决困难。20世纪90年代后半期,曾经发生一起严重的水污染事件,庆元染化厂污水池发生泄漏,几百吨废水漂流几百千米,造成下游的南平市整个城区停水80多个小时,庆元染化厂负责人就此成为浙江省最早因水环境污染受刑事处罚者。[①]

遭受危害的松溪县多次向庆元县反映,但 3 家高污染企业曾被当地称为"三朵金花",上缴的税占了庆元县财政收入的 1/3,庆元县"怜香惜玉",对肇事企业手下留情。忍无可忍之下,松溪县用半年时间调查取证,向全国人大投诉,请求全国人大监督干预。成了"被告"后,庆元县委、县政府意识到"牺牲环境换取发展"的老路不能再走,下定决心从 1996 年起开展了"断腕式"的治理,陆续关停沿溪的染化厂、造纸厂、纤维板厂。1997 年,关停重污染企业后,全县的工业税收从 2000 多万元陡然下降到 500 多万元,发展的难题一下子凸显出来。但是开弓再无回头箭,出路只有一条,就是"腾笼换鸟",谋求生态发展之路。

这是一条漫长的突围之路。庆元县的领导指导并参与跑项目、选商家、引资金,经过十多年的艰苦努力,当地渐渐形成生态农业、生态工业和生态旅游业优势。规模化、工商资本化的现代生态农业,吸引了数十亿元的投资;生态工业从本地竹木取材,形成"一双筷子""一支铅笔""一扇门"的特色产业;生态旅游业以天然地理山水和历史文化显示出区域品牌特点。

2013 年浙江省全面开展"五水共治"行动,庆元县实行县、乡镇(街道)、村(社区)三级"河长制",设立河长共 357 名,否决 13 个不符合环境评价要求的涉水建设项目,关停 17 家采砂制砂企业。2014 年,庆元县向与福建的松溪、政和、寿宁等县交界的 11 个乡镇派驻 30 名治水指导员,把治水措施延伸到了福建。庆元县曾是全省 6 个贫困县之一,一年的财政收入只有 2 亿元左右,与发达地区一些乡镇的年收入相当,2013 年却投入 1.66 亿元用于治水。功夫不负有心人,2014 年庆元县成为浙江省首批 9 个"清三河"达标县之一;浙江省生态环境质量公众满意度调查中,连续三年蝉联全省第一。在松溪县岩下村靠近松溪河的福建省环保厅水质自动监测站,5 台自动检测仪每天对水样进行 4 次检测分析,历年监测数据表明,浙闽交界断面水质已经连续 10 多年保持优于Ⅲ类水质标准,近几年多数月份达到Ⅱ类标准。松溪河水质好转,源于庆元县 20 年如一日,一届接一届地持续治水,一棒交一棒地守护生态。

庆元县终于把一江清水送给了下游人民,清澈的松溪河水重新滋养松溪大地。松溪县建起了 20 万亩无公害、绿色、有机农产品认证生产基地,农林牧渔业总产值达到 17.2 亿元,占全县生产总值的"半壁江山"。松溪县成了闽北首个省级生态县,饮用水达标率为 100%。

---

① 吴峰平:《闽浙共护松溪河变清 昔时冤家变亲家》,《中国环境报》,2015 年 2 月 3 日。

以前,因为庆元县经常向松溪河直排恶臭水,引起下游群众的埋怨愤恨,边界村民少有往来,两地成为冤家。治好了水,沿溪恢复山清水秀,群众生活安定和谐,两县边界居民开始频繁往来,甚至互相通婚结百年之好。为感谢庆元县治水的努力,2014年3月,福建省边界的村民和村干部专程向庆元县政府赠送锦旗,上书"真情治水十余载,一溪清流送下游"两行大字。2015年年初,浙江省庆元县和福建省松溪县共建"亲水亭",并签订了治水合作协议,内容包括边界区域水环境治理的人力、物力和财力保障,建立协作治水联席会议制度,建立监督机制,加强边界联合执法等9项措施。双方表示,松溪河的跨界保护和治理要如青山永驻、溪水长流,一代一代保持下去。亲水亭记录着松溪河的变迁,不仅是过去治水治环境的见证,也是今后保水保环境的警示。它告诫人们,为了对当地,也对下游的老百姓负责,区域发展必须打破环境保护的篱笆,加强污染综合治理和生态环境的协同保护,这样才能从真正意义上实现协调发展、绿色发展和共享发展。

在浙赣边界的卅二都溪,也同样出现流域水质治理问题。所不同的是,这里的污染是赣水影响浙水,治理是浙江影响江西,在浙江的带领下,两地人民互学互帮,互促互进,联防联治从产业源头抓起。

卅二都溪在江西境内称龙溪,是钱塘江上游江山港支流,发源于江西上饶大岭坞,全长约25.89千米,流经江西省上饶市广丰区东阳乡的3个村,浙江省江山市凤林镇的5个村。因受这一带工业废水、养殖污水污染,卅二都溪成了一条黑臭河,村民在溪里洗脚后皮肤发痒,河中生物几乎绝迹。

2014年年初,江山市凤林镇开始治理卅二都溪,通过整治生猪养殖、清理垃圾淤泥、巩固河岸堤防和对岸边进行绿化,流域环境发生很大变化。但是"下游治,上游看",由于江西境内没有同步治水,卅二都溪水质仍然难以得到根本改善。浙江热火朝天的治水,触动了隔壁江西"老表",上饶市广丰区的东阳乡组织乡村两级干部到江山、龙游等地考察,目睹"治水造景、美村富民"的景象后,参观者内心无不受到触动。其实,这些年江西的村民也一直在建议,浙江那边治水后环境变好,江西这边应该向浙江学习。

江山市、镇、村三级河长采取主动态度,多次赴上饶市广丰区协商治水事宜,经过努力,双方达成上下游联动、跨省治水的共识。建在浙赣交界处的广丰区华龙化工厂,在省际交界的两侧各设一处排污闸,常年向卅二都溪偷排化工污水,一直是两地干部群众的一块"心病"。两地联动治水的第一个目标就对准了这家污染企业,前后20多次开展跨省联合执法,组织边界村浙赣联防护河队巡河检查,最终关停了华龙化工厂,彻底解决了困扰卅二都溪多年的工业污染难题。

江山市为解决"水缸"与"米缸"的矛盾,在大规模的畜禽污染治理中使用先进技术,摸索出一套行之有效的做法,既使本地生猪养殖业转型升级,同时又保护了生态环境。成功后,江山人"好为人师",到东阳乡"传经送宝"。毗邻江山市的东阳乡龙溪村综合养殖场在江山"师父"指导下,采用了生猪排泄物发酵床技术,使污染物达到零排放。东阳乡政府也组织生猪养殖户上门取经,到江山观摩学习,除关停的养殖场外,余下来的养殖场都采取生猪养殖零排放技术。这些养殖场靠近卅二都溪,达标排放后,对水质改善起到关键性作用。

治水,让浙赣两地群众都受益。因发展乡村旅游,东阳乡龙溪村被评为省3A级景区,村庄还成为全区农村生活污水治理试点单位。下游治水带动上游,这不是很好的"近朱者赤"联动效应么?

随着环境治理工作的推进,2009 年起,省级层面开始建立联防联控相关制度。

2009 年 7 月,长三角地区跨界环境污染纠纷处置和应急联动工作领导小组在杭州召开第一次联席会议,签署了《长三角地区跨界环境污染纠纷处置与应急联动工作方案》,奠定了苏浙沪边界地区环境隐患联防联治的基础。同年,两省一市以饮用水源保护为工作重点,完成了边界环境污染隐患自查和联查工作,合力解决了一些跨界污染纠纷。在这一合作框架下,浙北嘉兴、湖州等地与江苏吴江、上海青浦等地建立了省际联合协作机制,上下游合力保障水源地安全。嘉善、吴江、青浦三地建立信息共享、联动执法和不定期巡查制度,2015 年以后,三地通过联合执法及时处置了 5 起环境信访举报;建立联动应急机制,一旦太浦河水源区水质指标超过限值,嘉善、吴江、青浦三地立即启动上下游的联动应急措施,对各自辖区内相关行业企业同步实行停产限产措施;建立联动备用水源,2015 年签订《关于太浦河饮用水源省际协作及嘉善应急水源合作框架协议》,当嘉善饮用水源发生突发事件无法供水时,上海方面向嘉善提供 21 万吨/日反向供水,作为嘉善应急备用水源。①

嘉兴的秀洲区与江苏吴江区接壤相邻,水系互通。为共同应对水葫芦季节性大面积泛滥的流域性治理难题,2017 年 2 月,秀洲区与吴江区建立了交界区域水环境联防联治联席工作机制,双方设立"跨界河长",协同推进界河的保护和治理。2017 的 6 月 6 日,太湖流域片河长制工作第二次现场交流会在绍兴召开,

---

① 浙江省委省政府美丽浙江建设领导小组办公室:《美丽浙江建设工作简报》,2017 年总第 100 期。

会议强调太湖流域片五省(市)要尽快实现河长制全覆盖,有条件的地区可建立"联合河长制",对跨省河、湖进行联合监管。

除了长三角地区,2010年9月,浙皖、浙闽跨界环境污染纠纷处置和应急联动工作第一次联席会议在杭州召开,同样分别签署了浙江与两地的《跨界环境污染纠纷与应急联动协调工作方案》。多年来,浙江与周边兄弟省份联防共治,不仅成为一种理念,而且积极主动地付诸实践。

二、从纠纷到合作——跨市的流域联动治水

浙江水系发达、水网密布,八大水系穿越多个市、县,全省11个设区市之间联合治理的任务十分艰巨。进入21世纪以后,随着跨界流域水污染纠纷的不断出现,各级政府把建立跨界流域治理联动机制、提高流域污染联合防控和治理能力作为一项势在必抓的重要任务。省人大常委会对跨界流域治理开展专门调查,在水污染防治执法检查中,对多个跨界流域水污染纠纷问题提出整改意见和要求。这些困扰多年的"老大难"问题,经过各地政府的不懈努力,终于逐步得到解决。

嵊州市在历史文化古城绍兴的东面,因四面环山而得名。嵊州南面有南山,20世纪50年代建成南山水库,南山水库是嵊州人民主要的饮用水水源,而南山水库70%的水源又来自上游的丰潭水库。2002年开始,每逢大雨过后,丰潭水库的工作人员总能在水库里看见大片乳白色的悬浮物,经追溯调查,发现在上游地区东阳市三单乡境内,近年陆续建成十多家青石加工企业,这些悬浮物是切割石板时用的润滑剂及粉末的混合物。

三单乡又名青石乡,青石储量丰富,探明储量100万立方米以上。靠山吃山,就地取材,青石开采与加工渐渐成了该乡的支柱产业,全乡有青石加工企业18家,从业者500多人。在大建设时期,优质青石板属于稀缺建材,三单乡的石材经济红红火火。石材加工现场地面结起厚厚的白色粉末混合物,大量切割下来的粉末混合物被暂时存放在沉积池里,一到雨天,白色粉末混合物就被大量冲刷到下游。根据东阳、嵊州两地环保部门每月一次对两县交界断面水质联合监测报告,该区域水质主要指标能达到饮用水水源二级保护区标准要求,但SS污染因子指标超标,仍然影响到水质,也对下游和南山水库水质安全带来威胁。

处于下游的嵊州市对三单乡青石加工污染反响极大。嵊州市政协委员连续四次提案,呼吁各方关注丰潭水库源头的水质安全问题。嵊州市有关部门多次与东阳市环保部门沟通协商,走访当地政府和企业,双方采取了一些措施和办

法。2009 年起,两地环保部门多次联合执法,突击检查青石加工企业生产状况和废水废料处理情况,并发出警告处理。省环保厅也对这个不起眼的山乡引起了关注,屡次召集各方召开协调会议,要求东阳市关停未经审批或未经竣工环保验收的青石加工企业。但是问题仍然没有从根本上解决,嵊州市干部群众的上访反映始终没有停止。

2011 年 7 月,为保证三单乡二级饮用水水源保护区的环境安全,省政府对东阳市提出釜底抽薪、停产整治的要求。东阳市委召开书记办公会议,专题研究青石企业关闭问题,成立了由市长任组长、有关市级政府部门和三单乡政府组成的工作领导小组,研究制订了《东阳市三单乡青石加工企业关闭工作实施方案》,决定在 2011 年 10 月 20 日前全面关闭三单乡青石企业。3 个月内,工作组人员各就各位。市财政在省里补助资金和嵊州补偿资金未到位前,先行划拨 400 万元,专门用于关闭工作。国土管理局对青石矿开采到期企业停止采矿权审批,从源头切断青石加工企业所需原材料,迫使企业停业;市环保局加大企业关闭期间环境监管力度,指导企业做好环保善后工作,依法注销、吊销排污许可证;农办对打算转到农家乐等其他行业的企业提供服务与帮助;三单乡政府为每家企业安排 4 名联系干部,每天通报工作进程。三单乡召开党委政府班子和乡干部会议,统一乡干部思想;召开青石企业所在村的村干部、人大代表、政协委员和青石加工企业主四个座谈会,统一群众思想。出台政策前逐家走访 18 家企业,详细征求意见。关闭整治整个过程困难重重,但最后比计划提前 3 个月关闭了全部 18 家企业,未发生一起纠纷和上访。

突击性的关闭整治过后,地方政府接着考虑的是当地经济发展的出路。三单乡属欠发达山区乡镇,作为唯一工业经济项目的青石加工业被关闭了,一方面为生态环境的保护消除了隐患,也对今后发展山区经济提出了新的课题。市乡两级政府重新调整发展思路,决定"咬定青山不放松",依托当地特有的农业优势,发展茶叶、香榧、花生等特色农产品;利用山清水秀的绿色资源,发展农家乐等休闲旅游业,走出山区生态经济发展的新路子。

十多年间,两县邻近乡镇为水质矛盾不断,三单乡境内青石企业关停后,下游水质变好,两地从冤家变亲家。丰潭水库所在的贵门乡与东阳的三单乡成为兄弟单位,两乡党委政府开始密集互访,一年不少于四次联席会议,双方坐下来商谈联合治水等问题。商谈从一个三单乡建设的垃圾填埋场开始。三单乡计划在毗邻嵊州地界的下西楼村建设一个填埋场,经过实地考察,贵门乡认为建这个填埋场会影响下游水质和大气。协商后,一个"由东阳建垃圾中转站,嵊州包运垃圾"的方案得到双方认同。按此方案实施后,即使是暴雨之后,青溪与丰潭水库入水口也不见垃圾。

杭州余杭和湖州德清的东苕溪跨界水污染纠纷延续十多年,不同寻常的是,它是下游影响上游。

苕溪流域系浙江八大水系之一,有东、西苕溪两大源流,分别发源于天目山南、北两侧,东苕溪入余杭境内,流经德清入导流港,在湖州市白雀桥与西苕溪汇合后,经长兜港入太湖。东苕溪属于省级河道,干流全长 143 千米,其中杭州市境内 42 千米。东苕溪是杭州市的重要饮用水水源地,常年保持Ⅲ类以上水质,沿线设有奉口取水口、祥符水厂取水口、仁和水厂永胜取水口等,是城市生态维护与水源保护的核心地段。

但是多年来,余杭与德清两地因苕溪跨界段水质争执不断,主要是奉口取水口屡次出现水质不达标现象。奉口取水口于 2000 年建成通水,承担着宏畈水厂、塘栖水厂和运河水厂的取水任务,取水规模为 30 万吨/日,受益人口约 110 万人,是余杭区最大的饮用水水源地。为饮用水水源污染风险问题,双方各执一词:余杭方指责德清境内有诸多污染源,给饮用水水源安全带来隐患;德清方辩驳,德清境内生产格局形成在前,余杭建设取水口在后,并且上游取水口的问题要下游承担责任是不合理的。

省政府有关部门对两地进行了多次调研和协调。实际情况是,随着城市化的推进,杭州城市人口剧增,用水量猛涨,杭州饮用水水源主要来自河道取水,城北区域饮用水不得不向东苕溪汲取,从 20 世纪 90 年代以来,连续建设三个水厂,从东苕溪取水量不断增加。东苕溪德清段流经下渚湖街道、乾元镇、洛舍镇,共涉及 17 个行政村(社区)1 个集镇,全长约 29.5 千米,沿途矿山码头密集,畜禽养殖、水产养殖遍布。特别是与余杭区仁和街道相邻的德清县下渚湖街道(原为三合乡),自 20 世纪 80 年代起,其每年矿山的开采量几乎占全县的一半,曾经有"矿山之乡"之称,最繁盛时有 39 个矿山机组同时生产。沿岸遍布小型货运码头的东苕溪上漂浮着垃圾,养殖场排放的污水渗入河道,传统产业的延续使当地的水质转好十分困难。令人尴尬的是太湖倒灌现象逐年加重,甚至一年内达到 2/3 天数。违背自然规律的"河水倒流",让东苕溪德清段很多时候成为余杭段的上游。但是按照东苕溪水功能区规划,奉口取水口对岸的德清区域并没有划入饮用水水源保护区范围。

2012 年 3 月,省环保厅会同省水利厅组织杭州市、湖州市、余杭区、德清县各环保、水利部门召开苕溪饮用水水源保护区划调整协调会,明确由杭州市负责委托编制调整方案。2013 年 1 月，省环保厅会同省水利厅组织"两岸四地"政府、环保、水利、建设等部门及相关乡镇，对东苕溪 14 号、15 号水功能区、水环境功能区调整方案进行论证，最终形成统一调整意见，经省政府同意后，发出批复。

东苕溪饮用水水源保护区划调整，最大特点是扩大了饮用水水源保护区范围，德清方部分区域也划入了保护区，同时对东苕溪两岸余杭、德清境内都提出了保护要求。批复文件要求苕溪"两岸四地"政府和相关部门，应继续加强对苕溪饮用水水源保护区的环境监管，切实保障供水安全；在创建规范合格饮用水水源保护区过程中，兼顾各方利益，制订并落实污染整治方案和相应经济补偿方案，尽快研究建立生态补偿机制。

杭州市环保局会同湖州市环保局、德清县环保局，梳理出东苕溪饮用水水源保护区内的污染源。余杭区苕溪沿线所有集镇实现了截污纳管全覆盖，饮用水水源、备用水源保护区域全部实施畜禽禁养，开展了"肥药双控"治理工作，永久性关闭了西塘河与东苕溪奉口连通的上牵埠船闸。

德清县在对东苕溪德清段沿岸污染源全面排查、摸清底数的基础上，连续三年制订东苕溪德清段水环境综合治理实施方案，重点开展矿山、养殖、航运、清淤、工业、截污纳管等 6 个方面的治理，共完成 241 个整治项目。三年内关停矿山企业 14 家，拆除码头（机组、输送带）123 个，完成绿色矿山创建 3 家；沿岸关停畜禽养殖场 107 家，减少生猪存栏 3.6 万头；制订船舶运输管控办法，控制沿岸船舶停靠和超载，建设 12 个船舶码头生活垃圾收集点，遏制船舶垃圾倾倒入河现象；实施苕溪清水入湖工程，三年内投资 5.524 亿元，清淤 30 万立方米。截至 2016 年年底，东苕溪德清出水断面水质达到地表水Ⅲ类，高锰酸盐指数、氨氮、总磷、悬浮物四项指标较治水前分别下降 26.5％、75.9％、23.4％、88.9％。从 2015 年年初起，省人大常委会副主任连续三年担任苕溪河长，每年春天都要进行一次全面巡河，亲眼看到东苕溪水质保护的显著变化。余杭、德清交界断面水质不断提升，奉口段水质基本稳定在Ⅱ—Ⅲ类标准。

钱塘江流域的乌溪江，主流长 162 千米，其中上游丽水段 87.5 千米，下游衢州段 60.6 千米。流域范围内有湖南镇水库和黄坛口水库，担负着上百万人的饮用水供应，是丽衢两地人民的"大水缸"。但是多年来，衢州市一直反映，由于上游丽水地区存在产业污染和垃圾漂浮，来水水质受到影响。为保护乌溪江水质，2001 年，省人大常委会专门立法制定《乌溪江环境保护若干规定》。2014 年全省开展"五水共治"后，丽水市在钱塘江流域整治中将乌溪江列为重点，展开更加深入、彻底的大规模治水行动，下决心解决这个反映多年的"老大难"问题。

2015年5月,丽水市与遂昌县两级政府制定《遂昌县乌溪江库区综合整治实施方案》,首先在产业整治上动手。针对水产养殖乱象,县财政安排300多万元专项资金,补助推动浮动设施、"三无船舶"养殖网箱、定制网、灯光诱捕网箱等的限时自拆;同时由乡村两级"河长"牵头,组建渔业养殖合作社,150户渔民加入合作社,由此规范乌溪江库区渔业生产,推广生态养殖,实现了经济效益和生态效益双丰收。县、乡、村三级河长包干到点,在乌溪江库区周围10个乡镇开展畜禽养殖污染整治,减少生猪存栏4000余头,对列入治理提升的9家规模养殖场进行生态治理达标验收。

遂昌县还在基础建设和生态保护上做好"加法"和"减法"。"加法":2014年、2015年两年投资几十万元完成库区59个行政村的生活污水治理,大大提高截污纳管覆盖率;以水源涵养为目标,启动全省最大的"森林保护计划",实施限制林木采伐、增加公益林面积等措施,库区10个乡镇公益林达到120万亩。"减法":以垃圾减量为重点,开展"洁净乡村"行动,县财政每年安排1000多万元用于农村生活垃圾收集处理,全县落实乡村保洁员1600多名,农村保洁覆盖到每个自然村和每条河道,有效减少了库区河面及岸边的垃圾。为减少乌溪江库区上游的生态环境压力,遂昌县计划开展库区群众异地搬迁工程,先后投入13.1亿元,建成6个小区,安排下山脱贫和转移人口15417人。

在钱塘江流域"总河长"指导协调下,遂昌与衢州市达成区域"五水共治"合作协议,实行跨流域联防,探索建立跨区域水环境联合监测和预警机制、环境应急联动机制、水环境污染纠纷处理协调机制,开展定期巡查、联席会商、督查通报等活动。还与衢州市共同申报国家级江河湖泊生态环保项目,力争通过集中连片形式,全面开展乌溪江流域水环境保护工作。

常年努力,尤其是这一次集中大规模整治,终于使乌溪江保护发生根本性转变。2015年底,钱塘江丽水段总体水质状况为优良,钱塘江丽水段5个断面中,Ⅰ—Ⅲ类水质断面占100%,与前一年同期相比上升了20%,5个断面中满足功能要求断面占100%,保障了一江清流送下游。①

在长期的治水实践中,浙江各地对区域、流域的协作共治渐成共识,跨省、跨市、跨县、跨乡镇联合治水渐成常态。如桐乡、南浔在全省较早建立起跨行政区域的水环境联治工作机制,在37.8千米边界线上的15条跨区河道,形成"上下游一盘棋"的治水格局。宁海、天台、三门打破行政区划隔阂,对横跨三地的清溪

---

① 浙江省委省政府美丽浙江建设领导小组办公室:《美丽浙江建设工作简报》,2015年总第18期。

采取三县同护措施。衢州市柯城区地处浙、闽、赣、皖四省交界区的钱塘江上游，在实践中探索跨界"同步协调、同步治理、同步作战"的三同步联动治水模式，形成跨省市、跨县区、跨乡镇治水新格局，保障"一江清水出柯城"。天台、新昌、磐安的三地四乡镇紧靠相邻，在过去岁月里经常发生边界水污染纠纷，2013 年后，以"五水共治"为契机，探索"三地四乡镇"跨界联动治水模式，形成一系列独特的做法：如联合制订治理方案，设立"联合河长"，共同签订"军令状"保证辖区内垃圾不进河，集中三地保洁经费 60 万元进行统筹奖罚，组织三地文艺骨干成立治水联合宣传队，三地县级"两代表一委员"建立治水联合监督团开展督查，实施跨界考评等，为保护曹娥江源头水质洁净形成齐抓共管合力。

三、生态补偿探索路

生态补偿是指生态环境和自然资源利用的受益者，支付代价是向生态环境和自然资源的保护者提供补偿的一类社会经济活动。当环境保护走向需要制度、机制长期规范和保障之时，生态补偿就成为一个绕不过去的话题，并成为政府必须使之完善并积极应用的生态保护重大政策。2016 年 3 月 22 日，中央全面深化改革领导小组第二十二次会议审议通过了《关于健全生态保护补偿机制的意见》。意见提出要完善转移支付制度，探索建立多元化生态保护补偿机制，扩大补偿范围，合理提高补偿标准，逐步实现重点保护领域、禁止开发区域、重点生态功能区等重要区域生态保护补偿金全覆盖，基本形成符合我国国情的生态保护补偿制度体系。这意味着，随着社会经济在践行绿色发展上的进一步深化，生态保护领域的改革逐步进入更深层次的核心领域。

流域生态补偿是生态补偿的重要内容之一，一般有跨界断面水质生态补偿和水源地保护生态补偿等形式。浙江省河流众多，水系发达，长期以来，一方面，随着开发范围扩大，工业污水和城镇生活污水产生量逐年增加；另一方面，一些上游地区水污染防治措施未及时跟上，导致下游地区水生态环境保护难度增大、成本增加。又由于自然保护地、生态敏感区域分属不同行政单元、不同部门管辖，各地区各部门的重视程度和管理方式不同，导致自然保护地和生态敏感区域难以统一协调发展、保护资金和技术力量投入不足、管理与保护效率低下等各种问题长期存在。在此背景下，建立健全生态保护补偿机制，成为全省促进生态保护与经济发展相协调的现实需求。

2005 年春，中国环境监测总站对全国县市的生态环境质量进行调查，浙江省内，庆元名列第一，景宁、龙泉、泰顺、云和分列第五、第八、第九、第十，这些县都是浙西南的欠发达地区,也是重要水系的源头地区,都面临着生态保护和加快发展的双重任务。当时担任省委书记的习近平在全省生态省建设工作领导小组会议上说,要把建立健全生态补偿机制摆上重要议事日程,"用计划、立法、市场等手段,来解决下游地区对上游地区、开发地区对保护地区、受益地区对受损地区、末端产业(如二、三产业)对于源头产业(如农业)的利益补偿。要研究探索把财政转移支付的重点放到区域生态补偿上来,对生态脆弱地区和生态保护地区实行特殊政策。"[①]2005 年 8 月省政府出台《关于进一步完善生态补偿机制的若干意见》,开始以流域生态补偿为重点,逐步深化政策研究和实践探索,形成了一套具有省级地方特色的生态补偿制度体系,到 2017 年,累计安排省级生态环保财力转移支付资金 142.8 亿元。[②]

2006 年,省政府实施生态环保财力转移支付政策,拨出 2 亿元对钱塘江源头地区 10 个县(市、区)开展生态环保专项补助试点;2008 年扩大到八大水系源头地区的 45 个市、县(市),成为全国第一个实施省内全流域生态补偿的省份。转移支付改进为分类分档,各市、县(市)根据经济社会发展水平、经济动员能力、财力状况等因素,享受不同的转移支付系数,经济发展越困难,享受的系数越高,同等条件下获得的转移支付资金越多。2012 年、2015 年,两次对分类分档体系进行调整完善,建立换档激励奖补机制,对省内所有市、县(市)全面实施生态环保财力转移。该补偿资金以"林、水、气"作为反映区域生态功能和环境质量的基本要素,其中集中饮用水水源地保护权重为 20%,根据各地大中型水库折算面积占全省面积的比例计算;水环境质量占 30%,对出境水质达到Ⅲ类及以上县(市)进行补助,并按交接断面水质改善和下降情况进行奖罚。2012 年全省 32个欠发达市县得到补助资金 11.63 亿元,占当年资金总额的 77.5%,仍然体现了对水源保护区、生态环境功能区和欠发达地区的倾斜。

省政府全面实施的另一项生态补偿政策是生态环境财政奖惩制度。2009年始,省政府对全省设区市、设区市本级、县(市)行政区的所有跨行政区域河流的交接断面水质进行考核,将高锰酸盐指数、氨氮、总磷 3 项污染因子定为考核指标,根据监测数据判断出境水质是否达到功能区要求标准,并结合上下游出入境水质、水量和与上年度相比变化情况进行综合评定。年度考核结果,根据水质改善或下降的程度给予相应的经济奖励或处罚,奖罚额度在 50 万—500 万元之间,由省财政统一划拨。该项考核补偿办法涉及全省 11 市的 69 个市县单位、省

① 周天晓等:《青山绿水就是金山银山》,《台州日报》,2017 年 10 月 9 日。
② 《中央第二环境保护督察组向浙江省反馈督察情况》,《浙江日报》,2017 年 12 月 25 日。

内主要河流及平原河网的 249 个交接断面,实施的主要目的是落实各级政府对辖区环境质量的法定职责,促进流域综合治理和水环境改善。[①] 考核办法在 2013 年、2016 年两次经修订。2012 年省政府对省内所有市、县(市)全面实施生态环保财力转移,将生态环境财政奖惩制度纳入生态环保财力转移支付体系。

2013 年,浙江在全国率先发布《浙江省主体功能区规划》,首次赋予山水自然禀赋不同的 11 个市以全新的绿色发展定位。2014 年,省财政对 26 个欠发达市、县(市)财政补助资金分配,采取与绩效考核结果挂钩的办法,其中环境保护类占总分 40%。2015 年年初,省政府对原来的 26 个欠发达县"摘帽"并松绑GDP 考核,而以生态功能区要求加大对环境质量、生态效益考核分量,同时,省级财政对 26 个县的一般性转移支付仍不低于 2014 年总量,并逐年增加。这一年的生态补偿政策又改进为对重点生态功能区的县(市、区)实施财政奖惩政策,对所有县(市、区)采取主要污染物财政收费政策。

淳安是千岛湖所在地,开化是钱塘江源头,这两个县从 2014 年开始,进行省级重点生态功能区示范区建设试点。同年,开化、淳安、庆元、景宁、文成、泰顺等6 个县被纳入国家主体功能区建设试点示范地区。省政府对两县因保护生态功能而限制产业发展的机会成本,从体制上给予补偿,实行工业税收收入保基数、保增长政策。同时,建立生态环境财政奖惩制度,对两县每年排放的化学需氧量、氨氮、二氧化硫、氮氧化物,由省财政按每吨一定额度收缴;对出境水的水质、森林覆盖率、林木蓄积量,按年度变化情况,给予奖励或处罚。淳安从这样的财政体制中受益很大:2014 年在省财政转移支付地区分类分档体系中,淳安由原来的一类二档调整为一类一档,每年可多获得 5000 万元补助;2014 年开始,每年获得省财政下拨的省重点生态功能区示范区建设专项资金 1 亿元;同时根据生态环境财政奖惩制度,2014—2016 年分别获得奖励资金 1.82 亿元、2.04 亿元和 2.16 亿元。[②] 与淳安相比,开化还多享受一项特别扶持政策,从 2011 年起,省财政每年筹措约 16.8 亿元,对开化等 12 个县给予特别扶持。据开化县财政局计算,全县每年得到的特别扶持政策资金在 2 亿元左右。2012 年,又一项财政新政策出台——区域统筹发展激励奖补政策。根据设区市对所辖县(市)的投入金额,省财政给予 0.5—2 倍的配套奖励。如开化县,2015 年衢州市给予 5000 万元补助,省财政就相应配套 1 亿元。

---

① 《关于印发浙江省跨行政区域河流交接断面水质保护管理考核办法(试行)的通知》,浙政办发〔2009〕91 号。

② 浙江省财政厅:《浙江财政信息资料》,2017 年第三季度。

2015年5月,省人民政府办公厅发文,在当年全面推广实施与污染物排放总量挂钩的财政收费制。收费对象为全省各市、县(市)政府,污染物排放总量是指各地排放的化学需氧量、氨氮、二氧化硫、氮氧化物的总量,对各地每年排放的这些主要污染物,按每吨3000元收费。为积极稳妥推进这项改革,除开化、淳安两县外,收费标准分3年到位,第一年按每吨1000元收缴,第二年按每吨2000元收缴,第三年达到每吨收缴3000元。各地上交省财政缴费总额的50%返还市、县财政,由各地统筹用于环境治理,其余50%资金由省财政统筹用于环境整治和重点生态功能区建设。

2016年,省财政为进一步完善生态文明建设财政政策,对现行的生态环保类财政政策进行有机整合,全面实施生态功能区政策,将原先的9项指标整合归并为出境水水质等5项指标,并根据地区功能定位,把全部市、县分为重点生态功能区、生态功能区、生态经济区等3类,分类实施差别化的财政奖惩政策。

2017年9月,省政府办公厅发布《关于建立健全绿色发展财政奖补机制的若干意见》,将多年实行的生态补偿政策进行全面梳理和整合,提出实施8项制度:一是主要污染物排放财政收费制度,从2017年起,开化县、淳安县按每吨5000元收缴;其他市、县按每吨3000元收缴,2018年按每吨4000元收缴。二是单位生产总值能耗财政奖惩制度。三是对部分地区出境水水质实行财政奖惩制度,这些地域包括丽水市及所辖县(市)、衢州市及所辖县(市)、淳安县、文成县、泰顺县和磐安县,其中开化县和淳安县奖惩幅度采取较高标准。四是森林质量财政奖惩制度,实施范围与第三项制度相同,按森林覆盖率及林木蓄积量计算。五是生态公益林分类补偿制度,2017年起主要干流和重要支流源头县,以及国家级和省级自然保护区公益林的补偿标准提高到每亩40元,以后视省级财力状况适时调整范围和标准。六是生态环保财力转移支付制度,转移支付资金与"绿色指数"挂钩分配,由各市、县统筹用于生态保护和绿色产业发展。七是"两山"建设财政专项激励政策,2017—2019年间,选取具有生态环境和绿色经济整合发展前景的30个县(市、区),通过竞争性分配方式确定扶持范围,其中,对文成、泰顺、开化等12个县(市、区)实施一类财政专项激励政策,每年分别给予1.5亿元;对临安、淳安、安吉等18个县(市、区)实施二类财政专项激励政策,每年分别给予1亿元,3年后对未完成考核目标的县(市、区)需扣回激励资金。八是省内流域上下游横向生态保护补偿制度,从2018年起探索实施,2020年基本建成;补偿标准由流域上下游县(市、区)根据实际情况,在500万—1000万元范围内自主协调确定。至此,全省生态补偿的范围、内容、标准更加合理,鼓励绿色发展、促进生态建设的价值取向更加鲜明，突出不同区域主体功能的政策导向更加明确。

在省际生态补偿制度探索中，浙皖新安江流域建立水环境补偿机制在国内引起很大反响。因为这是一个比较成功的全国性的生态补偿试点。

"源头活水出新安，百转千回下钱塘。"新安江系钱塘江水系干流上游段，发源于安徽省黄山市休宁县境内，东入浙江省西部，经淳安至建德与兰江汇合后为钱塘江干流桐江段、富春江段，东北流入钱塘江，是钱塘江正源。新安江出境水量占浙江省千岛湖年入库量的 68%，是下游地区最重要的战略水源地。保护一江清水，为下游发展提供生态支持，是上游地区必须承担的责任。反之，下游地区享受了生态保护成果，对上游地区为保护生态环境做出的牺牲或贡献进行适当的补偿也是理之应当。

2011 年在环保部、财政部的牵头下，安徽、浙江两省实施新安江流域水环境补偿试点工作，设置补偿基金每年 5 亿元，其中，中央财政出资 3 亿元，两省各出 1 亿元。按照《新安江生态补偿机制试点方案》规定，以安徽、浙江两省跨界断面高锰酸盐指数、氨氮、总氮、总磷 4 项指标常年年平均浓度值为基本限值，以 2008 年到 2010 年的 3 年平均值测算补偿指数，4 项指标测算以 1 为基准，若水质监测指标小于 1，意味着水质优于基准。年度水质达到考核标准，浙江拨付给安徽 1 亿元；水质达不到标准，安徽拨付给浙江 1 亿元；同时，不论水质是否达标，中央财政 3 亿元都要全部拨付给安徽省，试点时间定为 2012—2014 年共 3 年。这是在国家层面首次尝试跨省流域横向生态补偿。安徽以生态补偿机制试点为契机，同步启动了新安江全流域综合治理。新安江街口段与浙江交界处的江面上，曾布满密密麻麻的水产养殖网箱，养殖面积达 8 万平方米，2011 年起，黄山市试点网箱养鱼退养，累计退养网箱 5000 多只，黄山市还在 3 年时间里建成城镇污水管网 92.8 千米，完成新安江流域农村改水改厕 23 万户。

第一轮试点瞬间过去。其间，环保部门的定期检测显示，新安江流域总体水质为优，跨界断面水质达到地表水环境质量 Ⅱ 类标准。2014 年年初，环保部环境规划院在试点中期绩效评估报告中分析指出，千岛湖营养状态出现拐点，营养状态指数开始逐步下降，这与新安江上游水质变化趋势保持一致，说明试点对于保持和改善新安江水质的环境效益逐渐显现。第一轮的成功为第二轮打下基础，2015—2017 年第二轮继续施行，浙江和安徽两省的补偿基金各提高到 2 亿元，效果同样良好。浙江省连续几年心甘情愿地将资金拨付给安徽省，因为有了生态补偿机制，千岛湖上游水质得到改善，并能保持稳定，为当地饮用水水源安全提供了重要保障。

新安江流域环境补偿试点工作,不仅关乎千岛湖水质保护,也关系跨省流域生态补偿可行性实验的成功,上下游两省人民为此共同做出长期的努力。从流域的共同利益出发,两地各级政府之间、部门之间和科研人员之间加强合作,建立多层面协商交流机制。淳安县主动加强与上游安徽省黄山市、歙县等的联系沟通,经双方商定,以淳安县环境监测站和黄山市环境监测站为主体,在浙、皖交界口断面布设 9 个环境监测点,同时,淳安县还在两省交界处建立我国首个断面水量和浓度耦合的通量站,对上游地区入湖污染物总量进行实时监测。通过联合监测、同时采样,统一监测方法、监测标准和质控要求,建立起上下游认可的跨界断面水质监测数据。这些数据经双方交换比对,每月按时上报环保部备案,作为考核评价和落实补偿金的依据。新安江流域环境补偿试点工作,为全国跨省流域生态补偿机制的建立,提供了鲜活的样板和重要的经验。

四、形态各异的市、县生态补偿

对国内而言,生态补偿制度是一项新的环境制度。浙江除了省级层面的探索,市县一级也开展了因地制宜的各种尝试。

温州、绍兴、金华等地的"工业飞地"模式,也称异地开发模式。这一模式突破了水源地的工业发展空间制约,优化资源配置,成为实现区域协调发展的示范。文成、泰顺两县都地处温州珊溪水库水源保护区,发展工业受到严格限制,2014 年 7 月,温州经济技术开发区和瓯飞工程围垦区划出 8966 亩土地,分两期实施,作为两县的"工业飞地",一期 2966 亩,2014 年启动,二期 6000 亩,"十三五"时期启动。"飞地"采取委托开发区管理模式,将无法在文成、泰顺落地的优质产业项目引入"飞地"内,双方通过协同服务、税收分成等合作机制,实行互利共赢。新昌县位于曹娥江上游,随着区域性污染和结构性污染日益突出,将会对下游造成较大影响。为此,绍兴市在限制一些产业在新昌县发展的同时,也在环境容量资源比较丰富的地区为新昌县提供"异地开发生态补偿"。如在绍兴袍江工业区设立新昌医药工业园区,由市政府给予政策优惠;在上虞精细化工园区,不少新昌企业前去投资办厂,园区在土地利用上给予优惠。这些企业总部在新昌,税收大都也在新昌。既解决了新昌作为生态保护重点地区的污染问题,也促进了区域协调发展。

位于浙江省中部、有"浙江之心"之称的磐安,是钱塘江、瓯江、灵江和曹娥江四大水系的主要发源地之一,也是全省生态环境的重点保护区域,按照保护要求,许多产业被限制发展。但同时,当地百姓对发展经济、脱贫致富的愿望十分强烈,由于受区域环境制约,磐安要摘去贫困帽子,又困难重重。1995 年,经省委、省政府批准,金华在经济开发区划出 3.8 平方千米土地,设立金磐经济开发区,下游的金华市为上游的磐安县提供土地发展工业,以企业税收等收益作为对上游发展受限制的补偿。至 2016 年,20 多年过去,"九山半水半分田"的磐安借助该工程,在金磐开发区这块不大的土地上,引进杭、温、台,以及金华等地的合作项目。其中各类工商企业 800 多家,产值超亿元企业 12 家,税收超 5000 万元以上企业 3 家,国家级高新技术企业 5 家。优势企业占磐安全县的 1/3,高新技术企业占 80%。"飞地"获得的税收占全县税收的 1/4。蓬勃的经济发展带来宝贵而稳定的就业机会,在金磐开发区就业的职工最多时达到 3 万多人,其中磐安、金华,以及外地职工各占 1/3。1 万余磐安人从大山里走出来,在这里就业、创业、生活。企业外迁,给磐安保护生态腾出空间,源源不断流入的税收又提供了环境治理资金支持。磐安环境质量有了明显改善,2005 年至 2015 年,全县森林覆盖率上升 4.74%,达到 80.14%,全境地表水和各出境断面水质 100%达到功能区要求,空气优良率 94.3%,排名金华市第一。金磐开发区成为浙江省集"政府扶贫、山海协作、生态补偿"于一体的异地开发样本,它的设立不仅为磐安发展不断注入活力,也为保护浙江中部生态和饮用水水源起到了重要作用。

义乌和东阳两地的协议水权交易,也可看作是生态补偿的一种形式。东阳市水资源比较充裕,义乌市水资源相对不够丰富,再加上流动人口数量庞大,饮用水保障难度较大。2000 年,两地订立供水协议,义乌向东阳一次性付出 2 亿元购买永久性水权,再按每立方米 0.1 元每年计付 500 万元的管理费,东阳则每年向义乌供给 5000 万立方米合格原水,这是一个将生态资源的价值进行货币量化的范例。

绍兴设立生态保护专项资金保护饮用水水源,建立"以水养水"机制。绍兴汤浦水库饮用水水源惠及绍虞平原 300 余万人民,是绍兴最大的饮用水水源保护区。绍兴市分别于 2000 年、2004 年出台《绍兴市汤浦水库水源环境保护办法》和《绍兴市汤浦水库水源环境保护专项资金管理暂行办法》,实行汤浦水库水源环境保护生态补偿制度。汤浦水库水源环境保护生态补偿,是以水源环境保护专项资金补助替代生态补偿的一种管理模式,以政府财政投入的输血式补偿为主,分环境管理类和项目建设类,补偿上游乡村用于环境治理和生态环境修复。设立汤浦水库水源环境保护专项资金,主要是从水费中提取一定比例的补助资金,从 2008 年始,每年从汤浦水库向市区供水的水费中按 0.03 元/吨提取 1000

多万元,2014 年提高到 0.1 元/吨共 3040 万元,建立水源环境保护专项资金,市级财政每年统筹安排水源环境保护专项资金不低于 1000 万元,2016 年的专项资金增加到 1900 万元。到 2016 年累计达到 8041 万元。2016 年,全市 4 个区、县(市)级以上集中式饮用水水源地都已实行生态补偿制度,使水质常年保持 Ⅱ类,水质达标率为 100%。绍兴市外,宁波、温州、湖州、台州、衢州等市都有类似做法。

杭州市建立区县之间的双向结对协作发展模式,形成一种"造血型"的补偿机制。杭州市城区与县(市)之间资源禀赋、地理条件、产业结构、发展基础等差异较大,几个县(市)皆处于重要水系源头或大江大河流经地,保护和发展的矛盾较为突出。2010 年,按照地域相近或产业相连的原则,杭州市的 8 个城区和杭州经济开发区、西湖风景名胜区、钱江新城管委会分别与桐庐、淳安、建德、富阳、临安等 5 个县(市)建立 5 个对口联系区县协作组,每个协作组每年安排不少于 5000 万元资金,用于对口协作县(市)的基础设施、产业发展和民生项目建设,从 2011 年开始,5 年累计到位协作资金 17.48 亿元;同时开展基层的街镇对接、村社对接和干部互派挂职。城区协作方还鼓励市区相关企业参与各县环保项目建设,在污水处理、废弃物再生利用等领域达成多项合作协议。市级财政在保持以前财政补助额度基础上,每年新增 10 亿元城乡区域统筹资金,支持 5 个县(市)发展。

金华采取了一种双向约束型的奖罚补偿机制,既给予各县(市、区)政府治水责任的压力,又体现生态补偿的积极意义,起到一箭双雕的作用。金华区域范围内涉及河流上下游关系多达 16 组,在河流保护和水环境治理中,各地诉求不一,标准不明,责任不清,协调难度极大。如金华江,干流源头在磐安,流经东阳、义乌、金东、婺城后,在兰溪市汇入兰江,还存在支流在两地间多次穿插、双方互为上下游的情况,极易造成护水责任推诿,形成治水"盲区",横向补偿机制亦落地困难。为此,金华从"双向补偿"的角度,按"奖优罚劣、罚重于奖"的导向,形成一个全区域流域横向生态补偿机制框架。具体由市政府统一牵头,明确各县(市、区)上下游治水权责和补偿标准,在市政府 1 亿元引导资金基础上建立流域区域水环境奖惩补偿账户,按约定水质基本标准,对流域交界断面统一考核,使横向生态补偿做到公平合理。如果出境断面水质优于基本标准,由市政府支付奖励金;劣于基本标准的,由市政府收取惩罚金。考虑到水质情况、保护难度及资金投入不同,在标准设定上,分金华江流域源头和中下游两类,对奖罚系数实行差异化浮动。考核指标采取"3+X"污染因子评价,"3"是指高锰酸盐指数、氨氮和总磷等 3 个常规污染因子,这些都是金华江流域的主要污染物。这个制度还将考核结果直接与党政领导干部绩效挂钩,如果出境断面水质连续两个月同比变差 50％以上,相关负责人将受到预警通报;累计 4 个月同比变差 50％以上的,对县(市、区)主要负责人进行约谈和挂牌督办;年度考核总体水质出现恶化的,下一年开始实行区域限批。2016 年第一季度第一次考核,金华市政府向 7 个县(市、区)兑现了季度奖金 821.2 万元,单笔最高奖励达到 250.9 万元。而水质不达标的两个县(市、区),分别予以 18.1 万元和 9.3 万元的罚款。

浙江在绿色金融发展上处于全国领先地位,绿色金融则为生态补偿另辟蹊径。杭州市黄湖镇龙坞水库,是当地 4000 多村民的饮用水水源地。2014 年水质检测,水库总氮、总磷和溶解氧含量处于国家 Ⅲ 类或 Ⅳ 类状况。水质不合格原因,是周边农户为增加竹林产量,对毛竹喷洒大量农药和化肥,导致当地水源地受到污染。为根治污染,形成可持续发展的水源地保护模式,万向信托有限公司与美国大自然保护协会(TNC)合作设计了"善水基金依托"。这是全国首个针对小型饮用水水源地保护的依托项目,项目以资金或财产权作为信托财产,TNC 担任科学顾问,依托财产及收益用于水源地环境保护治理。项目实施两年,通过对水源地的集中管理,有效控制了农药、化肥的使用,使竹林处于最好的水源涵养状态,龙坞水库的总磷和溶解氧含量提升到 Ⅰ 类水质标准。项目通过对下游生态友好型社区产业的开发,创造了可持续的资金机制,使得水库周边农户每年获得不低于往年经济收益的补偿金。善水基金形成一个集环保、公益、商业、金融于一体的开放式平台,以捐赠、环保治理、产业投资、业务合作等形式接纳社会各界主体,形成合作共赢的良性循环。"善水基金依托",在 2017 年被评为"浙江绿色金融创新十大优秀案例"。

五、排污权有偿使用与交易

排污权有偿使用和交易制度是我国环境资源领域的一项重大经济政策,也是生态文明制度建设的重要内容。

排污权特指排放者在环境保护监督管理部门分配的额度内,并在确保该权利的行使不损害其他公众环境权益的前提下,依法享有的向环境排放污染物的权利。有偿使用是指排放者必须按规定支付费用,以购买形式才能取得排放相应污染物指标的权利,也就是说企业必须为排污买单。排污权交易则是指在一定区域内,在污染物总量不超过允许排放量前提下,内部各污染源之间通过货币交换方式相互调剂排污量,进而推进产业转型升级,达到减少排污量、保护环境的目的。建立排污权有偿使用和交易制度,必须明确两个前提:第一,排污权是一种环境资源;第二,排污权有价,必须有偿使用。排污权有偿使用和交易作为一种市场型的环境污染控制策略,是现今效率最高的环境保护经济刺激手段,从其遵循"排污者付费,治污者收费"原则来看,也可看成是生态补偿的一种市场化模式。

2009年2月,财政部、环保部批复浙江为全国第一批排污权交易试点单位,而实际上,浙江局部尝试从2007年已经开始。试点范围最终覆盖11个设区市及所辖县(市、区)的所有工业行业,交易标的从化学需氧量、二氧化硫2项扩展到化学需氧量、二氧化硫、氨氮、氮氧化物4项主要污染物及总磷等特征污染源指标。围绕排污权"核量、定价、交易、监管"四个环节,省内逐步建立起一套从核定确权、使用监管、交易流转的全生命周期管理制度,10年间,省级先后制订23个政策文件,市、县级出台123个配套文件,以"摸着石头过河"的探索形式,基本建立起排污权有偿使用和交易的机制框架。截至2017年3月底,全省累计开展排污权有偿使用22263笔,执收有偿使用费约47.48亿元,其中涉及水体排污权指标化学需氧量147780吨、氨氮13831吨;累计开展排污权交易9222笔,交易额约13.43亿元,其中涉及水体排污权指标化学需氧量18532吨、氨氮1156吨。有偿使用费和交易额两项,年均达7.6亿元。

排污权有偿使用和交易必须建立在区域总量控制的基础上。也就是说确权要定量,总量需控制,而且国家规定污染物排放总量必须逐年缩减,如浙江的化学需氧量,国家规定在"十二五"时期必须下降11.4%,"十三五"时期必须下降19.2%。在区域总量控制基础上排污单位再"切取蛋糕",有偿配取排污权,即获取允许排污的额度。因为就一个区域来说其环境容量是有限的,一个企业占多了,其他企业就会变少,所以排污权是一种稀缺性的环境资源。

初始排污权核定是开展排污权有偿使用和交易的前提及基础,环保部门为此进行了大量的调查摸底、统计核定工作,一般采取以环评为主要依据、以排污许可证为辅的核定办法。如截至2014年底,温州市对1692家企业的化学需氧量、氨氮等2类主要水污染物指标的初始排污权进行核定,主要涉及印染、皮革、造纸、电镀、化工、金属酸洗等7大行业,其中电镀行业所占比重最大,占初始排污权总量的29.2%,金属酸洗行业其次,比重为13.83%,造纸和印染行业所占比重分别为3.66%和6.44%。比重结构也反映出当地产业结构和绿色产业发展状况。全省统计,"十二五"时期初始排污权核定率为100%,"十三五"初始排污权已核定企业2万多家。

　　初始排污权有价,体现了环境资源有偿使用的理念。初始排污权作为一项重要的环境资源应该做到有偿使用。《浙江省初始排污权有偿使用费征收标准管理办法》遵循几项原则:一是激励性原则。排污权有偿使用要体现环境容量资源的稀缺性,原则上征收标准不低于社会平均治污成本,以此激励排污单位改进排污行为,最大限度地减少污染物排放。二是差别化原则。鉴于不同地区经济发展水平、区域环境承载力、污染治理成本、行业技术水平等的差异,对不同区域、不同行业设定有差异的调整系数。三是经济性原则。收费标准的设定兼顾企业生产发展和经济技术可承受能力,既体现资源使用有偿理念,又给予企业治污减排的动力。实践中,政府以指导价形式对排污权价格进行管控。化学需氧量和氨氮的有偿使用价格一般为 4000 元/吨·年,但部分地区和行业可根据实际情况进行调整。如宁波市规定一般行业化学需氧量价格标准为 5000 元/吨·年,而化工、制革、印染、造纸、电镀等重污染行业的调整系数为 1.5,即 7500 元/吨·年。

　　为了对排污权有偿使用情况进行严格监管,全省逐步建立起国控、省控、市控重点污染源刷卡排污系统 2164 套,其中废水刷卡排污系统 1893 套,于 2015 年年底实现市控以上重点源刷卡排污系统建设全覆盖。刷卡排污系统主要用于企业排污权的计量和实时监控,可以做到远程网络控制、预报预警、超量自动关阀等,体现了用排污权控制企业生产进而控制排污行为的作用。

　　初始排污权核定后,如何激励企业减少排污,更大力度发展绿色经济? 2015 年年初,在嘉兴、绍兴、舟山三市试点基础上,浙江省开始在全省推广"以减量定增量的"排污权基本账户制度。其主要做法是,对印染、造纸、制革等重污染行业进行绩效评价,按每吨排污权税收贡献,分行业从大到小进行"三三制"排序,排名前 1/3 的企业为鼓励类企业,可减少减排年度任务,中间的 1/3 为一般企业,承担当地减排的平均任务,最后的 1/3 为其他类企业,减排任务是平均任务的两倍。[①] 这样,当地政府既能保证完成上级下达的年度主要污染物排放总量减排目标任务,又能达到倒逼经济转型升级的目的。当地管理部门还将分行业的上年度企业排污权税收贡献值排序情况公布于众,目的是让有关部门及时了解企业优劣状况,为决策提供参考依据,让公众知晓企业排污情况和对社会贡献大小,以利群众监督,同时也激励企业主动进行技术改造,转型升级,减少排放。2015 年,富阳区对 120 家造纸企业、3 家水泥企业进行了排序和公示;萧山区排序公示企业中有 33 家印染企业,排名第一的企业达到每吨化学需氧量排污权 159.55

---

① 晏利扬:《浙江以制度创新推进污染减排》,《中国环境报》,2015 年 1 月 14 日。

万元税收贡献值;在余杭区的公告中,23家印染企业被列为评价对象,排名第一者为每吨化学需氧量125.26万元税收贡献值,而最后一名每吨化学需氧量排污权只实现2.73万元税收贡献值;桐庐县对印染企业和造纸企业进行排序和公告,6家造纸企业中,第一名达到每吨化学需氧量排污权250.54万元的税收贡献值。在排序和公示基础上,杭州市再制订配套政策,对排序靠前的企业在贷款、税收、审批上给予一定的优惠;而对排序靠后的企业,在产业转型升级中,作为关、停、转、迁的依据之一。

排污权交易是实现环境外部成本内部化的重要手段。交易主要有政府与排污企业之间的初始排污权储备交易、企业之间富余排污权指标交易两类。排污权交易依托电子竞价、定价申购、协议转让、淘宝司法拍卖、租赁、回购等交易形式,逐步形成交易价格体系,清晰呈现市场机制下的环境资源稀缺性。以最常见的竞价形式来说明,杭州市运用排污权交易系数法确定市场参考价,经市政府审批同意后发布实施,交易市场上以此作为基准价进行竞价交易。如化学需氧量,规定一般行业交易价格是2万元/吨·年,造纸和酿造、纺织印染、化工制药行业交易价格系数分别为2,3和4,那么它们的市场参考价分别为4万元/吨·年,6万元/吨·年和8万元/吨·年。据统计,实行制度试点以来,全省化学需氧量、氨氮的平均市场交易价格分别为4.12万元/吨·年和3.31万元/吨·年,分别为市场基准价的10.3倍和8.3倍。从各地交易情况来看,地区差异较为明显,以化学需氧量为例,嘉兴、绍兴和金华等地市场价格相对较高,在10万元/吨·年至60万元/吨·年之间,均价达到30万元/吨·年;其次为杭州、温州和湖州等地,在1.6万元/吨·年至5万元/吨·年之间,均价为2.8万元/吨·年;丽水等经济欠发达地区相对较低,基本在有偿使用费标准水平。排污权交易价格变化,似乎可视为地区产业结构调整的晴雨表和风向标。激烈竞拍,也可反映出环境资源已成为众多企业争抢的紧俏商品。2014年下半年,编号为K0591的竞拍人以412万元高价在越城区首次网上司法拍卖中拍得一笔废水排污权,折算下来,每吨化学需氧量价格达到78.5万元,创下当时全省排污权拍卖最高价。

排污权有偿使用和交易必须坚持资源优化配置的导向,也就是说,排污权作为一种环境资源应该向优质产业流动。绍兴市规定,排污指标只能从重污染行业向同行业或轻污染行业交易,不得逆向流动,力求通过交易逐步调整产业结构。排污权回购是各级政府环保主管部门对排污单位的富余排污权进行有偿收购,将其纳入政府储备排污权的行为,可看作是企业与政府之间的交易。回购指标可用于经济转型调节和支持后续重点项目发展。如此循环使用,可起到淘劣推优、促进产业结构优化的作用。回购价格原则上为排污权有偿使用基准价,个别地方参照政府储备排污权出让原价。截至 2017 年 3 月底,全省累计开展排污权回购 50 余笔,资金额约 2800 万元。

排污权有价以后,排污权抵押成为浙江省内绿色金融的一项制度创新。排污权抵押贷款是指借款人以有偿取得的排污权作为抵押物,向银行申请获得贷款的服务与融资活动。排污权抵押贷款对象为持有"浙江省排污许可证"且在工商部门依法登记的企业法人,企业首先要有排污许可证,并进行合法排污,才可以申请排污权抵押贷款。企业将排污权抵押给银行,贷款额度参考固定资产抵押贷款模式,双方参考市场拍卖价商议抵押价格,万一企业倒闭,银行可以委托拍卖或由政府回购,收回一定的利益。排污权抵押贷款的实施使排污权从行政许可属性转变为生产要素属性,排污权不再只是企业的成本负担,而是变成一种可流动的资产,为企业提供了一条新的融资渠道。在几年的渐行渐试中,全省排污权抵押贷款额累计约 247.8 亿元,成为绿色金融的一抹亮色。绍兴是传统纺织大市,排污权核心指标——污染物排放总量控制的化学需氧量约 3 万吨,总价值资源近 300 亿元;2016 年年末,绍兴市共有 24 家商业银行经办此业务,排污权抵押贷款余额达 37.4 亿元,占全省的 79.6%。

排污权有偿使用和交易活动,使生态环境容量资源"有限、有价、有偿"的意识逐渐深入人心,市场配置环境资源的作用初步体现,企业治污减排的积极性得到激发,节能减排从政府强制行为变为企业自觉的市场行为。

2017 年 11 月,浙江省政府下发《浙江省排污许可证管理实施方案》,自 2017 年 9 月起浙江进入新的"持证排污"时代,到 2020 年,全省基本完成覆盖所有固定污染源的排污许可证核发工作。排污许可证明确了许可排放的污染物种类、排放量、排放去向等事项,并载明污染治理设施、环境管理要求,以及排污权交易等相关内容。排放标准、总量控制指标等发生变更的,排污许可内容应及时进行更新。对于无证和不按证排污的违法行为,将面临按日连续处罚、限制生产、停产整治、停业、关闭等严惩,甚至刑事责任。省管理部门将排污许可证申领、核发、监管执法等工作流程及信息纳入系统管理,与浙江政务服务网互联互通,形成的排污许可信息和实际排放数据也被统一纳入省公共数据平台,与其他部门共享,同时作为环境保护税、环境统计、污染排放清单等各项固定污染源环境管理数据的来源。

排污许可证制度和排污权有偿使用制度,两项制度互相配套耦合,成为规范排污和削减排污的有效利器。

第八章 以河长制实现"河长治"

河长,一个非常特殊的职务,顾名思义,专门负责治理或管理河流。《史记·夏本纪》记载:尧时,鲧任"河长",治水"九年而水不息,功用不成"。舜时,大禹子承父业,新婚不久即担任"河长","命诸侯百姓兴人徒以傅土","劳神焦思,居外十三年,过家门不敢入"。鲧因治水九年"功用不成",被舜帝放逐羽山,禹因治水"通九道",功成名就,被民众拥为领袖。鲧和禹父子可谓是中国历史上最早的河长。

进入 21 世纪的中国,水环境治理情势紧迫,2007 年,江苏省无锡市发生水体蓝藻事件,出现了水危机,催生出现代版河长制,即由各级党政领导担任河长,负责辖区内河道治理。无锡首创的河长制在太湖水污染治理中发挥出积极作用,国内许多流域治理以此为蓝本,建立起本土的水污染防治责任制。浙江的河长制也在这一时期走上历史舞台。

一、省长村长都是河长

河长制是从河流水质改善领导督办制、环境保护问责制所衍生出来的水污染治理制度,其优点是能对河流或流域的综合治理全面负责。一条流动的长河,受不同行政区域管辖,遇河水泛滥、河水污染或者航运不畅时,单独一线、一地都无法解决。河长制赋予河长协调各方统筹全段的责任和权力,从更高的层面来实施决策、管理和监督。实践表明,在中国水危机依然严峻的当下,河长制不失为一项创新的环保好制度。2016 年 10 月 11 日,中央深化体制改革领导小组审议通过《关于全面推行河长制的意见》,河长制从部分地区向全国推开。

浙江是较早试行河长制的省份之一。从基层来看,长兴县在 20 世纪 90 年代末,陆续在卫生责任片区、道路、里弄推出了片长、路长、里长等,并将各类"长"

的成功经验运用到水系河道治理上,可谓是浙江的"河长制"在最早时期的实践。此后,"河长制"在浙江多点开花。钱塘江下游嘉兴市下辖海宁市的盐官镇,将辖区内 146 千米河道划分为 100 段,由沿河镇的机关干部和村干部担任"河长","河长"对包干河道的断面水质达标、水环境改善负领导责任。2012 年,这一制度在嘉兴市推广。2013 年 11 月 15 日,浙江省委、省政府发布《关于全面实施"河长制"进一步加强水环境治理工作的意见》,正式提出浙江省在 2013 年底全面建立河长制。在一个省域范围内全面实行河长制,浙江省走在了全国前列。

河长制作为浙江综合治水的一种领导体制和运行机制,在全省形成网络型架构。根据河流分布状况,河长有省、市、县、乡镇、村五级,老百姓称"省长村长,都是河长"。全省跨设区市的 6 条水系干流——钱塘江、瓯江、曹娥江、苕溪、飞云江、运河,分别由省级领导担任河长;省直相关部门为联系单位,流域经过的市、县(市、区)为责任主体。市、县(市、区)一级领导也相应担任辖区内河道的河长,县(市、区)在确定镇级河长的同时,也可确定村级河长或河道管理员。到 2014 年年底统计,全省共有 6 万多名河长,其中省级河长 6 名,市级河长 199 名,县级河长 2688 名,乡镇级河长 16417 多名,村级河长 42120 名。各级河长带领千万群众守护和治理全省境内 8 万多条大小河流。

根据组织架构,县级以上要设置相应的河长制办公室。省政府有 17 个部门是河长制办公室的成员单位,又分成若干小组,分别承担水环境治理、水资源管理和排涝防洪、截污纳管等工作的指导督促和考核。各级河长制办公室,相当于作战指挥中心,墙上挂满地图,桌面电脑文件铺陈,突击整治阶段电话此起彼伏,出现和平时期,尤其是改革开放以来少见的紧张气氛。

6 位省级河长分别由省委、省人大、省政府、省政协领导担任。他们的职责,主要是对八大水系中污染较为突出的六条跨区域河流治理进行指导和协调。任职以后,他们每年全线巡河不少于两次,而钱塘江总河长,因任务之重,每年调查研究和督查钱塘江治水起码有十多次。几万名基层河长奋战一线,在突击整治期间,他们的职责主要是带领群众按照计划方案治理河道,提升水质,完成上级下达的年度任务;突击阶段结束后,重点是巡查保洁。

钱塘江是浙江的母亲河,全长 605 千米,自开化县的钱江源开始,一路有常山港、兰江、金华江、东阳江、新安江、浦阳江等支流,流域涉及杭州、绍兴、金华、衢州、丽水 5 个设区市的 22 个县,流域面积、流域人口和流域经济总量都占了全省的 1/3。下游都是水源地,而上游产业布局又不尽合理。打开钱塘江水系图,可见上游有不少化工、造纸、印染、电镀等重污染高耗能企业,东阳化工、浦江水晶、富阳造纸、萧山印染,早已形成地方特色产业区块。据 2010 年环境统计数据,钱塘江流域化工、造纸、印染三大产业的工业产值占全流域工业总产值的 33%,而三大行业的废水、化学需氧量、氨氮排放量分别占到全流域工业污染物排放总量的 83%、82%、88%。虽然经过不断治理,钱塘江流域水质有了较为明显的改善,但在 2010 年,仍有超过 1/3 的水质断面不能满足功能要求,并且还有 4 个劣 V 类水质断面。经过排查,确定流域内有垃圾河约 1557.9 千米,黑臭河约 1856.2 千米。这样一条治理任务十分艰巨的省内第一大河,由分管环保工作的副省长担任河长。

按照"治理目标高于其他流域、要求严于其他流域、进度快于其他流域、成效好于其他流域"的要求,河长制办公室制订并公布《钱塘江河长制工作方案》《钱塘江水环境治理方案(2014—2017)》。治理方案提出近期和中期的治理目标,到 2014 年,钱塘江流域基本消除黑臭河、垃圾河;到 2017 年,钱塘江流域 I—III 类水质断面比例比 2012 年提高 6 个百分点,地表水省控断面全面消除劣 V 类水质,跨市、县交接断面消除劣 V 类水质并提高水质达标率 12 个百分点。为此,重点做好城镇环保基础设施建设、工业污染整治、农业农村污染整治、河道综合整治、生态保护修复、饮用水水源保护、监管监测能力建设等七项整治工作,设置 890 个重点项目,投资金额约 814.26 亿元。

2014 年 3 月 4 日,在钱塘江河长制工作会议上,省级河长分别与 5 位市级河长签订了钱塘江水环境治理目标责任书,现场布置任务,提出当年工作重点,要求对辖区内每条河道开展地毯式普查,建立"一河一档",通过信息化系统进行实时监控;主要力量放在垃圾河黑臭河整治、保障饮用水安全、环保基础设施建设、重污染行业整治四大板块。为落实治理责任,必须做到省、市、县、镇、村五级河长联动,流域上下游协同,有关工作部门配合;建立工作例会制度、定期报告制度、考核管理制度和应急处置机制。

经过 2014 年一年的全线努力,钱塘江流域基本消除垃圾河、黑臭河,实现了原定目标,取得有史以来最辉煌的战绩。2015 年乘胜追击,河长制办公室制订以消除钱塘江流域省控劣 V 类水质断面为主要目标的工作计划,这是一个大胆的也是多年期望实现的计划。又是风雨 700 多天,无数干部群众日夜为治水而战,钱塘江水质迎来质变。2016 年年底,省环保厅给钱塘江"体检",结果令人欣喜,47 个省控断面水质已全部达到 III 类水标准,主干河道和重要支流全面告别劣 V 类水,"一条可游泳的母亲河"变成现实。与此同时,钱塘江流域内的地方特色行业如富阳的造纸、萧山的印染、浦江的水晶、诸暨的建材、衢州的石灰窑、丽水的铸造等,经过"关停淘汰一批,整合入园一批,规范提升一批"的整治大动作,以崭新的面貌呈现在人们眼前。2017 年,钱塘江流域共排查和消灭劣Ⅴ类小微水体 5000 多个,使流域内 1400 万百姓的房前屋后也做到"半亩方塘似鉴,一泓清流环绕"。

钱塘江流域的全面治理,凝聚着从省级到村级 3000 多名河长的心血。钱塘江流域是一个以水为核心的经济、社会、自然、生态的有机系统,流域上下游、左右岸之间的社会生态有着天然的紧密联系。如果以传统的行政区域划分开展治理,必然难以解决联动治水问题。而五级河长体系,破解了跨流域河湖治理和管理难题。

苕溪系八大水系之一,跨浙江西北部,分东苕溪、西苕溪,涉及湖州大部分地区和杭州的余杭、临安两区,苕溪不仅是杭州、湖州人民的母亲河,也是太湖的重要水源。进入 21 世纪以后,苕溪治理的任务十分艰巨,一方面产业污染严重,水质频频报警,另一方面国家对太湖流域治理提出严格要求,群众对治理污染呼声日紧。2014 年起,一位省人大常委会副主任担任苕溪河长,在苕溪大河长指导下,杭州、湖州两地分别制订了《苕溪水环境治理方案》,开展大规模的连续治理行动。

杭州市在三年内实施东苕溪流域水环境治理重点项目 144 个,投资约 19.36 亿元。全市完成流域内印染、造纸、化工和节能灯四大行业整治提升工作,淘汰落后产能 56 家。临安区自加压力,对流域内 46 家印制电路板企业和 30 家装饰纸企业进行整治;对流域内的污水处理厂进行全面提标改造,使出水水质达到一级 A 排放标准;流域内 74 个行政村全部完成生活污水处理设施建设,农村生活污水治理覆盖率达 100%,受益农户达到 3.5 万户;余杭、临安两区建立区、镇、村三级畜禽养殖污染网格化巡查管理,50 头以上规模化养殖场从 1200 余家减至 75 家,生猪存栏从 17.15 万头降至 6.31 万头;全面完成饮用水水源地整治,南苕溪、中苕溪上游的 368 家农家乐全部建设餐饮废水处理设施,纳管率达到 100%;东苕溪沿线 4 座码头全部关停,流域范围内实现无装卸作业船舶。2016 年水质监测结果显示:苕溪杭州段 3 个省控断面、3 个市控断面主要水质指标较 2013 年有明显改善,流域断面Ⅲ类以上水质比例及达标率均为 100%,其中 5 个断面水质优于功能区目标要求。

湖州市制订东、西苕溪综合治理实施方案,分别由市委、市政府两位"一把手"担任市级河长,沿溪配备各级河长 252 人。根据治理方案,要求治矿、治污、治淤并举,东苕溪重点实施矿山整治、河道清淤、航运管理、农业面源治理、企业整治、农村生活污水治理等六大专项任务；西苕溪重点推进矿山码头治理、河道清淤、航运管理、工业废水治理、农业面源污染治理、生活污水治理、坡地开垦治理、河边洁化治理等八大专项任务。"治浑"作为苕溪治理的突破口，矿山企业从2003 年的 612 家削减到 56 家，开采量从峰值的 1.64 亿吨下降到 4800 吨，使苕溪水悬浮物平均浓度从 430 毫克/升下降到 50 毫克/升；完成河湖塘库清淤 2123 万立方米，总量居全省第一；关停退养生猪养殖场 743 家，散养户 1332 家，全市生猪存栏量从 125 万头缩减到 25 万头，温室龟鳖养殖棚从 666 万平方米下降到 97 万平方米；全面完成东、西苕溪沿线 58 个村农村生活污水处理设施建设，全市完成治理村数达 727 个，受益农户 30.9 万户。通过持续治理，市内东、西苕溪 13 个河长制监测断面全部达到Ⅱ类水质，满足功能要求断面比例达 100%，Ⅱ类水质断面比例及功能区达标率分别比 2013 年提高 43.2% 和 14.3%。

全省河流大规模清理整治工作完成后，随着一条条河道变清，河长的主要任务更多转向日常的巡查监管，保障河道长期清洁。各地河长制工作向更大范围拓展，向长效机制和精准管理深化。

湖州市全市 7373 条河道，共有四级河长 4944 名，河道警长 939 名，民间河长 2056 名，河长组织体系实现全覆盖，单日巡河量最高可达每条河 1.3 人次。市四套班子领导担任 33 条河道的"市级河长"，以身作则履行职责。在"周六河长集体巡河日"，全市所有河长集中同步巡河。2017 年湖州对河长制进行扩面，设立了 4733 名小微水体河长，上半年全市各级河长共出动巡查 10.3 万人次，发现并解决问题 400 多个。

杭州、嘉兴、绍兴等市在河长制基础上全面推行"湖长制"。为了保护好湖库滞洪、调蓄、净化、水生态修复等功能，同时保障饮用水水源地安全，绍兴市分市、县、乡、村四级建立湖长制体系，3300 多个湖（库）有了责任人。湖长的主要职责是保证"一湖一策"精准化管理，落实湖（库）污染防治、水环境治理、水资源保护、岸线管护、水生态修复、水环境执法六大任务，达到水域不萎缩、功能不衰减、生态不退化和水体洁净、环境优美、水清岸绿的目标要求。湖长制于 2017 年下半年在全省推开。

如果把河道比喻成城市的动脉，那么分散各处的沟渠、溪流无疑是这些地方的"毛细血管"，沟渠不通、水流不畅，尤其是受污染的沟渠水流入河道，会严重影响河道水质。2016 年底，杭州市西湖区在留下街道首推更加细致的溪沟长制，15 条溪沟分别任命了溪沟长，一条溪沟至少有 3 个人负责管理，由街道领导任小溪组长。杭州市上城区针对辖区内水环境绘制出区域"毛细血管"水系图，对每条河道及不属河道的沟、渠、池塘、小溪等小微水体都做出标注,被称为杭州版《水经注》,除河长外再任命了10名渠长,参照河长制的要求,由渠长履行小微水体"管、治、保"三位一体的职责。杭州市西湖区、上城区的较早实践,为全省向小微水体延伸河长制树立了样板。

2017年初省治水办发文,进一步健全河长制架构。市、县(市、区)、乡镇(街道)党政主要负责同志担任本地区总河长,所有河流水系分级分段设立市、县、乡、村级河长,并延伸到沟、渠、塘等小微水体。设立总河长加大了河道治理的领导、协调力度,也增强了领导的责任;所有河流分级分段设立河长,并向小微水体延伸河长制,使河长制实现了全覆盖、无盲区。

二、热情高涨的民间河长

河长制把地方党政领导推到了第一责任人的位置,最大限度整合了各级党委政府的执行力,消除了曾经的"多头治水"弊端,将治污与政绩有效挂钩,促使地方领导"为官一任,造福一方"。然而,单纯依靠政府的环境管理,更多透露出的是一种行政依赖。成熟的社会治理结构,不仅要求政府权力规范运作,也要激活民间自治能力,鼓励"草根"力量的参与,形成"全民治水、全域治水"的社会氛围。

2014年,全省一心一意推行河长制,在各级河长的指导推动下,大规模开展"五水共治"。由于许多地方把工作重点都放在工程治理上,没有意识到公众参与、社会动员的必要性,基层干部栉风沐雨、起早贪黑地工作,但是群众不了解政府的治理思路,也没有意识到自己的责任和义务,出现政府干、群众看的场面。政府花很大代价建设的一些工程设施,也因群众的不甚理解甚至排斥,而难以发挥应有的功效。这一情况引起地方领导的担忧和思考,并意识到将公众力量融入河长制中,把公众从旁观者变成环境治理参与者之重要,因此开始重视对社会公众的吸引和鼓动,"民间河长"应运而生。

企业家是"民间河长"中最活跃的身影。他们在多年市场拼搏中见识风卷云舒,愿意为家乡治水承担一份责任;尤其是在多年经办企业的过程中,对本行业环保工作情况和查处环保违法行为有着丰富的实践经验。在嘉兴港区的化工新材料园区,大小11条河道都被企业"包干到户"。园区确定了浙江嘉化能源化工股份有限公司、三江化工有限公司、嘉兴石化有限公司等8家企业负责人为河长,另有20多家河长成员单位,实行门前"三包",企业河长成为一种荣誉和责任。在嘉兴全市,主动认领河道的企业主共有700多人。而在治河任务艰巨的宁波市,也有1200余家企业勇当"治水先锋",认领河道(河段)和小微水体

1085 处。

桐庐县的民间河长来自普通的百姓。当全民治水形成一种氛围以后,一些朴实的市民和村民摩拳擦掌,自告奋勇要求"上战场",桐庐前后共有 420 多名群众自愿申请当民间河长。县河长办从中选择了 92 名相对固定的人员,郑重地为他们颁发河长聘书,并交给河长巡查日志,请他们协助政府部门开展治水监督工作。德清县钟管镇共有 60 多条河道,为了巩固治水成果,防止黑臭河垃圾河反弹,2017 年年初,镇政府首批列出 8 条河向社会招募"民间河长",弥补责任河长对河道周边情况不熟的不足。经过筛选,来自镇、村、学校和企业的 16 位热心公益人士获得竞聘资格。8 条河道都是"问题河道",这些住在周边、熟悉情况的民间河长,就成为不下岗的哨兵,河道边多了许多双牢牢监视的眼睛。义乌市 2014 年 9 月成立了"建设美丽义乌促进会",1350 名成员来自各行各业,成为环境监督的"瞭望哨"和"排头兵",几年来坚持参与城乡环境综合整治、排污口排查及水环境调查、工业污染源排查等专项行动。骨干成员每逢周二、周四,兵分 3 路赴全市各地查找污染源,足迹遍布城市大街小巷和几百个村庄。通过巡查市域范围 24 条溪河,共发现和曝光 1.3 万多起污染环境现象,为新闻媒体提供环境污染问题线索 500 多条,这些问题 99% 以上得到解决。

温州市组建治水团、护水团、义务服务团和"治水公益联盟"等社会团体,成立公益环保组织 50 多家,治水志愿者队伍 800 多支,成员 3 万多人。社会自愿捐资治水达 6.87 亿元。在 2017 年剿灭劣 V 类水工作中,玉环县干江镇是小微水体数量最多的乡镇。镇委和镇政府发挥河道周边干部群众居住河边易于监管的优势,为 479 个小微水体配备千名"零距离"河长,他们中间有村干部、共产党员和热心公益群众。"零距离"河长利用熟人身份,担当"剿劣治水"宣传员,在群众中开展涉水法律法规和相关知识宣传;利用自身社会影响力,担当不良习惯劝导员,引导周边群众和沿河企业养成"污水不排河、垃圾不投河、畜禽不养河"的良好习惯;利用熟悉周边环境的优势,担当河道治理监督员,半年内开展"找茬"活动 260 多次,又与专家团队联手组成"联合诊疗队",带路进行实地查访。

丽水市是浙江的重点侨乡,在外华侨人数达 41.5 万之多。2014 年以后,丽水市发挥华侨理念更新、视野更广、创新意识更强的优势,引导华侨积极参与"五水共治",近 200 名华侨担任了村级"河长",治水爱心捐款 1100 多万元。这些热心华侨向家乡父老做环境保护宣传,介绍国外生态理念和环境治理经验,让乡亲们眼界大开。华侨河长还利用人际优势,促成华侨团体与家乡 30 条"母亲河"结对,通过统战、侨务等渠道,向上级政府争取资金支持,落实了 20 多个治水项目;

招募人员建立了30支侨眷志愿者服务队,每月设立活动主题,开展宣传、监督、调解等工作。为了畅通华侨河长联系渠道,他们开通了"五水共治"华侨微信群,交流治水良方,比赛河道整治进度。上下游的华侨河长组建起"治水联盟",开展在线协调互动治水,20多个"治水联盟"涉及215个村庄,76条河道。华侨河长大多在国外经商,他们以敏锐的市场目光看到治水中的商机,一方面引导华侨在国内寻找合适的生态产业、清洁生产服务和治水项目参与投资,同时又在本地30多个治水项目建设上引用海外先进技术和经验,解决技术上的难题。

在浙江开放的环境下,还出现了"洋河长"。来自英国的汤姆和来自波兰的拉德万斯是衢州一所学校的外籍教师,被柯城区石梁镇聘为石梁溪河长,分别负责麻蓬村和静岩村两个河段。为了保持河道清洁,他们背着河长工作包,冒雨到衢州柯城区石梁溪边巡河,以西方人特有的认真,一丝不苟地打捞垃圾。拉德万斯把在浙江当河长一事告诉远方的父母,父母十分支持,表示为她的举动感到骄傲。德清县的裸心谷,凭借得天独厚的自然风光,吸引了来自美国、德国、南非等10多个国家的投资者。南非商人高天成倾心于莫干山的山灵水秀,与德清结下近10年情缘,并作为一名环保志愿者,经常去巡河,以一种独特的方式融入这片土地。2017年3月,杭州经济技术开发区(下沙)联合14所高校组建"河小二"青年突击队,来自马来西亚、意大利、智利、澳大利亚等国的50多名留学生成为队员,参与到下沙35条重点河道的日常巡查中。

长兴县是全省最先实行河长制的地区,全县547条、1659千米河道全部实行河长制管理,在设立县、乡、村三级526名河长基础上,又引入民间河长。通过县委组织部、教育局、工青妇人民团体,发动党员群众和民间组织参与一线治水,形成了"党员河长""青年河长""巾帼河长""红领巾河长""企业河长"等一批民间河长,成为行政河长的补充力量,治水工作呈现多元性、互动性和广泛性。一批工业企业主担任了65条河道的河长,并捐资200多万元助力治水。此风延至湖州全市,涌现6000多名民间河长和河道志愿者。

绍兴柯桥区,典型的水乡,全区水域面积达到65.89平方千米,共有854条河道,河道总长度1595千米。显然,仅靠1684名由区、镇、村干部组成的三级河长,还难以实现"横向到边、纵向到底"的管理要求,必须动员更广泛的社会力量共同参与管理。经过几年探索,越来越多的社会力量被组织发动起来,大量各界人士踊跃参与,形成"同心河长""企业河长""乡贤河长""日巡河长""乡村河长"等五大类编外民间河长队伍,人数突破2000人。柯桥区在水生态修复、水产业发展上需要有识之士献计出力,当地800多名民主党派和知联会成员人人争当

"同心河长",他们分区块实地巡查河道,开展"五水共治"专题调研,提出金点子建议168条。2015年7月起,全区700余名区管领导干部,根据自身特长和职业优势,主动到区内原籍地、外婆家、现居住地或曾经学习过、工作过的地方,认领一条河道,参与日常监督和管理,被称为"乡贤河长"。2017年剿灭劣V类水战中,柯桥区共排摸出小微水体975个,除明确涉及346个村(居)的基层干部担任正式河长外,又安排了400多人担任"乡村河长","乡村河长"在正式河长带领下开展具体工作。

最有意思的是,2015年7月,柯桥区的滨海工业区(马鞍镇)推出一项新制度——曹娥江流域柯桥段"企业河长轮值制"。曹娥江流域柯桥段全长15千米,水域面积超过1.5万亩,沿河建有印染、化工、热电等众多企业,污染物排放量大。滨海工业区召开"企业河长"成立大会,选择盛鑫印染公司董事长等12名企业负责人担任曹娥江柯桥段河道的首批轮值河长。选择这些河长有特殊的标准:企业要具有相当规模,有行业影响力,尤其是能自觉遵守环保法规,没有发生过而且今后也保证不发生环境违法事件,重视绿色发展和环保投入,同时又敢于监督偷排漏排等违法行为。2017年夏天,这支队伍扩大到163名企业家,他们要协助园区内152名行政河长,定点监管区域内的104条河流。"企业河长"被分成几个类别:第一类是行业河长,由工业区重点行业的领军人物担任,4名不同领域的龙头企业家分别担任印染行业、化工行业、化纤(石化)行业、饲料行业的河长,其职责主要是发挥行业升级、技术创新、节能减排的引领作用;第二类是区域河长,由工业区内5位规模较大企业的负责人,分别担任滨海工业区、化工区块、集聚区块、农垦区块和马鞍区块的区域河长,主要职能是发挥源头管控、信息互通、环境综合治理的区域牵头作用;第三类是轮值河长,主要职能是对区域内的大江大河进行分段监管;第四类是联盟河长,由当地8家印染龙头企业组织治水联盟,发挥企业治水团队作用。[1]

为激励"企业河长"的积极性,区治水办为他们颁发了河道巡查证,对履职尽心、成绩突出、起好带头示范作用的企业河长,区政府在企业技改、资源匹配、企业上市时给予照顾支持,在相关政策激励、评优评奖中给予优先保障。但对不称职的"企业河长",不仅取消河长资格,而且要进行通报。根据制度设计,"企业河长"首先要带头自律,做好自己企业的环境治理工作。为此,几年内"企业河长"为治理污染投入巨额技术改造和建设资金。根据职责,"企业河长"轮值期间要

---

① 马可远、陶文强:《柯桥区深化完善河长制工作纪实》,《浙江日报》,2017年7月13日。

对整个河道开展巡查,对偷排漏排、违法搭建、乱堆乱扔等现象进行监督。"企业河长"带领本厂的河道巡查队伍,须每天巡查厂区周边河流,10 天一次对曹娥江柯桥段流域进行全面巡查,相互之间每 10 天进行一次交叉检查,并要做好巡查记录。在河长之一的海虹印染公司,厂刊厂报、公告栏都有河道治理的消息,河道管理成为企业例会的一项议程。由于是行内人监督,流域内许多企业不得不格外小心,也别无选择,只有加大环保投入,加紧污染治理。

三、河长制是责任制

从根本上说,河长制就是领导负责制,它依靠强有力的行政力量来推动水资源保护和水环境治理,动员和集中人力、物力去追求最大化的保护和整治效果。河长制推动了浙江的综合治水,尤其是让治水工作高效化、长效化;同时,持续开展的治水工作也使河长制不断健全和完善,成为一项成熟且富有地方特色的制度。

俗话说:"河长要当好,河长不好当",实践证明有了河长,不等于河道的治理和管护可以高枕无忧,河长履职需要一套制度。2015 年 3 月 18 日的《钱江晚报》曝出一则新闻,杭州市上城区人大代表暗访主城区 7 条已治理河道,无论是目测还是简单检测,水质都很差。记者报道称之为"已摘帽黑臭河反弹"。其后又有媒体和群众不断反映,不少河道依旧脏黑,有的河段漂浮着大量水葫芦和浮萍;有的河道两岸生活垃圾和建筑垃圾堆积,居民直接往河道里倾倒污水;有的河道排污口接二连三,泥浆水直排河中。然而,负责管理河道的河长却难以寻见。

一石激起千层浪,社会舆论纷纷而起。省委主要领导在《钱江晚报》新闻报道上做了严肃批示:"摘帽的河帽子又戴上,这到底要摘谁的帽子?"其实在年前,省政府对河长制问题已有警示。2014 年 11 月 20 日,浙江电视台《今日聚焦》栏目曝光了舟山定海区小展河污染事件,省长发声:"小展河再次污染,对我们治水工作是一个重要警示。各地要举一反三、引以为戒,既重视河道治理、河岸美化,更要加强长效管理,加强源头治理,真正落实河长制。"

2015 年 5 月初,省委、省政府召开全省河长制工作会议,省长和 5 位省级河长亲临会场。会议从治水工作常态化、长效化角度提出完善河长制的重要性,指出一些地方出现黑臭河反弹现象,究其原因是制度不完善导致工作不落实。河长制是达到河道水质和水环境持续改善的重要保障,河长能否真正履行职责,关系到治水成效能否长期保持。河长制不是"冠名制",而是实实在在的责任制。河长治,关键在河长制;河长制,关键又在责任落实。会议以视频形式召开,在各市、县设立了 103 个分会场,市、县政府领导和市、县级河长共 6000 多人参加会议,可谓是有史以来最大规模的河长大会。根据会议精神,省委、省政府办公厅发出《关于进一步落实"河长制"完善"清三河"长效机制的若干意见》,对强化河长治水责任,巩固治河成果提出 13 条意见,明确各级河长是包干河道的第一责任人,必须履行"管、治、保"的职责,"管"就是承担日常的监督管理职责,"治"就是协调推进河道的综合治理,"保"就是协调监督河道的日常保洁清淤。

在此后的治水实践中,省"五水共治"工作领导小组对河长制继续进行探索和完善,省治水办先后下发《关于印发河长公示牌规范设置指导意见的通知》《关于设立全省总河长及调整部分省级河长的通知》《关于印发"浙江省河长制长效机制考评细则"的通知》《基层河长巡查工作细则》《关于抓紧做好河长制若干工作的通知》,使河长制责任体系和运行机制日臻完善。2017 年 3 月,省委、省政府办公厅发出《关于全面深化落实河长制进一步加强治水工作的若干意见》,把深化河长制作为当年开展剿灭劣 Ⅴ 类水工作的重要制度保障。2017 年 7 月 28日,省十二届人大常委会第四十三次会议审议通过了《浙江省河长制规定》,这是国内首个专门规范河长制的地方性法规。省人大常委会通过立法,将浙江省河长制有关经验、做法、政策、制度加以固化,并根据实践对河长制工作体制机制做进一步补充完善,如对河长的职责定位、各级河长及河长制工作机构的设立及具体职责、河长发现问题的处理机制、河长的法律责任等做了较为全面的规定,同时对河长的巡查、公示、表彰奖励等制度,河长与主管部门的信息共享和沟通机制等实践中行之有效的经验、做法予以吸收,形成一系列具体制度,为规范河长工作职责和行为提供了法律依据。至此,河长制作为浙江治水工作的一项基本制度,以比较成熟的面貌亮相于世。

浙江河长制在制度创新上有着鲜明特色。首先,是厘清了河长职责与政府及相关主管部门法定职责的关系。治水及其监督管理属于政府及相关主管部门的法定职责,河长制不是用新设立的河长去替代或者减轻主管部门的职责,而是作为部门法定职责的补充和辅助,推动和帮助主管部门更好履行职责。《河长制规定》将河长制定义为"由河长对水域的治理、保护予以监督和协调,督促或者建议政府及相关主管部门履行法定职责、解决责任水域存在问题的体制和机制"。具体制度设计中,如五级河长的职责规定,都是将协调督促主管部门解决水域治理保护中的问题或落实治理保护任务作为重要内容;河长巡查制度要求建立河长发现问题后与主管部门之间的报告、沟通、协调处理机制,以使发现的问题能及时、准确地传递到主管部门加以解决。

其次,是明确了各级河长职责的差异性。河长体系设置上,全省形成省、市、县、乡、村五级河长体系,不同层级的河长,履行的职责和担负的任务存在差异。跨设区市的重点水域由省级领导担任省级河长,其职责主要是协调和督促解决跨设区市水域治理和保护的重大问题,推动省内主要江河实行流域化管理;市、县级河长主要负责协调和督促相关主管部门制订责任水域治理和保护方案,协调和督促解决方案落实中的重大问题,推动建立部门协调联动机制,督促相关主管部门处理和解决责任水域出现的问题,依法查处相关违法行为;乡、村级河长主要负责对责任水域进行日常巡查,及时协调和督促处理巡查发现的问题,并按规定履行报告职责。各级河长职责规定的总体原则是,基层河长侧重于巡查并报告发现的问题,县级以上河长侧重于督促相关部门解决问题。同样的巡查,乡、村级河长需要经常进行全面巡查,而市、县级河长重点检查责任水域的管理机制、工作制度的建立和实施情况;乡、村级河长发现问题,主要通过向上报告将问题转交主管部门解决,而市、县级河长发现问题,则可直接要求主管部门处理。

最后,是调整好河长责任和权力的关系。河长制建立后,经常有基层河长反映"有责无权",于是,《河长制规定》赋予河长对部门不依法履职行为进行评价和制约的职权,如规定主管部门未按河长的督促期限处理问题的,同级河长可以直接或者提请本级人民政府约谈该部门负责人;县级以上人民政府对有关部门及其负责人进行考核时,应当就履行有关职责情况征求河长意见,河长可以对主管部门日常监督检查的重点事项提出建议或者要求,市、县级河长还可以对部门是否依法履职进行分析和认定。

河长制包括一系列具体制度和机制,如协调推进制度、督查指导制度、例会报告制度、上下游联动制度、投诉举报受理制度等。突出重要的有河长巡河制度,将水域巡查作为河长特别是乡、村级河长履职的重要内容。省委办公厅、省政府办公厅有关文件规定,市级河长巡查不少于每月一次,县级河长不少于半月一次,乡级河长不少于每旬一次,村级河长不少于每周一次。巡查的重点是河道截污纳管、企业排放、违章建筑清理、日常保洁等情况。2016 年,治水热火朝天,换届紧锣密鼓,如何做到人换而工作不断?衢州市对 103 名乡镇河长(也是乡镇"一把手")在上任后的第一时间进行履职培训,把认河、巡河作为新担任党政主要领导履职的头件大事。6 个县(市、区)负责人调整后,新任领导第一件事就是认河、巡河,签订《河长履职责任书》。2017 年开春,开化县"两会"刚闭幕,县级新班子就来到林同乡利来村马金溪边,新老河长进行了一场交接仪式,新河长从老河长手中接过来的是"三宝":红马甲、手机 App 和河长日志。"河长马甲"是县级河长的身份标志,在巡河中便于群众监督和直接反映问题;手机里安装的是省河长信息管理系统 App,是巡河必用的信息工具;河长日志用以记录工作状态及河道水体情况。交接仪式代表治水责任的转移和接力。

加强考核是河长制的重要规定。考核分两层,第一层是对各地河长制落实情况的考核,第二层是对河长履职情况的考核。河长履职考核情况列为党政领导干部年度考核内容是领导干部综合考核评价的重要依据。对成绩突出的予以表扬,对工作不力、考核不合格的,进行约谈或通报批评。对履职不到位、失职渎职,导致发生重大涉水事故的,依法依纪追究河长责任。实行河长制后,全省有千名左右担任河长的干部被约谈。

在河长制的基本制度框架下,全省各地的实践创新缤纷各呈。钱塘江河长制实行分级考核制,省河长制办公室负责对 5 个设区市河长制工作进行考核管理,各设区市负责对县(市、区)的考核管理。地处钱塘江源头地区的衢州市,建立河长履职情况一季一陈述制度。

湖州市制订《关于全面深化落实"河长制"工作的十条实施意见》,细化河长职责,量化工作内容,建立分级分工责任体系,每年在主要媒体公布县级以上河长工作信息,接受社会监督。德清县将约谈制度作为抓河长履职的强硬措施。每个季度,县治水办都会根据湖州市河长制管理信息系统反馈的数据,在本地的党政信息网上通报情况,同时根据排名情况公布被约谈的单位。

丽水市莲都区由政协委员担任"河道监督长",弥补河长监督漏洞,体现的是一种"黄雀"效应。以 42 条区级河道为中心,将 199 名政协委员分成 42 个监督组,负责对区内各级河长进行履职监督。政协委员形成三级监督网络,政协主席担任总监督长,政协常委担任河道监督长,委员担任监督员,42 个监督组每天派出一名监督员挂牌上岗,发现问题后第一时间联系所在乡镇、村,跟踪督促整改落实。查到有河道管理不到位的河长,立即反映给河长管理机构,由河长管理机构做出相应处理和处分。在如此严密的监督下,河道失治、失管、失保问题得到及时发现和解决。

四、河长的现代装备

浙江的现代河长制特色鲜明,除了规范的制度体系,令人刮目相看的还有大范围的信息化系统配置。借助信息系统的"千里眼""顺风耳",河长们如虎添翼,履职活跃。

河长制借助的第一个信息系统是河长制管理信息系统。

轰轰烈烈的清河工程过后，随之而来的是细水长流般的日常保洁。摆在人们面前有两大难点：管理人力不足，信息反馈迟滞。如桐庐县是省内较早实现农村生活污水处理工程、垃圾资源化利用工程、集镇污水处理厂建设全覆盖的地区，单是农村生活污水处理工程就有 2000 多个，垃圾资源化利用站 146 个，分布在村庄的各个角落，"点多面广监管难，路远人少执法难"的问题令管理部门感到十分棘手。如何使治污工程建好用好，如何让恢复清澈的河水不再污染反弹，成为激发管理者创新思维的又一道考题。

然而时代又给了浙江人机遇，"互联互通、共建共享"的"互联网＋"模式，使河长治水有了智慧"大脑"，河长破解治水护水难题有了新解。2014 年 10 月世界互联网大会在浙江乌镇召开，并且乌镇将成为永久性会址。乘此东风，治水领域也被要求引入"互联网＋"。省治水办敦促各地加快推进河长制管理信息系统建设，实现水质查询、污染源分布、巡查日志、举报处理、应急指挥、统计报表等功能集聚，实现鼠标略点便能知"江湖事"。

杭州市作为省会城市，是全省推进"智慧城市"建设、兴起信息化管理的"领头羊"，为了攻克"城市黑臭河治理"这个难点，杭州市在 2015 年上半年率先开展了河长制工作信息化试点，开发出河长制信息管理平台和 App，形成集信息公开、公众互动、社会评价、河长办公、业务培训、工作交流等六大功能于一体的水环境社会共治新模式。

管理平台将全市 1845 条乡镇级以上河道的河长制基础数据全部公开，包括河道基本情况、公示牌信息、河长和警长信息、年度治理计划等；河长和警长信息包括市级河长 33 人、区县级河长 328 人、乡镇（街道）级河长 1462 人，各级河道警长 685 人。

杭州市对全市乡镇级以上的河道采取水质监测全覆盖，每条河道布设 1 个以上断面，全市共计 2047 个断面，按每月一测的频次进行水质信息公布，省控、市控重要断面采取实时发布。信息管理平台为此定制了网格化的每月一测水质监测体系，水质监测数据通过平台向社会公开发布，一年公开各类水质数据达 10 万条以上。对基层来说，信息管理为及时掌握流域水质状况提供了极大的方便，通过信息平台可以随时查看各个乡镇街道上下游交接断面对比情况、同一断面不同月份水质对比情况，从数据分析水质的变化趋势，这些都是乡镇开展河道治理工作和进行治水工作考核所需要的重要依据。

使用信息化系统以后，全市乡镇级以上河长开始实行线上办公。每个工作日河长要在网上签到，查看并处理投诉建议，按规定频次上传河道巡查记录。桐庐县 92 位党政干部河长、村级河段长、民间河长全部安装了"杭州河道水质"App,他们每天都会登录,快速落实工作任务并及时反馈问题处理结果。2015 年这一年,河长签到率达到 93.4%,事件处理率达到 100%。《每日一问》栏目对河长进行线上培训,让各级河长掌握更多有关的政策制度、法律标准和专业知识,提高河长治水的业务能力。河长们还在平台的《新闻动态》栏目中交流治水的经验和各地治水的动态,开展"互帮互学"。

信息管理平台为社会公众参与治水提供了条件。有心的普通群众发现河道遭到污染,可以立即上传图片、文字等材料,通过 App 等直接向河长投诉,也可对河道监督管理提出批评建议,并对河长办理答复进行满意度评价。流域分段治理,如何统一行动一直是个难题,信息管理平台发挥信息共享的纽带作用,推动上下游、左右岸河长间的沟通和协调,短时间内促使河长联动协作。平台开通一年时间,先后解决区域合作联动问题 20 多个。

上城区的智慧城管平台更胜一筹,585 条市政道路底下的管网信息全部录入数据系统,150 个基站遍布辖区各个角落。河长巡河随身带着平板电脑,从电子管网系统能很快清楚沿河排水口及其连接的地下管网情况,为发现的破损管网直接定位。为了全天候监控河道,重要点位分别安装了高清摄像头,高清摄像头又加配了 37 个智能探头,一旦发现河道出现大型杂物,就会智能报警。各个河道排出口,安装了 200 处电子标签,实行智能化自动监测,如发生晴天偷排污水情况,电子标签就会及时、准确地做出感应报警。

在杭州试点的基础上,"浙江省河长制管理信息系统"也在 2015 年当年形成。通过该系统,省、市、县、镇四级河长可以通过 PC 端和移动端进行管理,公众可以通过 App、微信、热线电话参与治水。打开系统的"综合展现",全省的河流湖泊电子图清晰呈现,交接断面、污染源、河长公示牌等信息一目了然。点击"交接断面",各地从 I 类到劣 V 类的河道水质以不同的颜色标注,清楚明白。点击"污染源"视频监控,可以实时监控河道周边有无企业偷排污水,一旦发现异常情况,可以直接拨打平台电话向企业核查。在省级河长的账号平台上,还可以"河长关系树"的形式,了解下辖的市、县、镇各级河道的基本情况及河长相关信息。在"人人护水"App 上,公众可根据河道的名称直接搜索或选择河道所属的城区,进入想要查询的河道,河长信息、治理方案及当月的河道水质数据悉数显示,并实时更新。"人人护水"还设置了"曝光台",公众利用"随手拍"软件,即可点击提交污染信息。

以前,实行河长制一直存在一些工作上的困难,如:对乡镇、街道落实河长制工作无法进行客观、公正的评价、管理、监督、考核；工作人员无法及时处理并上报河道巡查过程中存在的各类问题；无法实时查看重点河段和敏感区域的视频监控；等等。建立"浙江省河长制管理信息系统"后，这些难题基本迎刃而解。

河长制借助的第二大信息系统是地表水交接断面自动监测系统。

在信息化时代，环境质量需要用数据说话。地表水交接断面自动监测是实施水质实时监管的重要技术手段，也是治水工作考核的重要依据。浙江省跨行政区域的河流交接断面共计 145 个。从 2005 年起，浙江省投资 3 亿多元，通过 2005—2007 年和 2011—2013 年两期建设，共建成 138 个地表水自动监测站，其中有 125 个为交接断面自动监测站，覆盖全省八大水系的所有县界以上交接断面。2009 年起，浙江省实施《跨行政区域河流交接断面水质保护管理考核办法》，7 年后，全省所有已建地表水站的交接断面考核，都采用水质自动监测数据。自动监测相对原来的人工采样监测，具有技术标准统一、监测频次高、人工干预少等优势，更能及时准确反映断面水质状况，在流域水质异常预警中发挥了较好作用。

为了进一步推进生态环境监测体系建设，各设区市因地制宜开展环境监测微型站建设。① 台州市从 2016 年启动建设市级全域水质监测网络——"水上天网"。第一阶段，建设计划投资 1 亿元，由第三方机构在市内建设 100 个微型水质自动监测站；第二阶段，进一步拓展覆盖范围，将微型水质自动监测站推广至乡镇交接断面，形成数千个监测点。台州市的"水上天网"主要有三大功能及特点：一是实时掌握水质变化情况。自动监测站每 4 小时进行一次监测，每天收集 6 组数据，控制系统通过对比分析，确定水质变化情况和污染改善程度，环保部门根据监测数据按月通报，强化各地治水责任。二是精准定位追踪水污染源。监测系统将重污染企业附近河道、农业面源污染严重的附近支流、污水处理厂排水口附近作为监测重点，并在水质自动监测站增加了金属离子、综合毒素等在线多因子自动分析项目和远程视频监控功能，通过将监测到的特殊污染因子与周边排污单位进行对比，可以及时追踪到污染源。这一功能可以有效倒逼工业企业废水达标整治，系统运行一年，共倒逼 71 个非法排污项目退出，促使 3 家企业达标整治。三是预警预报水质异常变化。环保部门可以根据预警，对周边排污单位进行排查，及时发现可能存在的涉水环境违法行为，提升环境执法效率。还可借助大数据分析技术，对水质变化趋势进行预报，拟订下一步污水治理方案。

---

① 浙江省委省政府美丽浙江建设领导小组办公室：《美丽浙江建设工作简报》，2017 年总第 103 期。

对各考核断面水质进行实时动态监测,也为河长制考核提供了准确的数据支持。绍兴市 2016 年被列入全国首批生态环境大数据建设试点单位,当地环保、水利两家经过会商,整合 85 个环保地表水考核断面和 78 个水利水功能区断面,投资 1.35 亿元,分两批建设了 128 个市级考核交接断面水质自动监测站,其多种功能与台州"水上天网"相似。

各地借助现代科学技术为河长制助力,还有多种形式。

为了全面及时掌握水质变化情况,2016 年 5 月,德清县雷甸镇购入便携式水质监测仪,成立了全县第一个乡镇河长制河道水质自主动态监测工作室。工作室虽小,却能对水质化学需氧量、氨氮、总磷等多项指标进行专业数据分析。水质采样一月一次随机抽查,分析报告在 24 小时内发送给责任河长,为日常工作提供参考,同时也作为河长制考核的重要依据。雷甸镇河道弯弯转角很多,给河道保洁带来不少麻烦。为了拓宽监控视野,镇治水办公室利用无人机设备,对河面进行空中侦察。无人机重点监控河面浮岛、河道转角和沿岸绿化带,实时传送画面,工作人员将发现的问题记录下来,及时通知责任单位。无人机巡河,便携仪测水,用上这两个现代化装备,使上级河长和治水指导监管机构,随时能掌握水质数据,将治水主动权掌握在自己手中。德清县治水办公室很快就将这两个科技治水法宝,推广应用到全县。无人机巡查同样也在嘉兴长兴县、嘉善县、温州瓯海区、杭州拱墅区等地得到应用。长兴县利用无人机巡河,至 2017 年上半年航程达 1500 多千米,发现并整改问题 90 多个。

安吉县的河道管理以前完全靠人工巡查,实行县、乡、村、民、警五级河长制后,虽然增加了巡查频次,但仍然不时有偷挖河沙、偷排污水、河道设障等现象发生。于是管理部门给 53 条主要河道装上 474 个探头,并与此前公安、环保、交警的 3000 多个探头联网。在水利局监控室,6 台液晶显示屏每隔 5 分钟自动更新实时画面,全县 53 条主河道、81 座水库在 4000 多个探头的严密监视下,基本情况一清二楚。前端点位监控摄像头可 360 度旋转,每个摄像头能覆盖 1 千米范围,如果画面切换放大,还能清晰地看到河里的鱼虾游嬉。在环保局的在线监控室里,墙上的显示屏则实时监控着所有排污企业。只要企业超标排放,显示屏亮起红色指示灯,执法队就会立即赶到现场处理。在一些较大村庄的生活污水处理池出水口,也安装有监控摄像头,通过 3G 网络实行县主平台、乡镇分平台、村点微平台联网,不出门就能对农村污水处理设施进行远程管理,一旦发现净化后的生活污水出现异常,环保部门就会联系物业公司检查处理。

西湖区为保持治水成果,采取"水陆空"全方位联动护水模式,形成集约化的信息综合管理平台。水上监管,将电瓶保洁船与漂浮物自动打捞船结合使用,以提高河道保洁效率;在重点河段建设水质监测站,实时监测河道水质变化情况,并对河道实行全覆盖水质监测分析,对有污染趋势的河道进行预警。陆上监管,2017 年起试行巡查服务外包模式,对河道保洁、河道设施维护、水质情况、绿化养护进行统一管理,改变了过去河道与岸边分开管理容易出现保洁"真空"的状况。空中监管,在重点河道及城区低洼积水点附近安装 40 多路高清监控设施,配合 32 辆执法车的 4G 车载监控,形成固定与移动监控相结合的观测体系。

第九章　以人民的名义监督治河

环境保护是我国的一项基本国策,事关全局和长远。省、市、县各级人大常委会作为地方的国家权力机关,根据法定职责,一方面,要重点做好环境和资源保护方面的立法工作及有关重大事项的决定,用法律保护环境和资源;另一方面,要定期听取和审议同级人民政府关于环境和资源保护工作情况的报告,围绕本行政区域内环境和资源保护工作中的重大事项开展监督,督促和推动政府切实做好环境保护工作。这其中,重点推动治水,让人民看得见绿水青山,喝得上洁净之水,成为浙江各级人大及其常委会的重要历史使命。

一、以立法保障和引导治水

地方立法对做好环境资源保护工作意义重大,这是由环境资源保护工作的特点决定的。整体上看,各地环境资源保护的基本目标和任务是一致的,环境资源保护基本制度应当具有统一性。但是,各个地区的生态资源、环境条件、经济发展程度、民众需求等存在很大差异,环境资源保护的具体制度或操作规则也必然存在一定差异,地方立法需要更加具体和细化。

进入 21 世纪,浙江省委多次对生态文明建设做出部署,省人大常委会行使重大事项决定权,及时把党委决策转化为具有法律约束力的人大常委会决定,推动各级政府依法保护环境资源,促进生态文明建设。

2002 年 12 月,浙江省委十一届二次全体会议提出建设生态省,2003 年 6 月下旬,省第十届人大常委会听取和审议了省政府关于开展生态省建设情况的报告,并通过《关于建设生态省的决定》。2010 年 6 月,浙江省委对省内全面推进生态文明建设做出部署,省第十一届人大常委会及时做出《中共浙江省委关于推进全省生态文明建设的决定》;9 月,省第十一届人大常委会又根据省委要求,做出设立生态日的决定,经广泛征求意见,以《中共浙江省委关于推进生态文明建设的决定》通过的日子即每年的 6 月 30 日作为浙江生态日,这也是全国首个省设生态日。2014 年 5 月,省委做出《关于建设美丽浙江创造美好生活的决定》,这是对浙江历届省委提出的建设绿色浙江、生态省、全国生态文明示范区等战略目标的继承和提升,省第十二届人大常委会紧接着于 7 月下旬通过《关于保障和促进建设美丽浙江创造美好生活的决定》。省人大常委会 4 个决定,为浙江持续开展生态文明建设奠定了法制基础,也为十多年的水污染治理工作提供了重要的制度保证。

省人大常委会还对浙江本地有关环境资源特殊保护和紧急治理的问题,做出实体性决定。"十二五"以后,浙江的养殖业不断发展,成为农民增收的重要途径,同时传统的养殖方式和超量养殖,又带来严重的环境污染问题,亟待依法加强管理。考虑到立法周期较长,省人大常委会决定启用重大事项决定权,迅速制止畜禽养殖业无序发展造成的环境污染。2013 年 5 月 29 日省第十二届人大常委会做出《关于加强畜禽养殖污染防治促进畜牧业转型升级的决定》,既对畜禽养殖污染防治提出严格要求,又对促进全省畜禽养殖业转型升级做出相应规定。2016 年 11 月,针对省辖海域内渔业捕捞过度、渔业资源日益匮乏和海洋生物多样性遭遇侵害的紧迫形势,省第十二届人大常委会紧急做出《关于加强海洋幼鱼资源保护促进浙江渔场修复振兴的决定》。管理部门以此为执法"武器",加大保护海洋资源和打击破坏海洋生态违法活动的力度,短时间内取得明显成效。

许多市、县(市、区)人大常委会也以做出决定的形式,推进当地以治水为重点的环境治理和环境保护工作。如龙游县的灵山江在十多年间水质变劣,县人大常委会为母亲河被严重污染担忧,于 2013 年 5 月做出《关于加强灵山江生态环境保护的决定》,提出一系列治理和保护意见,历经几年坚持不懈的监督推动,促使灵山江水质明显改善,最后达到常年保持在 Ⅱ 类以上;2014 年又做出《关于推进"五水共治"共建生态家园的决定》,持续监督龙游生态环境的改善,助力龙游两次获得省"大禹鼎"。永安溪横贯仙居县全境,也一度遭受污染和破坏,县人大常委会为此专门做出永安溪保护治理的决议,并进行长期跟踪,督促政府解决18 个突出问题。2017 年,在水利部水情中心与阿里巴巴"天天正能量"共同发起的"寻找最美家乡河"活动中,永安溪成为被推出的 10 条全国"最美家乡河"的其中一条。2016 年年底,省第十二届人大常委会在全省推开政府民生实事项目代表票决制,截至 2017 年 4 月月底,有 7 个设区市、49 个县(市、区)、427 个乡镇开展了票决制,票决产生的民生实事项目,几乎都以治水项目为先。治水项目由票决产生,推动了治水决策的科学化和民主化。也由于民生实事项目的落实需受人大监督,政府加大了治水工作的力度,也对治水的效果更加重视。

省人大立法的主要形式是制定地方性法规,又分两种情况。第一种情况,是国家法律、行政法规新颁布后,根据本省实际出台一批与之相配套的地方性法规1995年10月,国家制定《固体废物污染环境防治法》。2006年3月,省第十届人大常委会通过《浙江省固体废物污染环境防治条例》,各地执法部门据此对电子废物拆解业进行整治,规范固废拆解利用活动,一年半内,清理不具备条件的拆解散户11763户,电子废物污染得到有效控制。这一条例还总结宁波、嘉兴等地农村处理生活垃圾经验,确立了生活垃圾村收、乡运、县处置的基本处理模式,为农村生活垃圾的收集、贮运、处置,以及资金保障等提供了法律支持。国家颁布《水污染防治法》以后,浙江省第十一届人大常委会于2008年制定《水污染防治条例》,除了许多细化的规定,还有一些重要突破点,如在强化行政、法律手段的同时,探索运用经济手段解决经济发展带来的水污染问题,明确了排污权交易制度,在这一条例推动下,浙江实施排污权有偿使用和交易制度走在全国前面,并在水污染防治工作中发挥了积极作用。又如为了加强对排污单位的严格管理,在采取行政强制措施上规定,"排污单位拒不履行县级以上人民政府或者环境主管部门做出的责令停产、停业、关闭或者停产整顿决定,继续违法生产的,县级以上人民政府可以做出停止或者限制向排污单位供水、供电的决定",对迅速控制或制止排污单位继续排污、防止污染损害扩大起到十分重要的作用。国家的《水土保持法》出台后,2015年浙江省第十二届人大常委会制定《浙江省水土保持条例》,从更严更细要求上,提出了实行水土流失责任终身追究制,把对生态安全有重大影响的主要江河源头区、饮用水水源保护区、生态脆弱区,以及主体功能区规划确定的禁止开发区块划入水土流失重点预防区,规定禁止在25度以上陡坡地和供水水库库岸至首道山脊线内荒坡地开垦种植农作物等。

制定地方性法规的第二种情况,是根据实际需要,自主制定一批对地方性事务进行规范和管理的法规。为保护浙江的母亲河——钱塘江,1997年省第八届人大常委会制定了《浙江省钱塘江管理条例》,2017年对该条例进行了修改,增加了涌潮保护、采砂管理和防洪调度等内容,使钱塘江的依法治理、开发、保护和管理工作进一步得到完善。2011年年底,省第十一届人大常委会制定《浙江省饮用水水源保护条例》,对饮用水水源保护区的划分、保护区内的禁止行为做出详细和严于国家的规定,省人大常委会据此多次进行饮用水水源保护的执法检查,推进了全省饮用水安全工作。2017年省第十二届人大常委会制订《河长制规定》,这是一个完全立足浙江实际,总结浙江治水经验而产生的法规,《河长制规定》对河长制的含义、组织体系、工作要求、运行机制、考核办法等做出创制性规定,成为浙江巩固治水成果、建立治水长效机制的重要法律保证,也为全国推广河长制提供了样本。

在设区市不具备地方立法权以前,省人大常委会还承担了特定流域保护性法规的制定工作。2001 年 12 月,省第九届人大常委会通过《浙江省乌溪江环境保护若干规定》,内容只有简单的 14 条,分别对保护工作方针、领导和部门职责、重点保护措施和生态补偿等急需明确的问题做出规定,特别是针对乌溪江地处欠发达地区的特征,对生态补偿提出较为具体的要求。绍兴黄酒千百年来誉满天下,一个重要因素就是酿酒的水源来自独一无二的鉴湖。为保护鉴湖水域不受污染,早在 1988 年省人大常委会就制定了《浙江省鉴湖水域保护条例》,并先后于 1997 年、2002 年、2004 年和 2009 年五次做了修改完善。温瑞塘河是温州人民的母亲河,20 世纪 80 年代以来,污染现象日益严重,当地群众治河呼声日高。2009 年 9 月,省第十一届人大常委会通过《浙江省温瑞塘河保护管理条例》,对温瑞塘河治理提供了强有力的法律支持。绍兴的曹娥江处于剡溪下游,流经新昌、嵊州和上虞三个县(市),但沿途受工业、农业、采砂业污染,水质逐年下降,省人大代表多次提交议案要求立法加强保护。2011 年 11 月,省第十一届人大常委会制定《曹娥江流域水环境保护条例》,这是省人大常委会为绍兴市流域保护而立的第二个专门条例。

设区市人大为加强当地水环境保护和治理,也在地方立法上做出了很多努力。杭州、宁波作为较大市早就具有地方立法权,从 20 世纪 80 年代起屡有环境资源保护方面的立法项目。2015 年 3 月 15 日十二届全国人大三次会议通过《立法法》修正案,将地方立法权扩展至设区的市,规定设区的市可以针对城乡建设与管理、环境保护、历史文化保护等方面的事项制定地方性法规。2015 年,省第十二届人大常委会分两批发文,确立杭、宁以外的 9 个设区的市也具有地方立法权。至 2017 年年底仅两年多时间,设区的市制定直接关系水环境治理的法规多个。如金华市,境内河流众多,流域面积广,处于钱塘江、浦阳江、瓯江等河流上游地区,区域环境敏感,近几年采取一系列措施加强水环境治理和保护,水环境质量有较大提高。一些好的做法急需通过立法予以固化,所以,在赋予立法权后,金华市第六届人大常委会第一个实体法项目就选择了《金华市水环境保护条例》。此外,2016 年,绍兴市第七届人大常委会制定《水资源保护条例》,2017 年,嘉兴市第七届人大常委会制定《嘉兴市南湖保护条例》,衢州市第七届人大常委会制定《衢州市信安湖保护条例》,也都加强了地方依法治水、护水、管水的针对性,对当地水环境保护和治理工作起到很重要的规范、引导和约束作用。

二、专项审议和执法检查推动治水

对一府两院依法行使监督权,是宪法和法律赋予人大的另一项重要职能。20世纪80年代以来,浙江省历届人大逐渐将关注的目光转向环境保护问题,进入21世纪以后,水环境保护和水污染治理更是成为各级人大及其常委会的重点监督内容。

浙江省各级人大及其常委会对水环境保护和水污染治理的监督,大致可以分为几个阶段或侧重点。

第一个阶段侧重点是围绕第一、二、三轮"811"行动计划,督促各级政府对省内重点流域、重点污染问题展开整治,推动政府的环境治理工作逐步深化。在2003年省第十届人大常委会做出《关于建设生态省的决定》后,2004年省人大常委会在全省范围内开展建设生态省决定和环境保护法执法检查,对检查中发现的48个环境污染重点问题提出整改意见,要求有关部门和地方限期治理。这是21世纪以来省人大第一次由常委会统一部署、上下各级联动的环境执法检查活动。2005年继续采取统一部署、上下配合的方式,开展跟踪检查,重点是水环境治理、农业面源污染治理和2004年检查提出问题的整改落实工作。2006年委托相关专门委员会,对上年跟踪检查中发现的19个尚未解决问题的整改落实情况再进行跟踪督查。2007年继续跟踪,对历年来常委会提出的突出环境问题整改落实情况进行"回头看"。连续4年的执法检查和跟踪督查,督促解决了一大批严重影响环境的重大污染问题,如取缔了永康小冶炼,关闭了衢州沈家化工园区,有效整治了平阳水头制革业和富阳造纸业,等等,还促进了生态补偿机制等一系列政策措施的出台。

2008年和2009年,《水污染防治法》《浙江省水污染防治条例》相继颁布,省第十一届人大常委会趁此时机,于2010年开展水污染防治"一法一条例"执法检查,重点检查饮用水水源保护、跨界河流断面水质达标考核、城镇污水处理厂污水收集和处理、农业面源污染防治等四个方面。2011年的跟踪检查紧盯上一年发现问题的整改情况,对饮用水水源保护问题,重点检查温州珊溪水库、永康杨溪水库、新昌长诏水库等的污染源清查整治;对跨界河流的检查监督,主要针对杭州绍兴两市、东阳江流域和温瑞塘河、30个开发区(工业园区)和浦阳江的水污染防治;对工业园区检查,又重点监督温州电镀、富阳造纸、萧绍区域印染化工的污染反弹行业整治情况；对城镇污水处理厂的检查，重点检查温州平阳污水处理厂、湖州光正污水处理厂等单位运行负荷过低或超标排放问题的整改情况；对农村面源污染防治问题，重点检查嘉兴畜禽养殖污染防治、湖州珍珠养殖整治，以及富春江大坝前死猪漂浮整治情况。执法检查，不仅向政府提出了治水工作的法律标准，刚性解决一些久拖不决的问题，也使政府人员增强了法律责任意识，提高了依法保护环境的自觉性。

第二个侧重点是围绕饮用水水源保护开展监督。

浙江的饮用水水源，近 70% 以上是湖库取水，也即大部分来自水库。这些水库大多建于中华人民共和国建立后，当时的主要功能是蓄洪、灌溉和发电，对水质要求和水源地保护要求不高。随着城乡居民供水需求的快速增长，许多水库的功能转向兼顾供水或者以供水为主，水库作为水源地对保护有了严格要求，但是，要取消库区内原有的生产项目，改变当地村民的生产生活习惯，却并非易事。河道取水也面临同样的问题，随着工业化的推进，许多河道两侧工厂林立，污水渗排，公路穿越，对饮用水安全随时构成威胁。10 多年间，浙江连续发生饮用水事件，影响比较大的如 2013 年 3 月至 5 月间，杭州不少家庭的自来水出现异味。2013 年 12 月 10 日，九溪水厂监测发现，钱塘江原水有轻微程度异味，一个多星期内，市民对自来水异味的投诉增加到了 220 件。经环保部门的多日检测调查，终于查明引起异味的主要物质是一种叫邻叔丁基苯酚的化合物，涉及该物质生产的有 10 家企业。2013 年 11 月 14 日，央视新闻频道报道了新安江饮用水水源地安全问题的调查情况，反映了新安江饮用水水源地存在违法排污、网箱养殖、酒店餐饮、洗车服务及龙舟漂流旅游项目等问题，严重威胁水源地环境安全。2014 年 5 月 18 日凌晨，桐庐县 320 国道富春江镇俞赵村发生一起化学品运输车辆侧翻事故，有 8 吨四氯乙烷被注入距富春江 2 公里左右的溪沟，为了保障饮用水安全，富阳区政府决定上午 10 时至下午 3 时停止从富春江取用水。同样的事件 2011 年 6 月也曾在新安江附近发生，一次生苯酚运输交通事故，致使下游桐庐、富阳等地水厂全面停水。

水环境保护，治理污染源是重点，饮用水安全是底线。饮用水水源保护直接关系到群众的生命健康安全，是水污染防治的重中之重。2010 年和 2011 年，在省第十一届人大常委会水污染防治"一法一条例"执法检查中，饮用水水源保护被列为第一个重点。2013 年至 2015 年，省第十二届人大常委会再次将饮用水水源保护列为重点，展开连续三年的跟踪监督。第一年执法检查的主要内容是"十二五"以来全省饮用水水源保护的基本情况，重点是饮用水水源地规划、建设和运行情况、饮用水水源地环境质量及综合治理、农村饮用水水源保护、饮用水水源保护能力建设等四大方面。① 根据报告和检查,全省饮用水水源安全基本得到保障,2012 年 99 个县级以上集中式饮用水水源地水质达标率为 86.7%。但是仍有 13 个集中式饮用水水源地存在水质超标现象,湖库富营养化程度在缓慢加重;饮用水水源地及周边污染隐患仍然突出,各地饮用水水源地保护区内大约还有 100 家违法企业或设施,危化品运输流动风险日益成为重点隐患;跨界饮用水水源保护区上下游之间利益矛盾突出,预警和应急措施比较单一;农村饮用水水源保护工作比较薄弱,管理服务水平相对较低。

常委会经过审议,向省政府列出 10 条整改建议意见:(1)市、县(市、区)要制订饮用水水源地保护规划,建立并落实保护管理责任制。(2)加快舟山大陆引水三期、"引曹南线"工程建设,推进杭州新安江引水、嘉兴太湖引水和湖州太湖引水工程的启动。(3)县级以上集中式饮用水水源都要建有备用水源。(4)协调处理好东苕溪的余杭和德清、乌溪江的衢州与遂昌、瓯江的温州与丽水、好溪的缙云与磐安、杨溪水库的永康与缙云、里石门水库的天台与磐安等 6 个跨界水源地的规划、建设和保护问题。(5)补划和调整集中式饮用水水源地保护区,在保护区设立地理界标、警示标志和隔离防护设施。(6)关停并取缔保护区 55 家违法企业或设施。(7)完成 72 个安全隐患整治任务,逐步解决好 13 个集中式饮用水水源水质超标问题。(8)提高城乡一体化集中供水比重。(9)提升对水质的省、市特定监测和县常规监测能力,加强农村分散式水源地保护管理措施。(10)建立县级以上集中式饮用水水源应急保障机制、上下游联合预警机制。

第二年,省人大常委会跟踪检查饮用水水源保护审议意见落实情况。② 省政府对省人大审议意见高度重视,对各地饮用水水源保护区内 55 家污染企业和 72 个安全隐患,采取限期倒逼整改措施,要求整改进度一月一报,6 月月底前全部到位。7 月上旬,省政府召开饮用水水源安全隐患整改工作督办会,分管副省长召集有关县市领导见面,下达最后通牒。杭州市作为省会城市,是全省供水人群最大的区域,饮用水水源地主要分布在钱塘江和苕溪两大水系,省人大常委会在审议意见中提到的饮用水水源保护区内的违法企业和安全隐患点,大部分在杭州。根据省、市人大常委会审议意见要求,杭州市对有关区(县、市)下达整改命令,将饮用水水源保护工作纳入"五水共治"重要内容,列入《杭州市 2014 年度生

---

① 《印发〈关于饮用水水源保护相关法律法规执法检查的实施方案〉的通知》,浙人大常办〔2013〕7 号。

② 《印发〈关于贯彻"五水共治"战略决策开展饮用水水源保护跟踪检查的实施方案〉的通知》,浙人大常办〔2014〕25 号。

态省建设工作任务书》，市政府还与各区（县、市）政府签订了《2014 年杭州市饮用水水源保护工作目标责任书》。在不到一年时间里，被列入"黑名单"的 20 家违法企业全部关停，33 个安全隐患点也全部得到整改。为解决这两个问题，共投入资金在 10 亿元以上。

经过又一轮的省、市、县三级人大联合检查，9 月份的省人大常委会再次进行审议。根据省政府的报告，饮用水水源保护区内的 55 家违法企业，51 家已完成关停或取缔；72 个饮用水水源隐患点位，有 65 个消除隐患。常委会听取和审议了省政府的审议意见落实情况报告、省人大常委会跟踪检查情况报告后，对省政府落实审议意见情况进行满意度测评，总体评价为基本满意。省人大常委会向省政府发出第二份饮用水水源保护的审议意见，共 8 条，除要求继续落实 2013 年提出 10 条建议外，还新提出：研究制定全省饮用水水源保护规划；进一步整治象山仓岙水库和溪口水库、莲都黄村水库等新出现的污染超标水源地，坚决整治温州珊溪水库一级保护区网箱养鱼、台州长潭水库农家乐等污染水源活动；整合现有检测力量，探索建立由卫计部门为主的统一取、供水水质检测机构，逐步探索水质检测市场化；研究制定穿越水源保护区道路的危化品运输管理规定；研究完善水源地生态补偿机制。

2015 年是第三年，省人大常委会仍然盯住饮用水水源保护问题，监督形式改为书面询问。[①] 省政府的书面报告，以一问一答的形式，对 2014 年省人大常委会发出的 8 条审议意见，一一给予详细答复。经过一年时间的努力，8 条建议除了长期工程外，大部分已落实或改进。难度较大的备用水源建设，到 2020 年，除建德、淳安两地，其他县级以上城市可以实现备用水源全覆盖；跨界水源地保护问题，除里石门水库上游需继续治理外，其他几对矛盾基本得到解决；水源地保护区 55 家违法企业或设施、72 个安全隐患点位已经全部整改；象山仓岙水库和溪口水库、莲都黄村水库经过整治，水质达标率 100%，温州珊溪水库一级保护区网箱养鱼、台州长潭水库保护区经营农家乐、苍南桥墩水库一级保护区内旅游开发等活动全部取缔。

连续三年的饮用水水源保护监督，问题集中，针对性强；监督方法上，执法检查、专项工作审议、书面询问、满意度测评多种形式连用，促使全省饮用水水源保护中的突出问题基本得到解决。

省人大常委会治水监督第三阶段的侧重点，是对省政府重点部署的"五水共

---

① 《印发〈关于饮用水水源保护跟踪检查审议意见落实情况专题书面询问的实施方案〉的通知》，浙人大常办〔2015〕35 号。

治"工作进行综合监督。2016 年,省第十二届人大常委会将"治水""治气"两项工作的监督合并进行①,经过分组实地检查并听取省政府"五水共治"情况的报告,常委会提出 11 条审议意见,包括要求加强对各类工业园区污染产业的整治,提升畜禽生态化养殖和工业化治理水平,加快城乡污水管网建设和改造,推进平原河网水体水质提升,加强水环境质量监测信息化平台建设,对淤泥无害化处理,完善河长制,等等。

2017 年,浙江省委、省政府全力以赴推进剿灭劣 V 类水工作,这是一项难度较大、力量集中的攻坚战。省第十二届人大常委会及时跟进,在全省范围内开展人大系统剿灭劣 V 类水专项工作审议,推动解决污水处理能力不足、截污纳管不到位、工业和农业面源污染、河道清淤与生态配水力度不够、对小微水体污染治理重视不够、河长制落实不到位等重点难点问题,监督和支持各级政府如期完成任务。② 在监督形式上采取"四个结合",专项审议与代表主题活动相结合,在开展人大系统剿灭劣 V 类水专项工作审议同时,开展"剿灭劣 V 类水、人大代表在行动"主题活动;工作监督与执法监督相结合,在专项审议和主题活动中,加强对水污染防治等 17 部法律法规贯彻实施情况的监督;人大监督与舆论监督相结合,借助新闻媒体力量,开展全过程、深层次、多角度报道;剿灭劣 V 类水专项监督与防反弹建立长效机制监督相结合,推动完善常态化的水体维护、巡查、监管机制。

省人大常委会对剿灭劣 V 类水的专项监督力度超前,在 3 月到 6 月的 3 个月时间内,6 位省人大常委会副主任两次带队到重点流域和河段督促检查,就地开展明察暗访、调查研究,查找治水薄弱环节。这一工作传导到市、县、乡镇各级人大,全省形成了省人大重点监督省控断面,市人大重点监督市控断面,县(区、市)人大重点监督县控断面,乡镇人大重点监督小微水体的分级监督网络。9 月底,省人大常委会听取和审议省政府剿灭劣 V 类水工作情况报告,并在前期调研督促的基础上,提出 6 条审议意见,要求各级政府力度不减,善始善终抓好剿灭劣 V 类水各项工作;科学有序治水,加强对基层的指导和服务;增加投入,加快城乡污水管网建设改造;推进企业整治,加大农村面源污染治理力度;严格标准,抓好考核验收和监管;完善体制机制,保障治水取得长效。

省政府认真研究和吸取省人大的审议意见,一鼓作气,坚持把剿灭劣 V 类水进行到底。到 11 月底宣布,全省 58 个省控、市控、县控劣 V 类水质断面全部消

---

① 《印发〈关于开展"五水共治"工作专项监督实施方案〉的通知》,浙人大常办〔2016〕15 号。
② 《印发〈关于听取和审议我省剿灭劣 V 类水工作情况的实施方案〉的通知》,浙人大常办〔2017〕6 号。

除,排查出的 16455 个劣 V 类小微水体也于 10 月底全部完成验收销号。根据省治水办规定,下半年各地的劣 V 类小微水体治理验收,都有人大代表参加现场监督和见证。

11 个设区市人大常委会对监督保护当地母亲河同样不遗余力,重点地区的人大对政府治水工作紧盯不放。台州市人大常委会自 2005 年以来,十多年持续监督治水,先后发出两个关于治水的专门决议,开展两次专题询问,六次进行常委会审议,七次组织代表集中视察,四次对政府治水工作进行满意度测评,支持和推动当地政府治水力度不减,促使遭受污染的河道、水库水质一年年变好。[①]

三、人民代表主题活动督促治水

浙江治水关系到群众切身利益,大面积铺开后涉及面广,人大监督工作需要转变思路。2013 年以后,省第十二届人大常委会连续组织开展四次人大代表主题活动,发动全省 8 万多名各级人大代表直接参与监督治水,代表监督工作出现一种新的形式。

2013 年,省人大常委会推出第一次监督治水主题活动——"关心母亲河,查找水污染源,恪尽代表职责"代表主题活动。

6 月 24 日,省人大常委会办公厅发出通知,要求全省 8 万多名各级人大代表积极行动起来,从关心身边和家乡的河溪做起,深入所在区域的水库、山塘、河溪,认真查找水污染源,为治水建言献策。[②]

各地人大常委会积极响应,代表们以高度责任感参与"查污"行动。临安地处太湖和钱塘江水系源头,水环境保护受到特别关注。临安人大常委会组织 503 名人大代表,深入锦溪、横溪、桃源溪等 55 条河流查找水污染源,发现各类污染问题 106 处,针对这些问题提出加快城市污水处理厂改建、加强防洪改造等意见建议 118 条。杭州市滨江区人大代表中有许多摄影爱好者,区人大常委会组织人大代表和普通市民 20 余人,穿梭区境内十几条河道之间,用相机和手机记录河水被污染情况,将拍摄留证作为一种新的监督方式。金华市人大代表义乌中心组第一小组的十多名代表,实地视察义乌江进出水交接断面水质情况和航慈段、义亭段污染情况,集体约见金华市环保局领导,当面提出建立科学考核

---

① 浙江省人大常委会研究室:《台州市人大常委会十多年持续监督治水的主要做法》,《浙江人大信息》,2017 年总第 425 期。

② 《印发〈关于开展"关心母亲河,查找水污染源,恪尽代表职责"活动的实施方案〉的通知》,浙人大常办〔2013〕53 号。

机制、加强对跨区域污染源整治等建议。

人大代表不仅查找污染线索,还紧盯解决污染问题。温州市龙湾区建立"百名人大代表挂钩联系重点黑臭河垃圾河整治"制度,人大代表跟踪监督龙湾区境内河道整治工作。顺溪引供水工程水源地是平阳县最大的集中式饮用水水源保护区,上游文成县桂册社区有 76 家养猪场,5 万多头生猪的排泄物未经处理直排入溪,给饮用水安全带来隐患。平阳的温州市人大代表连续多年提建议呼吁,并督促政府抓紧治理,2014 年 12 月代表听到好消息,这个养殖污染"老大难"问题彻底解决,平阳县鳌江流域 35 万百姓终于喝上放心水。2013 年 10 月至 2014年 12 月,青田县的 3 位人大代表紧盯 8 家污染企业一年多。在代表的督促下,县"三改一拆"办、治水办、国土、环保、经信、畜牧等部门组成督办组到仁宫乡督促落实整改措施,两位副县长亲临现场指挥,最后动员引导 5 家阀门铸造企业在5 月中旬完成自拆,3 家养殖场于 8 月底完成搬迁。

"关心母亲河,查找水污染源,恪尽代表职责"主题活动历时半年,全省共有6.5 万名各级人大代表参与,人民代表监督治水在全省形成声势。粗略统计,这次活动中,各级人大代表共巡查河溪 2.4 万多条(段),查到污染源 3.1 万个,提出治理建议 2.9 万多条,汇总后交政府部门办理 1.4 万多件。

2014 年省人大常委会推出第二次人大代表监督治水主题活动——"申报可游泳的河段"代表主题活动。[①]

2014 年 7 月底,"浙江人大,下河游泳"成为网络热词,同期,与此相关的舆情信息排在浙江舆情的前位,这是浙江省人大常委会自设立以来从未有过的现象。"下河游泳"一词的热化,缘于一年前的温州。2013 年 2 月,一位春节回家过年的企业董事长,发出用 20 万元悬赏请环保局长到河里游泳 20 分钟的微博,之后,又有乐清、瑞安等地环保局长接连被网友悬赏"下河游泳",反映出群众要求政府抓紧治水的热切期盼。群众对水质标准的认知,很难用数据来了解,以可饮用、可游泳来判断则比较直观简单。2014 年 1 月 8 日,浙江省召开"五水共治"座谈会,会议强调,治水就是抓民生,全省治水的目标是,到 2014 年底消灭垃圾河,有效改善黑臭河水质,经过几年的努力,让"可游泳的河"不再难觅,逐步在全省形成可用、可赏、可游、可饮的水养人居环境。一年多的舆论,让浙江社会各界逐渐形成一个共识,要尽快让污染了的河变成可游泳的河,可游泳的河是老百姓心目中干净的河。

---

① 《印发〈关于开展检验"五水共治"成果申报可游泳河段活动的实施方案〉的通知》,浙人大常办〔2014〕24 号。

　　省人大常委会决定抓住舆论热点,发动人大代表开展又一轮治水监督主题活动。2014 年 6 月 26 日上午,省人大常委会召开"检验'五水共治'成果申报可游泳的河段"活动电视电话会议,要求各地通过环保部门的检测手段,在当地人大代表的现场监督和验证下,确定并向上级部门申报可游泳的河。此举既为响应群众呼声,更是为鞭策和监督政府努力治水,治水的成效就看有多少河段可让群众在夏天畅快地游泳。申报可游泳河段活动由省人大常委会统一部署,各市、县(市、区)人大常委会与人民政府具体组织。申报内容是本辖区内经过"五水共治",水质有明显改善并根据水情、水文等情况能游泳的河段。市、县(市、区)人民政府根据相关标准和规定,对拟申报河段进行检查验收后向同级人大常委会申报。市、县(市、区)人大常委会经过一定程序审查,确认可游泳河段,并向社会公布。省人大常委会认为,游泳是江南水乡群众喜闻乐见的体育活动,申报可游泳的河段,进而开展群众性畅游活动,百姓可感知、可体验,这就成了一种贴近群众的监督方式。

　　申报可游泳的河段,浦江县在全省率先实验。7 月 10 日下午,浦江县人大常委会和政府领导带头,共 140 名干部群众"以身试水"跳入江中游泳。此前一天,浦江县环境监测站和县疾病防控中心工作人员已经对游泳河段进行了水质达标检测。随后,浦江县十三届人大常委会第 23 次会议听取了县政府《关于申报可游泳河段的报告》,参照环保、卫生等部门提供的检测、评估和鉴定结果,同意确认浦江县浦阳江同乐段、壶源江大洑段为可游泳河段,并要求建成天然游泳场免费对群众开放。消息一经传出,此后的几天,每天都有成千上万的群众入河嬉戏畅游。

　　衢州市处于钱塘江上游,为了展示当地良好的水环境和治水工作成效,市人大常委会与市政府共同决定,在 7 月中旬开展一次"最美河流　衢州畅游——今夏到衢州游泳"系列亲水活动,全市组织一万左右人次参与,在主会场市委、市人大常委会和市政府领导带头下河游泳。为保证水质标准过硬,市环保局邀请浙江省环境监测中心对全市 69 个游泳点进行水质检测,检测数据向市民公开。

　　2014 年 8 月 7 日,省人大常委会在浦江召开"申报可游泳的河段"活动现场会。会议要求各地在申报可游泳的河段过程中,履行相关程序,做好几个方面的规定动作,依法做出确认可游泳河段的决定决议。此后,各级人大要加强对可游泳河段的常态化监督,使确认的可游泳河段经得起群众和历史的检验。"以身试水"的人大代表监督治水活动,以特殊形式鼓励和推动政府治水,在社会上引起很大反响。

随着治水工作的深入推进,可游泳的河段越来越多,比例日益上升。浙江最大的母亲河——钱塘江每年组织群众性渡江游泳活动,成千上万的群众直接体验治水的效果。2017年10月31日,《今日温州》出现一则专版报道,温州平阳县有16条"可游泳河"通过验收。这些河道以前都曾经脏黑臭,经过一河一方案的治理,河道实现"污水无直排、水域无障碍、堤岸无损毁、河底无淤积、河面无垃圾、绿化无破坏、沿河无违章",最后建成的是一道道供村民休闲观光的景观河道。这是对几年前温州企业家呼吁环保局长下河游泳的极好回应。2017年年底,全省221个地表水省控断面达到Ⅰ—Ⅲ类水质的占82.4%,部分县(市、区)县控以上断面100%达到Ⅰ—Ⅲ类水质标准。这就表示,这些河流都已成为可游泳的河。

2015年省人大常委会推出第三次人大代表监督治水主题活动——"监督已治理的河"代表主题活动。

2015年新年伊始,杭州有关部门公布了黑臭河整治的成绩单,向社会报告已消除黑臭河47条。为了检验黑臭河治理效果的真实性,在年初省人代会召开期间,两位省人大代表抽查了杭州7条摘帽河道的水质,同时还邀请第三方环保检测机构在河道的相关点位进行取水抽检。检测结果,除了一条河取水点位的水质显示为Ⅴ类,其他六条河全部为劣Ⅴ类,其中三处还发现河道内有污水直排。当地居民反映,2014年经过治理,河道内和周边的垃圾基本清理了,两岸经过绿化也漂亮多了,起清水作用的水生植物也长得郁郁葱葱,但是排污暗管还没有完全清除,经常有污水往河中直排,河水仍然发黑发臭。两位代表认为:这与有关部门排查不清、监管不力有关。2015年3月18日,《钱江晚报》头版头条刊登了省人大代表抽查杭州市摘帽河段水质情况的报道。也是这一天,正在召开的省委法治浙江领导小组会议提出,对已经治理好的河流水面,要加强监督力度,形成管理长效机制,省人大、政协要组织代表、委员开展监督。

省人大常委会决定,2015年人大监督工作重点将放在已经治理好并已对外公布的河流和有关水面上,为此,要组织各级人大开展一次"人大代表监督已治理的河"主题活动。根据实施方案,这是一次由省、市、县、乡四级人大代表参与的协同视察监督活动,监督重点:一查是否真正摘掉黑河、臭河、垃圾河的"三河"帽子;二查是否落实治水责任;三查是否建立长效机制。[①]

全省人大系统视频会议部署后各地开始行动。杭州市对全市193条已完成

---

① 《印发〈关于在全省人大开展"人大代表监督已治理的河"主题活动的实施〉的通知》,浙人大常办〔2015〕13号。

治理的河流,组织一万多名各级人大代表就近就地进行"地毯式"监督。

嘉兴市秀洲区在组织人大代表视察前,对已治理河道进行编号,视察组每到一地,按照 15％的比例现场抽签确定视察河道,当场排出视察路线。全区 330 条已治理河道,共随机抽查 52 条。在现场,通过"目测＋检测"来检验治水成效。其实,代表视察只是监督治水的一个环节,整个过程是一个"摸底踏勘—发送检查意见—'视'前督办—政府整改落实—听取专项汇报—人大代表实地视察—二次整改落实"的长长链条。

衢州市人大常委会开展"代表每月暗访已治理的河"活动,组织近百个人大代表暗访组深入各地,督查重点放在:对照"已治理的河"清单,检查河道是否存在反弹情况;对照生猪禁养区、限养区验收标准,督查生猪整治是否到位;对照工业企业污染整治验收标准,督查企业是否存在污水偷排、直排问题;对照城镇生活污水整治验收标准,督查城镇生活污水截污纳管工程是否到位;对照省、市"五水共治"机制建设要求,督查各级各部门河道长效管理机制是否建立。市区城市内河和 6 个县(市、区)分作 7 个监督区块,由市人大常委会主任或副主任带队组成 7 个暗访组,随机安排暗访点,现场突击检查,发现问题统一交市政府治水办办理。整改落实情况需在规定时间内向市人大常委会反馈,市人大常委会对整改落实情况再进行回访,不符合要求的需重新交办。

这一次代表主题活动,监督对象相对集中,是对已治理的河"重新把脉",是对政府已做的工作进行"挑刺",但是这样的"挑刺"各地政府持欢迎态度,它既是对政府的治水效果进行检验,也帮助政府纠正治水工作中的薄弱环节,完善治水措施,有利于把治水工作深入下去。

2017 年省人大常委会开展第四次人大代表监督治水主题活动——"剿灭劣Ⅴ类水、人大代表在行动"代表主题活动。

这项代表主题活动与当年的剿灭劣Ⅴ类水专项审议同时进行。省人大常委会对各级人大代表提出"四个员"的要求:代表要当好治水宣传员,做好对群众的联系、宣传工作,特别是在遇到矛盾时要帮助做好群众思想工作;当好治水监督员,积极参加执法检查、视察调查等活动,深入现场、深入河溪,就地就便开展明察暗访,查找治水薄弱环节;当好治水示范员,带头遵守治水护水的法律法规,带头参加治水护水活动,带头养成节水护水的良好习惯;当好治水战斗员,一些代表是基层干部和企业负责人,要主动在"一线"做好治水、监督、履职工作,有的代表还担任着"河长",要按照治水的"作战图""时间表""任务书",做好本地区本单位的治水工作。

剿灭劣Ⅴ类水的重点,除了57个县控以上水质断面,还有成千上万的小微水体,大量代表特别是基层代表走到了监督的第一线,不少地方的代表直接认领或联系监督一河一溪一塘。衢州市人大常委会鼓励人大代表争当河溪塘长,全市有807名人大代表担任了小微水体的河溪塘长。

2017年的代表监督治水活动,在信息化手段应用上有了重大突破。杭州市人大常委会在河长制App平台基础上,又搭建了集河道信息、代表巡河、代表监督、代表投诉、履职统计、法律规范六大功能为一体的监督治水App平台,为代表添加"千里眼"。至8月21日,监督治水App平台建立各类代表账户2027个,监督河道(段)1292条,代表参与巡河活动11065人次,投诉的问题全部得到处理。"互联网+"人大监督成为代表参与监督工作的一个新形式,App平台涵盖市、区、乡镇三级,无论是代表参与人数还是监督对象覆盖面都超越以往。利用App平台也极大地便利了代表行使监督权,使代表可以随时随地通过手机查看联系河道的有关信息,还可以限时快速办理投诉和建议意见,提高了代表监督的时效性和实效性。同时,通过这一信息平台,在代表的广泛参与下,人大监督和政府工作形成合力,治水工作得以更有力地推进。

在杭州市人大常委会先行先试基础上,省人大常委会因势利导,下半年推进全省的人大代表监督治水信息化平台建设。省人大环资委起草的建设方案,明确了依托省、市两级河长制App应用建设"代表监督"模块的技术路线,平台研发建成后,全省的人大代表可通过手机App应用随时随地巡查全省河道治理情况。

四、从创新和突破中看监督有方

质询,是法定的人大监督手段,比起其他监督形式,质询针对性强,锋芒凸现,更具刚性,但因具体操作规程尚未明了,多年来一直处于"封冻"状态。可是,地处山区的丽水市人大常委会为保一江清水,大胆首试质询权,成为质询权地方实践的开路先锋。

2015年7月27日,丽水市第三届人大常委会第二十九次会议召开,9位常委会组成人员联名提出《关于水阁污水处理厂存在未达标排放问题的质询案》。这是丽水市人大历史上出现的第一个质询案。[①] 这次质询源于丽水市人大常委会对"五水共治审议意见"落实情况的监督。2014年上半年,丽水市第三届人大

---

① 浙江省人大常委会研究室:《丽水市人大常委会开展质询工作的做法》,《浙江人大信息》,2016年第13期。

常委会在对丽水市区中岸、水阁、碧湖 3 家污水处理厂运行情况进行调查时发现,位于丽水经济技术开发区的水阁污水处理厂存在未达标排放的问题,为此提出了及时整改的审议意见。2015 年在调研审议意见落实情况时,发现整改不到位,水阁污水处理厂排放仍未达标。丽水市环境监测中心站的监测数据显示,水阁污水处理厂 2013 年达标率为零,2014 年达标率为 68.5%,2015 年上半年仅监测了两次,仍有一次未达标。市政府投巨资建设污水处理厂,却不能稳定达标排放,而且水阁污水处理厂排放口的下游,正是丽水市山水生态城市构建的核心——南明湖。调研组认为,污水处理厂不能实现稳定达标排放,既影响了丽水的治水成果,也表明一些部门对市人大常委会审议意见没有引起重视。为了给监督工作再加码,不妨尝试搞一个质询案。

他们这次走的是一条别人未曾走过的路,用的是一项尘封多年的权力。经过近一个月的摸索,9 位丽水市人大常委会组成人员终于完成了一份 500 多字的质询案,并正式提交市人大常委会。质询对象是丽水经济技术开发区管理委员会,质询内容主要有三点:水阁污水处理厂未达标排放原因是什么? 将采取什么措施改进? 什么时候能实现达标排放? 这次前所未有的质询,得到了丽水市委的支持。

遇到从未听说过的质询案,被质询的政府领导和有关部门明显感到压力。分管副市长立刻召集开发区管委会和有关政府管理部门,对质询案提出的三方面问题进行研究,丽水市市长就质询案办理工作先后做出 3 次批示。不久后,提案的常委会委员收到了市政府的答复件。这份答复书,整改措施具体,时间节点清晰,部门责任明确。2015 年 9 月 7 日下午,质询案答复见面会在丽水市行政中心会议室举行,市长带领 3 位分管副市长及部门主要领导到场,并代表市政府做出承诺:虚心接受质询,开诚布公答复,认真抓好整改。会议针对质询案提出的三个问题逐次展开。提出质询案的 9 位常委会组成人员听取汇报和答复后,进行了满意度测评,一致对答复表示满意。但他们仍然认为答复满意只是第一步,关键是承诺的措施要真正落实,所以监督还要继续。

质询案答复见面会后,丽水市政府有关部门和经济开发区管委会立即行动起来,按照书面答复要求,紧锣密鼓地开展截污纳管、工艺提升、加强监督管理等各项工作,决心彻底解决水阁污水处理厂的"沉疴顽疾",以向人民群众有个交代。在 2016 年市第三届人大常委会第四十次会议上,新任市长报告了整改落实情况;在 2017 年年初市第四届人大一次会议上,市长再次向全体市人大代表承诺,2017 年底将完成所有城镇污水处理设施一级 A 达标排放改造。市人大常委会对质询案后续工作予以持续关注,2016 年 4 月,市人大常委会"五水共治"督查组检查了水阁污水处理厂运行情况;2017 年 6 月组织代表视察,督查工作进度。水阁污水处理厂的达标整改工作,在市人大的跟踪监督下步步推进,直至完全符合目标要求。

对这次市人大严肃的质询,市政府既有压力,同时也有感激,因为如果没有这次质询,改造工作不可能如此迅速启动。丽水市人大质询案提出后,从政府部门召开回应性的专题会议,市政府领导亲自研究解决方案,做出详细书面答复到召开答复见面会,所有程序指向后续问题的解决。严肃的质询,再加两年多持续的跟踪监督,虽然针对的只是督促解决一家污水处理厂不达标排放的具体问题,但这次省内首试乃至国内首试的地方人大质询案,除了督促解决一个涉及民生的"老大难"问题,其意义还在于使一种宪法性权力在地方性权力系统中得以落实,为质询权的知识普及、理念传播、地方性质询惯例的开启奠定了制度化实践的基础。

随着信息化社会的到来,运用现代媒体丰富监督手段,成为各级人大新的尝试。

2013 年年底,由浙江省第十二届人大常委会办公厅与浙江广电集团联合主办、浙江卫视承办,推出一台《问水面对面》电视问政节目。该节目题材选择了能够反映治水中的突出问题、在地方上又有典型性的 6 个案例:海宁、桐乡及余杭三地跨界河流污染、温岭车路横河农业面源污染、丽水水阁工业园皮革废水污染、温州城市黑臭河治理难、奉化方桥工业区污染执法监管不力、环保监督举报热线不通等。节目组邀请案例所涉地区政府和部门负责人、各级人大代表、社会绿色组织代表、专家和新闻评论知名人士及群众代表几百人参加现场拍摄。面对现场播放 6 个案例的真实镜头,围绕污染原因、治理中存在的问题、政府治理措施、整改时间表及如何听取群众意见等,人大代表提问尖锐、言辞犀利,政府负责人虽然处于被动应答,情态并不轻松,但最后都有很好的整改表态,并在节目过后迅速采取整改行动。

此后,台州市、金华市、海宁市等人大常委会都运用了这一形式。电视问政将媒体监督与人大监督巧妙结合起来,用以案说法的形式,再加上媒体广泛的影响力,使监督的力度加大,效果倍增。

2015 年,新修改的《环境保护法》第 27 条规定:"县级以上人民政府应当每年向本级人民代表大会或者人民代表大会常务委员会报告环境状况和环境保护目标完成情况。"环境监督向制度化迈出新的一步。2016 年开始,省人大和部分市、县人大在人大常委会上先后试行这项制度。2017 年 7 月，浙江省政府发出《关于全面建立生态环境状况报告制度的意见》，明确各级政府环境报告内容主要有年度综合性报告、专项报告、重大环境问题报告三种类型，2018 年在省、市、县三级全覆盖，30% 乡镇试行，2020 年省、市、县和乡镇各级全面实行。2017 年底，省第十二届人大常委会办公厅发出《关于全面落实环境状况和环境保护目标完成情况报告制度的通知》，要求各级人大按规范积极而有序地落实这项制度。

《环境环保法》只要求县级以上人民政府向本级人大或人大常委会做出报告，但杭州市富阳区则先人一步，2016 年年初在区级开展环境报告基础上，2016 年下半年向乡镇（街道）延伸。这义是一例省内率先乃至全国领先的制度探索。①

2015 年下半年，富阳区生态建设工作领导小组出台一项新制度，要求乡镇（街道）党政领导向属地"两代表一委员"、企业代表、村民代表报告生态建设和环境保护工作，广泛听取社会各界对改善环境质量、做好生态保护工作的意见建议。在此基础上，区人大常委会要求从 2016 年开始，全区 24 个乡镇（街道）人大加强对环境保护工作的监督，在年中乡镇人代会、街道政情报告会上，专题听取环境状况和环境保护目标完成情况报告。这样，实行环境报告制度当年从区一级扩大到乡镇（街道）。富阳区主动全面实施这项制度，原因有三：一是新《环境环保法》对环境报告制度已有规定；二是环境问题倒逼，当地造纸、矿山等污染产业遍布，但多年来基层生态环保责任一直难以落实；三是群众要求治理环境呼声很高，群众要求就是第一信号。

富阳区乡镇（街道）实行环境报告制度设计了"五个一"程序：开展一次调研，组织一次实地视察和代表走访，听取一次政府报告，开展一次专题询问和满意度测评，做出一份整改决议。听取报告时间只以小时计，但大量功夫却在会前会后。2016 年、2017 年，富阳全区 24 个乡镇全部召开了年中乡镇人代会、街道政情报告会，专题听取环境状况和环境保护目标完成情况报告，累计参加报告会的人大代表和列席代表 5048 人，收集意见建议 347 条，形成生态环保相关决议或意见 39 份。

富阳区在乡镇实行环境报告制度，其效果首先是把生态环保责任传导到乡镇基层，倒逼乡镇（街道）政府转变工作理念，将环保触角延伸至村庄、社区和企业，形成较细的生态环保责任体系；监管责任从过去单纯"条条"向"条块"结合转变，破解了基层环保监管始终存在盲点的难题。浙江的水污染特点是，工业污染

---

① 浙江省委省政府美丽浙江建设领导小组办公室：《美丽浙江建设工作简报》，2016 年总第 20 期。

大部分来自分散各地的"低小散"产业,乡镇企业的污染面广量大,管住了乡镇就基本守住了绿水青山。其次,有利于发挥代表作用。基层人民代表熟悉家乡的一土一石,热爱身边的一山一水,实行环境报告制度,让乡镇基层代表深感有事可做有话要讲,增强了代表履职的使命感。仅 2017 年上半年,富阳区乡(镇)两级人大代表共提出涉及环保问题的各类意见建议多达 500 多件。第三,提高了公众对生态建设和环境保护工作的参与度。政府向人大报告环保工作和环境质量,公开基本的环境信息,让群众了解环保情况有了可靠的渠道,企业觉察到了环境保护中的自身责任,参与环境治理更加自觉。

责任落实带来环境质量的改善,2016 年富阳区环境信访量比 2015 年减少35.1%,2017 年上半年,环境信访量同比又减少 37.8%。2015 年以后,富春江干流水质稳定保持Ⅱ类,出境断面水质省级考核连续"优秀",捧回象征省"五水共治"工作最高荣誉的"大禹鼎",通过了国家级生态区验收。

第十章　依法捍卫水环境安全

　　相对于水涝、干旱等自然灾害,水污染更多是人为因素造成的,而主观故意的环境损害,又是因肇事者为利益所驱动。改革开放以来,蓬勃兴起的民营经济为浙江广大民众带来致富机遇,但"小低散"的结构状况,又让政府面临监管难题。面对环境违法高发现象,浙江各级管理部门和司法部门,综合法律、行政、经济等手段,形成执法、司法合力,以"最严环境执法"和"严格司法惩处",防治和打击环境违法犯罪。

一、司法链条缚"乌龙"

　　在进入 21 世纪后的十多年间,浙江接连发生多起血铅超标、饮用水水源污染,以及因环境污染引发的群体性事件,环境违法现象频频出现,并一时出现上升势头,给经济和社会发展造成较大的负面影响。

　　根据省检察部门对已经处理的环境违法案件分析,浙江环境违法犯罪有几个明显特点:

　　一是犯罪主体以从事高污染行业和无证生产经营者居多。浙江省作为沿海较发达地区省份,其经济先发优势主要来源于民营经济。这种经济形态在早年的重要表现形式之一就是小作坊经营。进入工业化中期以后,民营经济基础"小低散"的弊端逐步显现,大量高耗能、高排放企业给环境带来严重破坏。仅 2014年 1 月至 7 月,浙江省检察机关办理的审查逮捕污染环境刑事案件中,未经审批私自设立的小作坊从事非法加工污染环境的案件共 228 件,占污染环境案件总量的 74％。这些被查处的企业,主要从事电镀、印染等行业,在生产流程中往往会产生大量有害有毒物质,若按规定进行无害化处理,就需要耗费大量成本,为了节省成本多赚利润,不少业主采取未经处理直排的方式解决污染物。这些企业大多临时租用厂房,以小作坊形式从事加工,生产条件简陋,设备陈旧落后,排污处理设施不完善甚至根本不具备。因为是无证经营,环保部门就更难控制和管理,"猫捉老鼠"的游戏不时上演。

二是犯罪方式隐蔽狡诈。在污染环境案件中,行为隐蔽和逃避监管反映出行为人的主观故意。一些作坊式企业在未经处理直接排放污染物时,通常并非"明火执仗",而是采取一些遮人耳目的办法,如选择偏僻地形作为厂址或排污点,或在夜深人静之时进行偷排。萧山区检察院办理的张龙等人污染环境案中,犯罪嫌疑人为逃避监管,经常在半夜 1 时至 2 时驾驶载有硫酸水的货车,偷偷倾倒至省道边或杭州绍兴交界处。也有一些生产企业采取间接处理的办法,为降低污染物处置成本,廉价委托未有资质的其他企业或个人随意处置废水废物。所谓有需求就有市场,由于委托处置业有利可图,简单的运输倾倒成本低廉、利润可观,让一些利欲熏心者胆大妄为,部分地区甚至围绕污染物处理,产生了一批非法倾倒污染物的专门组织,在生产企业、中介人、具体实施人之间,形成委托、运输、处理污染物的可怕地下产业链。异地偷排污染物,这种"以邻为壑"的环境违法行为,在一些地方悄然蔓延开来。

三是少数监管者的放任起了助长作用。污染环境罪是贪利型犯罪,行为人实施污染环境犯罪行为起意于对经济利益的不当追逐,而一些地方的监管不力或者监管缺失则放任了这种行为。随着环境污染形势日益严峻,环保领域职务犯罪也频频发生。

2014 年上半年,省公安厅总结环境违法犯罪现象,主要有五大类型:第一类是废旧铅酸蓄电池行业型犯罪,第二类是私设暗管、偷排渗漏犯罪,第三类是跨省跨区域非法排放处置污染物犯罪,第四类是以设置未经批准的处置装置为掩护的犯罪,第五类是重金属严重超标排放犯罪。这些突出的环境违法犯罪现象,一定程度上与浙江省几十年形成的"小低散"产业结构有关。

显然,面对全省上百万的大小企业,依靠单一的行政手段和环保部门单打独斗的方式,已经无法满足环境监管工作的需要,必须突破传统管理模式,在制止环境违法犯罪上,形成更强大的声势和合力。在此背景下,浙江环保部门与司法机关开始了环境执法与环境司法日益紧密的衔接和协作。

2010 年 8 月,浙江省环保厅与省检察院印发了《关于积极运用民事行政检察职能加强环境保护的意见》,两家探索建立长期协作机制,从六个方面推进生态环保工作。2011 年,省法院出台《关于加强环保行政案件审理和执行工作保障生态文明建设的通知》,与省环保厅出台的《关于进一步加强环保行政诉讼应诉工作和非诉行政案件强制执行工作的通知》互为附件下发各自系统,力求解决非诉案件强制执行难题,破解执法难最后环节。2012 年 4 月,省环保厅、省公安厅印发了《关于建立环保公安环境执法联动协作机制的意见》,从省级层面正式建立环保、公安环境执法联动协作工作机制。2014 年年初,浙江省环保厅与省公安厅、省检察院、省法院联合下发《关于建立打击环境违法犯罪协作机制的意见》,要求四部门协同开展工作,共同加大生态保护力度,积极维护群众环境权益。文件还进一步明确各部门在打击环境违法犯罪工作中的职责与任务分工,明确重点打击行为,建立部门间的日常联络、案件会商、案件督办等制度,为全面推进浙江环境污染刑事责任追究工作奠定了协作基础。

2014 年 5 月,针对各地在办案过程中遇到的具体问题,浙江公安、检察、法院、环保四部门制订《关于办理环境污染刑事案件若干问题的会议纪要》,对基层办理环境犯罪案件中检验鉴定、法律适用等具体问题,提出更切实可行的解决办法,与前期最高法院、最高检察院的司法解释形成互补。之后,四部门又多次召开联席会议,讨论具体办案问题,形成会议纪要下发各自系统。

2017 年 6 月 30 日,是第七个"浙江生态日"。浙江省环保厅与浙江省高级人民法院、浙江省人民检察院联合举办纪念第七个"浙江生态日"暨推进环境执法与司法联动机制启动活动。启动仪式上,浙江省检察院驻省环保厅检察官办公室、省高院与省环保厅环境执法与司法协调联动办公室正式成立,全省环境保护行政执法与刑事司法衔接工作步入一个全新的阶段。既是打造最严环境监管执法省份的重要举措,也开启了通过联合执法为生态浙江建设保驾护航的新模式。

在县(市、区)基层,环境执法和环境司法的合作展开了多样化的实践。

台州市的椒江区环保分局,因域内屡次发生非法处置危废案,邀请区公安分局、区人民检察院、区人民法院等部门召开联席会议,专题研究此类案件的办理流程和工作要求,吸取以前因证据不清造成败诉的教训,确定必需的支撑证据,确保将这类环境污染案办成铁案。

处于钱江源头的开化县,在建立护水司法链条上形成了自己独特的做法。2016 年,开化县公检法司各部门全面开启司法护水模式,将全县域内 5 条主要溪流、2423 条支流,全长 3523 千米的河道划定为司法护水"生态识别区",将禁止河道采砂、禁止网箱养鱼、全面禁渔、禁倒垃圾等"四禁"内容纳入全县所有行政村的村规民约。在"生态识别区"内,采取摄像头监控、无人机巡航录像、网格长现场巡查、河道长常态守护等措施,实时识别、预警各种涉水违法犯罪行为。发现涉水违法案件,公安机关联合相关行政监管部门第一时间介入,公检法司同时启动司法护水预案,使案件得到快速有力处理。四部门建立司法护水联席会议制度,规范办案程序,形成"三链":第一链是刑事司法和行政执法的"两法衔接",建立公安与环保、水利、国土、农业等行政执法部门的工作联络机制;第二链是成立检察院生态环保检察科,实行"诉捕一体"运作;第三链是成立环境资源巡回法庭,实行生态环境案件刑事、民事、行政审判"三合一"审判模式。在实践中,这样的司法链条较好地解决了水环境违法犯罪案件易发难查、查出难判、判后难执行等难题,在 2016 年、2017 年两年里,共查处非法捕捞水产品、非法采砂、偷排漏排等案件 129 件。

二、河道警长

2012 年起,浙江省加强了行政执法和刑事司法衔接,环保与公安两家开展执法联动、信息共享,更加严厉地打击环境违法行为。2012 年 6 月,浙江省环保厅与省公安厅联合下发 2012 年浙江省环保公安联合执法行动月工作方案。2014 年 3 月,省公安厅会同省环保厅下发《全省"打污染清江河"专项行动的工作方案》,此后,两部门多次开展专项执法行动。

同一时期,浙江省环保厅与省公安厅从设立机构着手,先在省级层面建立环境执法联动协作工作机制,然后层层向下延伸,到 2014 年年底,全省所有设区市、县(市、区)全部设立环保公安联络室或警备室。从事环境污染犯罪打击的公安干警有 669 人,其中专职人员 116 人。

最高法院、最高检察院《关于办理环境污染刑事案件适用法律若干问题的解释》颁布以后,针对环保部门向公安部门移送和通报涉嫌环境犯罪案件遇到的困难,以及环境犯罪案件调查取证不规范、办案质量不高等问题,2014 年 8 月,两部门专门制订了《浙江省涉嫌环境污染犯罪案件移送和线索通报工作规程》《浙江省涉嫌环境污染违法案件调查取证工作规程》,明确了部门执法联动的工作要求和机构职责等一系列问题,为了提高办案人员的业务水平,两部门邀请专家对各级公安和环保业务骨干进行专业培训,召开环境执法技能大比武活动大会。在全省环境监察人员年度岗位培训时,省环保厅邀请公检法专家授课,讲解办理环境违法犯罪案件业务知识。

浙江省全面建立河长制以后,公安机关在全省推行河道警长制,要求有河长的地方都要配套设河道警长。2014 年 4 月 25 日,省公安厅在金华召开河道警长现场会,要求全省公安机关全力保障治水工作,配置省、市、县、派出所四级河道警长。省公安厅 6 位厅领导对应 6 位省领导担任的河长,分别担任钱塘江、曹娥江等河道的河道警长。各市、县级公安机关由局级领导担任跨区域河道的警长。河道警长必须定人、定岗、定责,向社会公布姓名、职务、河道范围和联系电话。会后,各级公安机关立即行动,建立起以局领导、主要部门负责人、派出所所长、社区民警为主体的全省公安机关河道警长体系。其中市级河道警长 248 人,县级河道警长 1836 人,乡村级河道警长 3366 人。此外,杭州、宁波、温州、湖州、嘉兴、绍兴等市及水污染比较严重的浦江、桐乡、海宁等县的公安部门,成立了打击环境犯罪的专门机构。绍兴市公安局治安支队专门设立环境执法大队,作为市公安局派驻市环保局的环境执法机构,派出 2 名民警、3 名协警开展环境执法。在印染行业集中的柯桥区设立环保警务室,区政府下拨 30 万元专项经费,配备一辆警车,3 名公安民警常驻环保警务室。

河道警长主要有三大职责:第一,协同相关部门对辖区主要河道进行巡查;第二,依法惩处破坏水资源的犯罪活动;第三,严肃处理在水环境整治中的暴力抗法、打击报复等违法犯罪行为。根据这三大职责,台州警方规定河道警长要履行巡查员、侦查员、调解员、宣传员职责;嘉兴警方推出"对治水中的不安定因素必排,对重大涉水工程、重要饮用水水源等视频监控必建,对输水管道、排污管道等易发盗窃的河段必巡"的"三必措施";衢州警方对涉水排查情况建立"一份巡查记录、一份评估报告、一个预警信息、一次会商通报"的信息档案。温州河道警长与环保部门配合,加大对涉河企业的排查力度,单是 2014 年,市区范围共出动执法人员 43198 次,检查企业 16059 家次,打击取缔非法窝点 666 个,刑事拘留169 人。

2015 年 8 月 5 日,浙江省公安厅又在温州召开深化河道警长制工作推进会,总结各地做法,明确了河道警长的"六大员"职责——服务党委政府与河长决策的参谋员,排查掌握涉水案件线索和不安定因素的信息员,协助调处治水纠纷的调解员,依法查处打击涉水违法犯罪的战斗员,开展辖区河道、重点治水工程项目治安巡查的巡逻员,法规政策宣传和发动群众参与共治的宣传员。

河道警长把大量精力放在平时防范上,对重点河道水体断面、重点涉水工程、重点拆违改造和治理项目进行重点巡查,如果发现各类涉水环境矛盾纠纷和风险隐患,采取措施及时化解。对群众信访举报突出、社会反响强烈的涉环境积案,依托当地党委政府开展积案攻坚战,集中力量梳理解决。许多基层派出所民警担任了辖区的河道警长,有的在巡查时不仅佩带警具,还随身携带透明小瓶和试纸,随时对水质取样测试,查出问题马上通知环保部门联合执法处理。一年半时间,全省公安机关共排查治水工作中的不稳定因素 1500 个,及时化解

1388 个。

河道警长的突出作用还体现在查办涉水案件，依法打击污染环境、非法捕捞水生动物、非法开采矿山资源、盗窃或破坏治水设备和河道安全设施、黑势力插手干扰破坏涉水工程等违法犯罪行为，重点打击带有行业潜规则、严重影响人民群众身体健康、严重污染水环境的重特大团伙犯罪，特别是社会影响极其恶劣的非法排放、倾倒、处置危险废物的行为，以及排污单位篡改、伪造自动监测数据或者干扰自动监测数据运行的行为。一些地方公安部门为提高打击威慑力，对环境案件实行"六个一律"：重大案件一律领导包案，案件线索一律追根溯源，对构成犯罪的一律采取羁押措施，对裁决行政拘留的无法定事由一律不得暂缓执行和提前释放，案件办理一律快侦快诉，破获案件一律公开曝光。

在基层公安与环保部门联手破案过程中，既分工又合作，边实践边探索，环保对物，公安对人，有效打击了环保违法行为，也形成了一些宝贵的实战经验。如因排污的隐蔽性，执法时往往存在无当事人在场情况，台州市的两个部门在实践中形成三大办理模式：一是见证人见证模式，邀请人大代表、政协委员、当地街道和村干部等见证人签字，固定现场证据，启动行政处罚程序；二是户主调查模式，通过对户主调查询问形成旁证，再联系当事人接受调查；三是公安介入模式，由公安机关协助调取户主信息并进行传唤，涉及环境污染刑事犯罪的，若户主和当事人都联系不上或拒不配合说明情况的，由户主作为第一当事人移送案件，再由公安机关查明事实。①

建立河道警长制后，2014 年一年内，浙江省公安机关破获污染环境犯罪案件 950 起，刑事处理 1805 人，相比 2013 年，侦破案件上升了 512.9％，刑事处理人数上升了 458.8％，浙江警方侦办的环境污染犯罪案件数量接近全国的一半。其中 21 件是公安部督办的环境污染案件。在这前后，有过几起在省内乃至国内产生影响的大要案。

2013 年，浙江发生了两起污染环境大案。一起是金帆达公司重大污染环境案，另一起是新安化工集团等三家公司重大污染案。公安部门的参与，使扑朔迷离的"连环案""案中案"一一告破，两起污染环境大案共抓获包括生产废液企业负责人在内的犯罪嫌疑人 62 名。这些利欲熏心的不法分子最后受到法律的严惩。经审理查明，2011 年 10 月至 2013 年 5 月，金帆达公司为了降低危险废物草甘膦母液的处理成本，委托不具备危险废物处理资质的联环公司、德兴公司、博

---

① 陈伟、晏利扬：《无当事人在场，案件怎么办》，《中国环境报》，2016 年 7 月 6 日。

新公司及新禾公司等单位，非法外运处置草甘膦母液 3.5 万吨，直接排放至衢州市巨化停车场、德清河道、富阳小溪等处。查清金帆达公司重大污染环境案后，接着又牵出新安化工集团等三家公司重大污染案。2012 年 5 月以后，在一年半时间内，新安化工集团公司建德化工二厂通过建德宏安货运公司，将 1 万多吨磷酸盐混合液运到荣圣化工公司，荣圣化工公司将其中的 7500 多吨直接排入了京杭大运河，三家企业形成利益链，却对环境造成极其严重的危害。两大案子都震惊全国。金帆达公司重大污染环境案涉及龙游、富阳、萧山、德清四地，是最高人民法院、最高人民检察院《关于办理环境污染刑事案件适用法律若干问题的解释》出台后的全国首例环保大案，也是公安部重点督办案件，被列为全国十大污染案件之一。[①]

还有一些环境严重违法案件，犯罪嫌疑人深知罪责难逃，干脆三十六计走为上计，闻风潜逃。浙江公安部门采取现代化信息手段从网上追缉。如 2013 年 12 月，台州市椒江区环保局查获了一起作坊式的小微企业电镀生产直排污染案件，小电镀厂的负责人已经涉嫌构成污染环境罪，椒江区环保分局将这起案件移送到区公安分局，不久后，一直拒绝投案的犯罪嫌疑人闻风潜逃，被公安部门列为网上逃犯。公安部门经过侦查，于 2014 大年初五在厦门将其抓获。

自 2013 年最高人民法院、最高人民检察院出台《关于办理环境污染刑事案件适用法律若干问题的解释》至 2017 年 9 月，公安、环保两家联手，在全省立案查处环境违法案件约 6.17 万件，罚款约 25.03 亿元，行政拘留 2626 人，刑事拘留 4486 人。向公安部门移送违法犯罪案件数、刑事拘留人数都占全国 40% 以上。浙江省环境违法案件数量庞大，一方面说明环境违法现象在一个时期内处于高发势头，另一方面更能显示，浙江公安和环保部门对环境违法采取的严打高压态势。

三、环境案件走上法庭

2014 年 12 月，省高院出台《关于依法审理、执行环境资源行政案件若干问题的纪要》，各级法院全面加强环境资源审判工作。为支持全省开展的"五水共治"，省高院下发《关于保障"五水共治"依法推进的意见》，提出准确把握涉"五水共治"相关刑事、民事、行政案件受理条件，严厉打击造成水环境严重污染的各类环保犯罪活动。

---

① 正裕：《公安部督办的全国首例环保大案》，《民主与法制》2015 年第 26 期，第 34—37 页。

法院方面首先在审判环节加强力量。2016 年 3 月 16 日,全省首家环境资源审判庭在绍兴中院宣布正式成立。环境资源审判庭对环境资源案件实行民事、刑事、行政"三审合一",负责审理由绍兴市中院管辖的所有一、二审的环境资源刑事、民事纠纷案件和行政案件。这种设置打破了原来的法院业务壁垒。按以前的审理方法,一个案子可能涉及若干个法庭,耗费较多资源和精力,更关键的是,不管哪个领域的法官来审理,都显得不够专业。环境资源案件涉及领域多,环保方面的专业知识强,对法官的法律专业水平和环境科学素养都提出了更高的要求。为了解决这些难点,绍兴中院专门抽调民事、刑事、行政庭的业务骨干组成环境资源庭,使审判的专业化程度大大提高。随后,越城区、上虞区法院也相继设立了环境资源审判庭。绍兴的环境资源审判庭成立后,当年受理案件 63 件,审理办结 55 件,其中刑事审判都是判处实刑。2016 年 4 月,湖州市中院和 5 家基层法院得到当地机构编制委员会批准,设立环境资源审判庭,成为全省首个环境资源审判庭全覆盖的地区。这种机构上的改革,意味着浙江省环境资源司法审判开始进入专业化时代。

为改变环境污染违法成本过低现状,各中级人民法院根据高院指导意见,制订本地严格的具体量刑办法。绍兴市中级人民法院在量刑时,充分考虑犯罪行为对群众健康安全的危害程度、犯罪分子主观恶意及犯罪手段、造成恶劣影响的大小等,对七类情形的污染环境犯罪不适用缓刑,这七种情形包括阻挠环境监督检查或突发环境事件调查的,曾因污染环境违法犯罪行为受过行政处罚或者刑事处罚的,在限期整改期间违反国家规定排放、倾倒、处置有放射性的废物、含传染病病原体的废物、有毒物质或者其他有害物质的,等等。

环境污染犯罪多为贪利性犯罪,我国法律尚未明确具体的罚金数额的标准,为了遏制日益严重的污染环境行为,绍兴市、湖州市等地法院对被告人处以刑罚的同时,加大经济惩罚力度,对所有被告人都并处相应罚金。2014 年绍兴市上虞区人民法院宣判了一起环境污染案,被告浙江省汇德隆染化有限公司被判处罚金 2000 万元,主犯严海兴、潘得峰等 11 人分别获有期徒刑四年六个月至拘役六个月不等。这是浙江省至此为止被处罚金数额最高的一起环境污染案。湖州法院共对 7 家污染单位判处罚金 1941 万元,其中德清县人民法院对一家严重破坏水环境的企业判处罚金 1850 万元,也创当地同类案件历史最高。

法院部门第二项工作重点是,着力解决环保案件执行难问题。很多地方法院综合运用执行查控、征信、惩戒等机制加大执行力度。如对拒不执行的被执行人,南浔区人民法院通过本地广播、报纸、电视、微信平台发布《致环境领域违法主体的一封公开信》,曝光拒不执行人名单。长兴县人民法院将 15 名未履行法律义务的被执行人纳入失信被执行人名单,依法限制其高消费行为,并对其中两人予以司法拘留。宁海县法院采取堵疏结合,差异化处置的执行方式,尽量促使被执行人自动履行判决。对情况比较严重又拒不履行处罚决定的,实施强制断电、断水措施或拆除主要设备,用刚性手段促使污染单位履行处罚决定;对符合环保条件但未经环境评价程序的,督促被执行人补办相关手续,完善环保设施,经环保部门批准并验收合格后可以重新恢复生产;对一些行业性污染企业,要求它们在关停后统一迁移到当地镇政府划定的工业区,以便集中监督管理,统一治理排污。对那些关系就业民生,但排污影响较小的企业,处理则更加柔性灵活。如某豆制品厂在被处以断电措施后,承诺不再排放污水。几方协商后,允许该企业通过将生产污水采集运输到污水处理厂进行净化处理,实现零排放,再经环保部门验收合格后恢复生产。

在执行环节,法院系统在全省推开一项重要制度创新——对环保领域非诉行政案件全面实行“裁执分离”的强制执行机制。非诉执行案件的裁执分离,是指由法院行使裁判权,对申请执行的行政行为进行审查后,申请执行的行政机关行使执行实施权,具体实施强制执行。“裁执分离”最早来自强制拆迁案件的处理,目的是解决非诉案件执行难的问题。2011 年国务院新的《国有土地上房屋征收与补偿条例》颁布后,浙江省法院开始对政府申请强制拆迁采取“裁执分离”的做法。随后,湖州、台州、舟山、绍兴等地又将这一制度在环保、水利领域推开,对事实认定清楚、法律适用准确、符合法定程序且具有可执行性的环保行政决定,当地法院及时做出准予执行的裁定。

2013 年 1 月至 11 月,台州市两级法院按照“裁执分离”的机制受理并裁定由行政机关组织实施的环保非诉行政案件 91 件,行政机关反馈实施完毕的 87 件。2014 年至 2016 年,湖州全市法院共受理环保部门申请强制执行的案件 126 件,其中法院裁定准予执行的 115 件。宁海县 2013 年共受理环保非诉执行案件 45 件,适用“裁执分离”机制处理的 41 件,结果自动履行的 37 件。其中有一件:2013 年 5 月,宁海县环保局做出行政处罚决定,认定宁海县某豆制品厂在环境保护设施未经环保部门验收合格的情况下,即投入豆制品加工生产,给周边水域造成了污染,对该厂做出责令停止生产,并处以罚款的处罚。该厂未申请复议或提起诉讼,亦未履行处罚决定,环保局不得不向法院申请强制执行。法院审查后裁定予以强制执行,采取的是“裁执分离”的做法,其中责令停止生产的处罚由环保局组织实施,此案被评为浙江省行政审判十大典型案例。2015 年 5 月 1 日至

2017 年 6 月 30 日,全省法院受理行政机关申请强制执行的非诉行政审查案件 5.8 万件,年均增长 35.1%,此类案件主要集中在拆除违章建筑、环保等四个管理领域。

为了达到司法保护环境的良好效果,有的基层法院探索实施生态损失修复司法机制。开化县法院出台了《关于建立破坏环境资源刑事犯罪案件生态损失修复司法机制的意见》,要求审判人员在审理本意见所确定的案件时,应主动启动司法修复程序,按照案件类型、案件事实、遭受损害的环境情况,分别做出补植令、抚育令、修复令、放养令等令状。对符合修复条件的案件,被告人通过积极履行修复义务,在判处刑罚时可作为酌定从轻情节,根据对生态环境的修复、弥补程度,依照《浙江省高级人民法院关于常见犯罪的量刑指导意见》,给予减轻 10%至 50%的处罚,符合缓刑适用条件的,尽量适用缓刑。

2016 年,开化县法院采用修复性司法模式办理破坏环境资源案件 5 件,5 名被告都做缓刑处理。其中一例,当年 6 月,在开化县马金镇姚家村和华埠镇彩虹广场,法官分别对两名非法捕鱼的被告人公开做出判决,支付损害鱼类资源损失费 3000 元和 5000 元。为了让被告人对犯罪后果做出相应补救,法院要求被告人以出资购买鱼苗放生、参加禁渔宣传的方法,对破坏的水产资源进行修复。判决生效后,两名被告自愿参加了"依法保护水产资源,打击非法捕捞犯罪"法制宣传活动,并将购买的鱼苗陆续放养在马金溪。群众称赞这个做法既能帮助犯罪分子纠正错误,又能保护钱塘江母亲河。

2017 年 8 月 14 日,长兴县法院与环保局对浙江某实业有限公司依法送达并在厂区张贴环境保护禁止令,责令该公司在收到禁止令后,不得继续违法生产,否则法院将依法采取司法强制措施。这是浙江省实施的首份环境保护禁止令。10 日前,长兴县环保局向长兴县法院递交环境保护令申请书,申请对收到责令其停止生产的行政决定后,继续违法生产的某企业实施环境保护禁止令,要求强制其停止实施环境违法行为。环境保护禁止令是湖州市创新实施的司法与环境保护部门之间的一种执法协助机制,旨在及时制止污染环境、破坏生态资源等违法行为,防止环境损害进一步扩大。在环境保护部门依法查处污染环境、破坏生态资源案件,做出责令停止环境违法行为通知或行政处罚决定后,违法行为人仍然继续实施违法行为的,可以申请人民法院对违法行为人做出环境保护禁止令,责令其停止实施违法行为。环境保护禁止令填补了行政决定做出后到申请法院强制执行这段时间内的执行空白期。

法院部门不仅对大量环境违法案件进行依法审判,还对环保部门职务犯罪实行依法打击。环境违法案件高发,有违法者自身的原因,也有监管者放纵失管甚至少数人违法以权谋私的问题。打击管理队伍中的"蠹虫",其实就是间接打击了环境违法犯罪。十多年来,浙江法院系统通过判处环境监管失职罪、受贿罪等处理了一批环境保护行政人员。2014 年 4 月 25 日,绍兴市越城区人民法院公开审理新海天生物科技有限公司倾倒有毒废水一案,上百名危废生产企业负责人、部分环保局、人民法院工作人员共 200 人旁听。这次审判还涉及一名环保工作人员,因监管工作严重不负责任,造成重大环境污染损失,法院以环境监管失职罪判处拘役六个月。2011 年至 2014 年,兰溪市环保局有 5 名领导干部先后数十次以春节加班费等名义非法收受兰溪市纺织、电镀等十余家重点污染企业负责人所送购物卡、现金等财物,为这些企业非法排污提供便利。兰溪法院一审以受贿罪依法分别判处两位局领导有期徒刑 5 年和 7 年,判处其余 3 名被告人有期徒刑缓刑。

四、一波三折的公益诉讼

环境公益诉讼,是指社会成员,包括公民、企事业单位、社会团体依据法律的特别规定,在环境受到或可能受到污染和破坏的情形下,为维护环境公共利益不受损害,针对有关民事主体或行政机关向法院提起诉讼的制度。环境公益诉讼包括民事公益诉讼和行政公益诉讼。因个人承担相关诉讼负担的能力有限,且个人提起公益诉讼的积极性相对较弱,组织和社会团体则可以结合各方面资源,更有能力负担,所以组织和社会团体对推动公益诉讼具有重要意义。

检察机关参与公益诉讼,是指检察机关针对侵害国家利益、社会公共利益的行为,以公益诉讼人的名义向人民法院提起诉讼,请求人民法院判令违法者承担法律责任的诉讼活动。在依法治理环境污染行为中,浙江省部分市、县检察机关发挥法律监督职能,开展了公益诉讼的积极探索。这对于弥补行政机关职能的不足,拓宽对环境危害的救济面无疑是十分有益的。但由于相关制度的缺失,十来年间,检察机关在环境公益诉讼上的探索之行显得并不轻松。

2009 年,嘉兴市的三个基层检察院——南湖区、秀洲区、海宁市检察院,开始尝试环境公益诉讼。

嘉兴地区平面河网纵横交错,但是水浅且流动性差,水体的环境容量小。嘉兴历史上就是鱼米之乡,种植业十分发达,20 世纪 80 年代起,丝织、印染、皮革、电镀等传统产业兴旺发达,大量工业、农业废水排向水体。人们沉醉于经济快速发展、利润增长的喜悦之中,却没有警觉环境污染带来的严重危害,少数企业甚至利欲熏心,昧着良心干起偷排废水的勾当,一时间,环境污染案件在当地屡屡发生。虽然当地政府加大了执法处罚力度,但收效甚微,很多情况下,环保部门对污染企业下达处罚决定,企业方则想方设法推脱责任甚至置之不理。而之所以会如此是因为环保部门没有强制执法权。

2010 年,在嘉兴市六届人大五次会议上,一名市人大代表提出了《关于在全市推广环境保护公益诉讼的建议》,建议嘉兴市检察院尽快在全市推广环境公益诉讼制度,以保障公众环境利益在受到不法侵害时能及时得到司法救济。接到代表建议后,嘉兴市检察院作为建议的主办单位,进行了专门的调查研究,清楚地看到了开展环境公益诉讼的积极意义。当年 7 月,市检察院与市环保局共同出台了《关于环境保护公益诉讼的若干意见》,在全市范围正式启动环境保护公益诉讼制度。依据这一制度,当地检察机关对环境污染案件,可以按照检察机关办理民事督促起诉的相关规定,针对不同案情做出支持起诉、督促起诉和提起环境公益诉讼。这在浙江省尚属首次,在国内也是开了先河。

2010 年 2 月,嘉兴市南湖区人民检察院和南湖区环保局向当地污染大户家饰佳橱柜厂送达告知函,宣布因为该厂已经认真整改,检察机关决定对它终止污染案审查。至此,长达三年之久的东进村家饰佳橱柜厂环境污染案因为检察机关的介入,最终得到了圆满解决,当地居民不用再为水质污染而发愁了。嘉兴市嘉善县某纸业公司不愿替承包人整改排污设备和缴纳排污费,2010 年 7 月,检察机关介入调查,督促企业自觉履行法律规定的责任,出具检察建议书,并告知如不履行法定义务将被起诉。企业法定代表人这才醒悟过来,当月就按建议书要求停止排放,检修设施,缴纳了拖欠多日的排污费。嘉兴市南湖区新丰镇净湘村一沈姓村民违法搭建塑料清洗加工厂,污染当地水源和空气,尽管环保部门多次上门处置,他仍置之不理,本村村民又碍于情面不愿起诉。2010 年 8 月,南湖检察院进行立案,准备提起公益诉讼。沈某受到震惊,立即拆除了厂房和生产设备。这一时期,环境公益诉讼并未真正进入诉讼阶段,更多的只是以制度起到震慑作用,达到不战而屈人之兵的效果。

嘉兴市的先行试点收到了明显成效,证明发生环境污染行为后,检察机关提前介入调查取证,运用司法机关的威慑力惩戒环境违法者,可以增强环保执法监管的刚性,有利于防范和整治环境污染,也有利于化解环境纠纷。

2010 年 8 月 27 日,浙江省检察院和浙江省环保厅联合出台了《关于积极运用民事行政检察职能加强环境保护的意见》,对两家建立长效协作机制,共同保护环境资源做出了具体规定,两个部门的合作上升到省级层面。根据这份意见,协作机制的主要措施包括立案调查、支持起诉、督促起诉、环境执法检察监督、环境诉讼案件申诉案件优先办理、探索环境公益诉讼制度等六个方面。

这些措施针对两个方面,一方面是针对违法污染的企业和个人。发生环境污染案件,普通群众调查取证难,特别是有的污染企业千方百计设置调查障碍,门难进话难讲,而检察机关有调查权,可以通过证据收集帮助和支持权利受侵害者起诉。另一方面,督促起诉则是针对行政机关的消极不作为或执法行为严重违法,督促其依法履行监督管理职责。对环境公益诉讼问题,《意见》要求各地检察机关和环保部门开展积极探索,有条件的县(市、区)可以与当地人民法院协调先行试点,对环保部门作为原告代表公共利益提起环境污染民事公益诉讼的,检察机关应当予以支持,为今后我省开展环境公益诉讼积累经验。

2010年11月,浙江省检察院召开了"运用民事行政检察职能,加强环境保护"的新闻发布会,根据情况报道,在3个多月时间内,全省各级检察机关共办理环境公益诉讼案件1件,支持起诉6件,督促、协助环保部门追缴拖欠的排污费82笔,共计人民币107万元。

嘉兴平湖市法院公开审理平湖市检察院起诉嘉兴市绿谊环保服务有限公司等五被告的环境污染责任案,成为我省首例由检察机关提起的环境公益诉讼案。2010年9月至10月,嘉兴市绿谊环保服务有限公司将海宁蒙努集团有限公司等4家企业制革过程中产生的5000余吨污泥倾倒在平湖市饮用水水源二级保护区——当湖街道大胜村林角圩桥西南侧的池塘内。2010年11月,平湖市环保局接到群众举报后进行立案调查,认定绿谊公司的倾倒行为严重污染水环境和周边环境,限其一个月内清除污泥,并依法按罚金上限罚款人民币5万元。实际上,为防止污染扩大,政府部门对此案的污染处置工作共产生各种费用达54.1万元,企业违法政府买单明显不合理。象征性的行政处罚对违法企业亦无关痛痒,起不到惩戒作用。由此,平湖市检察院对嘉兴市绿谊公司等5被告提起诉讼,追究环境违法企业的民事责任,平湖市法院进行公开审理。最终经过法院对双方协调,以调解结案,被告方支付了因环境污染造成的直接经济损失54.1373万元。这起检察、法院机关参与社会管理、维护公共利益的典型案例,入选当年浙江十大法治新闻事件,并被《法制日报》列为"2011年中国十大影响性诉讼"。

检察机关运用民事行政检察职能进入环境保护领域,取得了不小的成功。然而,相对于支持起诉和督促起诉,环境公益诉讼的步履却有些蹒跚。平湖的环保公益诉讼案后,南湖、嘉善等区县也进行了类似尝试,但检察院能否作为诉讼主体提起民事诉讼,一直存在争议。浙江省检察和环保两部门建立环境保护协作机制,其实在司法链条上必然涉及法院部门。我国的刑事、民事诉讼法都没有公益诉讼的相关规定,环境公益诉讼是新类型案件,很多法院一时开不了这个口子,立不了案。所以当时南湖区检察院结案的 5 起环保案件都采取案前和解,未进入诉讼程序。

2012 年颁布的《民事诉讼法》修正案第 55 条规定:"对污染环境、侵害众多消费者合法权益等损害社会公共利益的行为,法律规定的机关和有关组织可以向人民法院提起诉讼。"但当时国家法律中,仅《海洋环境保护法》有海洋局可提起民事赔偿诉讼的规定。由于现行法律没有检察院可作为诉讼主体提起民事诉讼的规定,因此检察机关对环保公益诉讼的探索只兴起一时的波澜,往后即随《民事诉讼法》修正案的出台而淡出。

2014 年,换届后的全国人大环资委重新启动《环境保护法》第二轮修改,针对全国环境污染的严峻形势,修改出台了史上最严厉的环保法。新《环境保护法》第 58 条规定:"在设区的市级民政部门登记的专门从事环境保护公益活动连续五年以上,且无违法记录的社会组织可以提起环境公益诉讼。"但哪些国家机关可提起公益诉讼,又未做出规定。在浙江省内,专门从事环境保护公益活动连续五年以上的环保民间组织屈指可数。省、市和部分县(市、区)建立了环保联合会,但好多诞生时间不足五年,想有所作为而不可为。2013 年 7 月,浙江高级人民法院特别同意嘉兴市环保联合会作为环境污染公益诉讼案件的起诉主体,先行探索公益诉讼,并表态支持各地环保联合会作为公益诉讼主体起诉的案件。

中国共产党十八届四中全会对我国全面推进依法治国做出重大部署,在《关于全面推进依法治国若干重大问题的决定》中要求:"检察机关在履行职责中发现行政机关违法行使职权或不行使职权的行为,应该督促其纠正。探索建立检察机关公益诉讼制度。"提名检察机关作为公益诉讼主体,是对环境公益行政诉讼主体的重大突破。环境公益行政诉讼不同于环境公益民事诉讼,环境公益行政诉讼的对象是因未履行法定职责、构成对环境公共利益损害不当行政行为的国家行政机关。检察机关具有取证专业性、程序性的优势,是提出环保公益行政诉讼的最佳诉讼主体。但这仍然需要法律先做出规定。

5 年过去了,2016 年开春,终于又出现一件影响全省的环境公益诉讼案,这是一起由社会组织依法担任公益诉讼主体的民事公益诉讼案件。

案由是 2016 年 3 月,新昌县某胶囊有限公司将造桥工程发包给吕某施工,吕某在挖掘桥墩基础坑时造成污水管道断裂,导致含油废水进入桥墩基础坑。但胶囊公司和吕某都没有采取必要的清污措施,而是继续操作抽水泵排水,导致含油废水汇入新昌江,使附近河道和新昌江局部受到污染。但是,污水管道中的含油废水又从何而来? 在进一步的调查中发现,新昌县某轴承公司员工在下班后,经常将废淬火油偷倒入污水管网中,累计达到 250 千克,废淬火油与污水井内污水混合形成含油废水。显然,整个事件的形成链条是,轴承公司偷排含油废水,胶囊公司施工方挖断了污水管道,造成污水外泄排入新昌江。

新昌县环保局及时查处了这起含油废水泄漏局部污染案件。经过鉴定,这起事件造成新昌江城北大桥沿线附近油类和化学需氧量不同程度超标,相关河段的水生态环境严重受损,且无法通过现场修复工程达到完全修复。环保部门依法启动环境损害赔偿程序,经评估鉴定,核定对两处河段造成的环境赔偿数额为 5.575 万元,鉴定费 2 万元。但是追缴赔偿金时,胶囊公司、吕某、轴承公司却相互推诿责任不肯承担,不得已,案子进入公益诉讼程序。在谁来担任原告问题上,作为全省首个生态环境损害赔偿制度改革试点单位,绍兴市尝试通过公益组织诉讼的方式破解"谁来告"的困境。此时,绍兴市生态文明促进会表示对此责无旁贷,担当起提起公益诉讼的角色。

2017 年 2 月 20 日,绍兴市中院开庭审理了绍兴市生态文明促进会诉新昌县某胶囊公司、吕某和新昌县某轴承公司水污染责任纠纷环境公益诉讼案件。根据判决,胶囊公司、吕某、轴承公司三方赔偿因水污染导致的生态环境修复费用等 8 万余元,这笔赔偿金打入绍兴生态损害赔偿金专用账户,用于被损害生态环境的修复和改善。

赔偿仅 8 万元的诉讼案件,意义非同寻常。这是全省首例成功审结的环境公益诉讼案件,也是全国首例由生态环境损害赔偿磋商环节转入诉讼程序的环境公益诉讼案。该案的审结,意味着为了维护社会公共利益,任何符合法定条件的社会组织,都可以把侵害公共环境的个人或单位推上被告席。这对于污染企业而言,违法成本显然会增加,同时,这样的模式也能更多地激发社会公众保护公共环境利益的积极性。

2017 年 6 月 27 日,第十二届全国人大常委会第二十八次会议决定,《中华人民共和国行政诉讼法》第二十五条增加一款,作为第四款:"人民检察院在履行职责中发现生态环境和资源保护、食品药品安全、国有财产保护、国有土地使用权出让等领域负有监督管理职责的行政机关违法行使或者不作为,致使国家利益或者社会公共利益受到侵害的,应当向行政机关提出检察建议,督促其依法履行职责。行政机关不依法履行职责的,人民检察院依法向人民法院提起诉讼。"法律终于明确,检察机关是提起行政公益诉讼的唯一主体。

浙江省检察院在省委、省人大的支持下,迅速成立公益诉讼工作领导小组,召开全省检察机关公益诉讼推进会,并要求全省各级检察院成立相应领导机构,检察长亲自抓落实。从司法实践的实际情况出发,检察部门更加重视发挥检察建议的诉前作用,督促行政机关纠正行政违法行为。在短短的两个月内,全省各级检察机关共启动公益诉讼诉前程序案件 50 件,其中生态环境和资源保护领域案件 29 件。

第一起影响较大的典型案例,是衢州江山市钱塘江源头跨省危险化学物品环境污染案。江西华龙化工有限公司位于江西省上饶广丰区与浙江省江山市接壤处,主要生产工业和食用磷酸。2014 年华龙化工停产后,厂区内露天堆放低浓度磷酸、合成高沸等高度危化品 1000 余桶,近 400 吨。经过多年日晒雨淋,危化品桶体出现不同程度的腐蚀老化和少量泄漏,一旦发生大规模泄漏,将严重影响江山港流域和钱塘江水质。自 2014 年开始,在江山市检察院督促下,当地环保部门组织处置了部分危化品,此后,由于广丰方面资金不足,再无后续处置行动。2017 年 6 月 27 日,江山市检察院向浙江省检察院、衢州市检察院报告后,浙江省检察院将此案列入全省首批十件公益诉讼案件。7 月 1 日,江山市检察院启动行政公益诉讼诉前程序,向江山环保局发出检察建议,并 7 次与江山、广丰两地环保、公安等执法部门对接,行政检察和侦查监督并举,建立跨省联席会议,督促制订处置方案。不久,相关的两家企业对危化物品进行了搬运清理,持续多年的重大跨省环境污染隐患终于得到清除。

同一时间,丽水市缙云县检察院启动行政公益诉讼诉前程序,向缙云县国土局发出检察建议,要求整改对当地非法开采凝灰岩查处不力的情况。2015 年 6 月,缙云县检察院曾经向当地国土部门发出督促查处的检察建议,但非法开采凝灰岩现象并未得到有效遏制,2016 年非法采矿点扩大到几十处,破坏植被、水土流失和水体污染等情况严重。再次收到检察建议后,缙云县国土局多次召开专题会议,组织采取措施,关停了 38 个非法采矿点,查扣和摧毁非法开采设备 200 余台,立案查处 28 件,2 名犯罪嫌疑人经检察机关监督移送公安机关立案查处。同时,根据规划布局,推出适量开采点,规范开采行为,促进有效合理利用凝灰岩矿产资源。

浙江的环境公益诉讼起步较早,但其后进程一波三折,它见证了浙江检察部门在环境司法中争取有为的进取精神,反映了浙江推进依法治水的一个侧面,也是全国不断加强生态环保法律制度建设的一个缩影。

五、步步加严的环保执法监管

《水污染防治法》规定,县级以上人民政府应当对本行政区域的水环境质量负责。怎样把保护水环境、防治水污染的责任传导、落实到各级政府,是浙江省政府及有关主管部门一直思考和要着力解决的一个重点问题,在实践探索中,陆续推出跨界河流交接断面水质保护管理考核、减排目标责任制等制度,以及通报、预警、约谈、挂牌督办、区域限批、"一票否决"等考核问责措施。其中实施时间较长,也较为成熟规范的是交接断面水质考核制度。

2009 年 7 月,省政府出台了《浙江省跨行政区域河流交接断面水质保护管理考核办法》,将浙江河流中最常出现的高锰酸盐、氨氮、总磷 3 项污染物浓度,定为评判河水水质的指标。一个县市是否污染了河水,要看河水在流出这个县市时水质是否变差,也要看流出时水质是否能达到饮用水、灌溉水或景观水等几类预设的功能标准,还要看一条河流上下游地区的水环境历史,比如有的河流多年清澈,有的河流污染已十分严重。考虑到这些因素,省环保部门每个季度为全省所有县市的河水水质打分,评分设优秀、良好、合格和不合格 4 个档次。水质监测、水量监测分别由环保、水利部门负责执行。各县市河水水质考核结果实行"五个挂钩":与生态省建设考核挂钩,与市、县级政府领导班子和领导干部综合考核评价挂钩,与建设项目环评审批和水资源论证审批挂钩,与安排生态环保财力转移支付和经济奖罚挂钩,与公众参与和社会监督挂钩。河水变差县市面临五重惩罚,水质不合格的黑名单还通过媒体公之于众。曾经被考核不合格的县(市、区)有浦江县、平阳县、嘉兴市市区、乐清市、永康市,它们还因此而受到区域限批和经济惩罚。

实施跨界河流交接断面水质保护管理考核,明显加强了各地政府流域环境保护的主体责任,促进了水环境质量的改善。全省 140 多个跨越县、市、区边界的河流断面,水质达标率从 2009 年的 54.9% 上升到 2017 年的 90.3%。

对面广量大的排污企业如何有效监管,省环保部门从环保综合检查、专项执法检查、信息化监控到实行最严格的环境保护制度,方法不断更新,措施步步加严。

在执法监管中,环保部门常用的方法是专项执法检查,围绕一个时期的环境治理重点,由政府牵头,有关部门联动,集中力量解决一批突出环境问题。从2005 年至 2014 年长达 10 年的"整治违法排污企业,保障群众健康环保专项行动",先后针对饮用水水源安全、重点流域水环境整治、重点企业环境安全、海洋环境保护、钱塘江流域环境保护、畜禽养殖业环境治理、"五水共治"等重要工作和突出问题,依法开展大排查、大整治、大宣传。执法检查密集程度最高的 2007 年,出动执法人员 17.7 万人次,检查企业 8 万多家,查处案件 5046 件。2015 年至 2016 年的 4 轮"亮剑"行动,分别对钱塘江流域 5 市的重点排污单位和排污口、各级工业园区及配套集中式工业污水处理厂、全省经济技术开发区和产业集聚区的污水处理情况、全省企业污染源自动监控设施运行管理情况进行全面检查,并严格按新《环境保护法》予以处理。2016 年 4 月至 9 月开展的百日环保专项执法行动,历时 135 天,由属地政府组织环保、公安、建设、农业等部门和乡镇政府力量,开展拦网式排查,共立案查处环境违法案件 12637 件,移送公安机关 537 件,立案数和移送数同比分别增长了 163% 和 34%;其间通过媒体公开曝光 16 批 167 个环境违法典型案件。浙江因对环境违法打击力度一直位居全国首位,被称为"最严环境执法省份"。①

面对面广量大的污染源,为了提高精准管理水平,省环保部门从 2012 年起尝试环境监察网格化管理,2014 年下半年全面推开以地方政府为主体的环境监管网格化建设。到 2016 年年底,全省共划分一级网格 11 个、二级网格 114 个、三级网格 1473 个、四级网格 26220 个,为实现横向到边、纵向到底的环境监管全覆盖打下了基础。经过两年多的运行,环境监管网格化在及时发现和制止环境违法行为、妥善处理环境信访投诉、加强辖区污染源管理方面取得明显成效。嘉善县依托全县已经成型的社会治安综合治理网格,形成 9 个镇(街道)级+662 个村(社区)级网格单元的大环保监管网格。2017 年立案查处的 254 起环境违法案件中,有 119 起案件线索来源于基层网格员上报的信息,占总数的 46.8%;全县 744 家县控以上环保重点监管企业,全部在属地镇(街道)完成应急预案备案管理、门户网站公开企业环保信息和诚信守法承诺工作。

除了加强"人防",环保部门向科技借力,推行智慧环保体系建设,利用信息化加强"技防"。2008 年,全省基本完成重点污染源自动控制系统的建设和验收,污染源在线监测覆盖全部省控以上重点污染源和 70% 以上的市控重点污染源,形成省、市、县三级联网,全天候实时监控的环境质量和污染源在线监测控制系统。省环境监控平台每日对全省 1345 家重点排污企业在线监测数据进行高频次巡检,发现数据异常企业,当日向属地环保部门发出查处指令。各级环保部门都配备使用移动执法终端,实现了环境监察移动执法全覆盖,大大提高了执法

---

① 江帆:《浙江打造最严环境执法省份》,《浙江日报》,2017 年 8 月 11 日。

监管效率。衢州市从 2013 年起,依托物联网建立"智慧环保"平台,共整合了 1556 套污染源自动检测、监控设施,对 233 家企业、1124 家生猪养殖场、47 座城镇污水处理厂的排污进行 24 小时实时监控,技术与制度的结合达到事半功倍的效果。

2015 年,"双随机"执法在浙江大地逐步推开。所谓"双随机"执法是指随机选派环境监察人员,随机抽取涉污企业,实施交叉执法检查。温州市中小企业遍布,实施"双随机"执法制度对加强监管十分有利。市环保部门随机抽查的重点,不仅包括市控及以上电镀、造纸、印染、化工、制革、合成革等六大重污染行业,还纳入火电、污水处理及金属表面处理加工、线路板、铅酸蓄电池、食品加工等地方特色行业。随机抽查在全市的"污染源日常环境监管随机抽查系统平台"中操作,整个流程为:管理员随机抽取执法人员组合,并指派每组工作量;执法人员提交执行计划;系统自动分配执法对象;执法人员开展现场检查,并扫描二维码录入查处情况,全程留痕,可以追踪。嘉兴市的做法更加开放透明,在环保社会组织和媒体、市民的见证参与下,环保局通过摇号确定抽检企业和执法人员,他们称这种方式为"双随机、一公开"。

"双随机"执法用制度创新填补监管"盲区",具体有几大特点:一是突击检查直接曝光,不打招呼直奔现场,对违法企业更有震慑作用;二是检查人员由电脑随机抽取产生,避免了人为干扰;三是不分区片、不定路线,检查对象都是随机产生,改变了过去固定频率、固定企业的呆板监管模式,也避免了选择性执法,使行政执法更加公开、透明、高效。2016 年,全省对排污企业实施"双随机"抽查 2.7 万家次,2017 年前三季度为 1.2 万家次。

自 2015 年新《环境保护法》实施以来,浙江省环保部门发挥新《环境保护法》按日计罚、查封扣押、限产停产和移送行政拘留等刚性手段,严厉震慑环境违法行为。2015 年—2017 年 9 月,全省环保部门共实施按日计罚 164 件,查封扣押 4373 件,限产停产 1123 件,移送行政拘留 1602 件,移送涉嫌环境污染犯罪案件 3248 件。其中,2015 年全省查封扣押、限产停产和移送行政拘留案件三项数据位列全国第一,惩治了一大批恶意排污、造成环境污染的企业。

2016 年 8 月 22 日起,浙江省在全省范围内实施环境违法"黑名单"制度。根据规定,企业如果出现"构成环境犯罪;或者通过暗管、渗井、渗坑灌注,篡改、伪造监测数据,或者不正常运行防治设施等逃避监管的方式违法排放污染物"等 13 类环境违法行为,不仅面临处罚整改,还要被纳入社会信用体系,在行政审批、融资授信、资质评定、政府采购等多方面受限制。企业进入环境违法"黑名单"后,管理期限一般为 3 年,但被列入"黑名单"的企业允许有一次"信用修复"机会。即在环境违法"黑名单"信息公布 6 个月后,被公布单位认为自己的环境违法行为已整改到位,可向做出认定的环保主管部门提出信用修复的申请,环保部门审核通过后,违法单位还需在门户网站或当地主要媒体进行 7 个工作日的公示,然后再由环保部门做出是否修复的决定。

"黑名单"实行动态更新,设区市环保主管部门将辖区内认定的"黑名单"信息,于每季度首月 15 日前报送省环保厅,省环保厅负责省本级"黑名单"的认定,对全省"黑名单"信息进行统一汇集、发布。环境违法"黑名单"通过信用浙江网站、门户网站、浙江环保官方微博等媒体,每季度一次向社会公开。

这份"黑名单"更大的威慑力还在于,它被纳入省级公共信用信息服务平台管理,成为实施联合惩戒的依据。环保部门与发改委、经信委、财政、税务、工商、质监、安监、海关等部门之间,以及与银行、证券、保险监管机构之间建立起通报机制,违法单位在许多方面将受到限制。环保信息纳入金融信用信息基础数据库后,在金融机构中得到广泛应用,发挥了联合惩戒和正向激励的作用。嘉兴市是较早探索"黑名单"制度的地区,2015 年至 2016 年上半年,辖区内银行机构累计投放节能减排类项目贷款超 40 亿元,限制"黑名单"企业贷款 11 亿元;2015 年对市环保局提供的 99 家"黑名单"企业缩减贷款 3.04 亿元,当年贷款缩减率为 21.7%。① "黑名单"制度是浙江前些年推行的企业环境信用等级评定制度的升级,是一种促使企业进步的倒逼制度,规定的 13 种环境违法行为也是以往执法检查中最常见的现象,对违法单位可谓是一剂对症下药的"苦口良药"。

---

① 晏利扬:《十一种行为绑住企业贷款手脚》,《中国环境报》,2016 年 5 月 12 日。

第十一章　绿水青山就是金山银山

2005 年 8 月 15 日,时任浙江省委书记的习近平在安吉县天荒坪镇余村考察时,提出了一个影响中国今后发展的重要思想——"绿水青山就是金山银山"。"两山"思想体现了经济发展和环境保护的统一性,蕴含着生态优势向经济优势转化的辩证法,不仅阐明了发展的价值论,而且提供了发展的方法论。

"两山"思想在浙江诞生,为浙江人转变发展方式赢得先机。在践行"两山"理论中,浙江走的不是就环境问题治理环境之路,而是把环境与自然当作产业升级的资本来保护和培育,把环境治理与绿色产业发展同步推进,把治水治出的美丽环境向美丽经济转变,推动区域经济转型发展。

"两山"思想为浙江新型城镇化开辟了一条科学途径。进入 21 世纪,城镇化的转型发展,为浙江农村提供了新的发展契机,如何消解传统城市化发展模式弊端,重塑农村活力,统筹城乡一体化发展,是一个具有现实紧迫性的重大问题。浙江在"两山"思想指导下,创造绿色新环境、新产业、新社区、新文化,城乡共建共享生态文明,成为建设"美丽中国"的一种创新实践。

"两山"思想还与浙江新时期的扶贫思路相伴相生。丽水、衢州等地的 26 个市、县是浙江扶贫工作的重点地区,浙江要求欠发达地区从区位条件、资源禀赋、产业基础等特点出发,培育自我发展机制。欠发达地区的最大资源就是生态资源,这种资源随着基础设施条件的改善和人民生活的提高,其优势和价值日益凸现。"绿水青山就是金山银山",指出了一条绿色发展的生态富民之路,欠发达地区成了浙江新的经济增长点。

一、竹乡的"两山"路

安吉县的余村,位于天目山脉的余岭脚下。20 世纪 90 年代,依靠山里优质的石灰岩资源,余村成为安吉县规模最大的石灰石开采区。全村 280 户村民,一半以上家庭的劳动力在矿区工作。村里拥有 3 座矿山和 1 家水泥厂,村集体一年收入达到 300 多万元,成为远近闻名的"首富村"。村民收入增加了,但是每天耳边听到的是开矿的炮声和机器的轰鸣,看到的是溪流浑浊、烟尘满天。一边是高收入,一边是高污染,面对这个日益突出的矛盾,余村人不得不从 2003 年起,陆续关停矿山和水泥厂,以补上这笔多年来的生态欠账。

2005 年夏天,时任省委书记习近平冒着酷暑来到余村调研,他坐在村会议室一把普通的椅子上,与村民恳切相谈。他称赞余村人关停矿山是高明之举,并告诫村里的干部群众,生态资源是最宝贵的资源,不要以环境为代价去推动经济增长,因为这样的增长不是发展。我们过去讲既要绿水青山,又要金山银山,其实绿水青山就是金山银山,要坚定不移走这条路。一席话,使当初感觉迷茫的余村村民心头亮堂起来,也使安吉县走"生态立县"之路有了坚定的信心。[①]

浙江多山,安吉尤甚。这个躲在浙西北山旮旯里的山区县,人均不足七分耕地,长期以来一直戴着"贫困县"帽子。改革开放后,急于丢掉穷帽子的安吉人,把目光转向了工业,一时间"村村点火,户户冒烟"。政府财政和居民收入虽然都上去了,代价却是青山被毁,河流被污染。1998 年,国务院发出黄牌警告,安吉被列为太湖水污染治理重点区域。在整治任务倒逼下,县委、县政府当年就投入8000 多万元治污。2000 年,由李安执导的《卧虎藏龙》荣获奥斯卡最佳外语片等4 项大奖,影片的拍摄地——中国竹乡安吉一举成名,慕名前来万里竹海参观游览的游客络绎不绝,安吉干部群众初识"生态"的价值。

2001 年,安吉确立"生态立县"战略,安吉县人大通过了"生态立县"的决定。接着几年,全县关闭了大批污染企业,包括占全县 1/3 税源的孝丰造纸厂制浆生产线,243 家矿山只剩下达标的 17 家;因环境因素否决投资项目 150 个以上,包括某跨国企业一个投资近 50 亿元、税收可达 10 亿元的造纸项目。安吉此举,在那个看重 GDP 的年代,付出的代价是沉重的,在湖州各县市的经济排序中,安吉一度退至倒数第一。安吉历届党委、政府没有犹豫,在治理污染的同时,创设性地开始推进"美丽乡村"建设。安吉的努力,得到时任省委书记习近平的肯定和支持。安吉经验成为"两山"理论的源头,安吉的发展也成为"两山"理论的实践样板。

有了"绿水青山就是金山银山"的理念,同样是靠山吃山,内涵却有了本质的

---

① 周天晓等:《绿水青山就是金山银山》,《浙江日报》,2017 年 10 月 8 日。

区别,曾经的"靠山吃山"是以牺牲环境来换取经济增长,转变后的"靠山吃山"是通过保护环境来优化经济增长。而且当地领导认为,绿水青山主要在农村,金山银山重在让农民富起来。安吉摒弃了矿山、造纸等落后产能,休闲旅游、健康养生、生态竹木业风生水起。

安吉共有 108 万亩竹林,3000 多个品种。安吉人可以把它开发制作成吃、喝、穿、住、行、玩等多种用途的产品。到 2016 年,全县共有竹产品企业 2000 多家,11 万人从事与竹子相关产业。形成了竹质结构材、竹装饰材料、竹日用品、竹纤维制品、竹质化学加工材料、竹木加工机械、竹工艺品、竹笋食品等八大系列产品格局。其中,椅业年产量 3000 万把,占据国内市场份额的 1/3 以上,竹地板产量占世界产量的 50% 以上,竹机械制造业占据 80% 的国内市场,并出口多个国家和地区。年销售收入亿元以上企业有 11 家。按一家竹制品企业董事长的说法,已有的技术能够从竹梢、竹根、竹叶到竹竿,将一根竹子"吃干榨尽"。这让种植养护竹林的山民也增加了收益,竹制品从简单的竹扫把发展到品种繁多的日常用品,甚至科技产品,安吉毛竹的"身价"也从以前每百斤不足 6 元上升到每百斤 60 多元。

安吉人另一条"靠山吃山"的路子是发展旅游经济。当地政府将整个县域作为一个大农村来建设,作为一个大景区来管理经营,作为一个大生态博物馆来布局展示。借用当年浙江块状经济发展形式,以一村一品、一村一景、一村一业、一村一韵,建成各具特色的美丽乡村精品村 150 多个,形成"黄浦江源""中国大竹海""昌硕故里""白茶飘香"四条乡村旅游精品观光带。

山清水秀之处,遍地兴起"农家乐"。十几年里,大山里的余村农家乐发展迅速,乡村游日益红火。步入余村,但见翠竹摇曳,绿树婆娑,流水潺潺,鸟声啾啾,村中心道路上,杭州、苏州、上海等地的旅游大巴不时穿梭而过。原有的矿山已经被绿色植物覆盖,矿区作业平台上种满了各式鲜花,昔日粉尘飞扬的矿山变身花园式景观。一名潘姓村民曾经是村里矿山的运输司机,矿山关闭后,开办了村里第一家"农家乐",经营客房 150 间,还有一家旅行社,年营业额可达到 100 多万元。12 年间,余村从事旅游业的村民从 28 人增加到 400 人。2016 年,余村成功创建国家级 3A 级景区,游客超过 30 万人次,全村经济总收入 2.52 亿元,村民人均可支配收入 35895 元,村集体经济收入 375 万元,余村完成了从卖石头到卖风景的蜕变。

递铺街道的鲁家村,全村 16.7 平方千米,2200 多人并无一人姓鲁,相传明末清初时,以一帮匠人迁徙落户形成村落,最终以土木工匠祖师爷鲁班的姓作为村名。这个普通的村庄突破平凡显神奇,2013 年起发展的 18 家庭农场,分别从事果蔬、药材、竹园、高山牧场等产业,2017 年 7 月被纳入国家首批 15 个田园综合体项目。村庄引入社会资本组建公司,其中,村集体占股 49%,旅游公司占股 51%,以公司、村集体和家庭农场共同经营模式,建起一条 45 千米长的旅游小铁轨,把整个鲁家村串联成一个大景区。村集体资产从 2011 年的负债上百万元增至 2017 年的 1.2 亿元,村民人均收入从 2011 年的 1.9 万元增至 2016 年的 3.3 万元。

生态经济化,经济生态化,使安吉的绿色发展之路越走越宽广。全县统筹城乡,建设由优雅竹城、风情小镇、美丽乡村组成的县域大景区,2016 年,游客总量接近 1928.8 万人次,旅游总收入 233.16 亿元。与 2005 年游客总量 312 万人次、旅游总收入 9.51 亿元相比,11 年间增速分别达到 17.4% 和 33.8%;服务业占 GDP 比重 47.4%,已超过第二产业。受益于良好的生态,安吉白茶成为"摇钱树",2016 年,全县白茶茶园面积 17 万亩,产值 22.58 亿元,全县 36 万农民实现年收入人均增收 6000 元,可谓是"一片叶子富了一方百姓"。安吉西苕溪水资源丰富,当年习近平总书记考察了当时亚洲第一的天荒坪抽水蓄能电站,希望其将来能成为世界第一。2015 年年底,毗邻天荒坪电站的长龙山抽水蓄能电站开工,2020 年可建成投产发电,届时,安吉境内抽水蓄能电站装机容量将是世界第一。

有了这样一张"金名片",安吉借势生态资源,主动融入长三角经济圈,成为海内外客商的投资选地。投资 170 多亿元的上影安吉影视产业园,将形成涵盖电影学院、影视博物馆、影视拍摄及后期制作中心等各种主题的新型业态;总投资 100 亿元的海游天地度假城,是海游集团投资的国内首个 Odalys 度假品牌项目;惯于在大都市布局的美国万豪集团,在安吉开出了首家县级 JW 万豪酒家。2017 年上半年统计,安吉在建的 174 个绿色项目,总投资达 1500 亿元,这批项目全部竣工后,可为安吉新增 4500 亿元以上的产出。

当全省兴起建设 100 个特色小镇热潮时,安吉从建立与县域经济紧密结合的科技创新平台考虑,建起了"两山"创客小镇。这个小镇的特色在于依托当地良好的互联网创业基因,结合安吉蓬勃发展的休闲旅游业,综合运用"生态+""互联网+""金融+"等模式,重点培育有关循环经济、美丽乡村智慧应用、能源资源转化等方面的新兴产业。至 2017 年 6 月,小镇已有灵猫有数、国千股份、易诊云等 54 家企业入驻,还有 50 家企业在排队等候。计划 5 年内"两山"创客小镇,总投资达到 50 亿元以上,年产值达到 20 亿元以上,沿安吉大道形成 3 平方公里的省级特色小镇。

十多年来,安吉环境与财富同步增值。在创造生态奇迹的同时,也创造出一个经济奇迹。绿色发展让安吉人改变了生存命运,求得了长远发展。印证了环境就是民生,青山就是美丽,蓝天也是幸福。2006 年安吉县成为省内首个"国家生态县"。2003 年,安吉县控及以上地表水监测断面Ⅲ类及以上水质达标率为88％,2016 年,安吉县控及以上地表水监测断面达标率 100％,全县 6 个主要集中式饮用水水源地水质达标率 100％。另一张数字表是,从 2005 年到 2016 年的11 年间,GDP 从 89.28 亿元增加到 324.87 亿元,年均增长 12.5％[①],地方财政总收入从 7.81 亿元增长到 60.33 亿元,年均增长 20.4％;2016 年农民人均可支配收入 25477 元,高于全省平均水平 2611 元,比 2005 年增长 2.6 倍,年均增速为12.4％;11 年间,城乡居民收入比从 2.09：1 缩小到 1.74：1,城乡统筹发展水平不断提升。

2016 年 6 月 18 日至 19 日,20 国集团智库会议(T20)在安吉举行。之所以选择小城召开国际会议,只因为安吉是"中国美丽乡村"的发源地。2014 年,由安吉美丽乡村系列标准提炼转化的《美丽乡村建设规范》,成为国内首个省级美丽乡村建设标准。此后,以安吉县政府为第一起草单位制订的《美丽乡村建设指南》国家标准于 2015 年 6 月正式发布。从县级标准升级为省级标准,再升级为国家标准,既是对安吉走"两山"之路的充分肯定,也说明了安吉美丽乡村建设模式的科学性、可操作性和可复制性。

2017 年 9 月 21 日,全国生态文明建设现场会在湖州安吉召开,会议命名、授牌湖州市等 46 个第一批国家生态文明建设示范市县和湖州市、安吉县等 13 个第一批"绿水青山就是金山银山"实践创新基地。湖州市在市域范围内培育、拓展和推广安吉经验,依托绿水青山大力发展生态农业,连续四年农业现代化发展指数列全省第一,成为全国第二个基本实现农业现代化的地级市;做强绿色工业,催生出一批新经济、新业态和新模式,涌现出湖州丝绸小镇、吴兴美妆小镇、德清地理信息小镇、长兴新能源小镇等一批特色小镇,一、二、三次产业的产业结构调整到 5.9：49.2：44.9,2017 年成为全国首个以绿色智造为重点的"中国制造 2025"试点示范城市;做优现代服务业,积极推进全域旅游,全市农家乐、洋家乐、渔家乐等民宿经济蓬勃发展,农民增收致富渠道不断拓宽。

---

① 裘一佼等:《绿色发展看安吉》,《浙江日报》,2017 年 8 月 15 日。

二、从农家乐到民宿

民宿经济是乡村集体或农户利用民居资源、农事资源、生态资源等创办的服务项目,是以特色住宿为基础,衍生风味餐饮、茶吧阅读、民艺民俗展示与体验等内容的乡村休闲旅游新业态。顾名思义,民宿"民"字当先,发源于乡村。民宿最早出现在欧洲和日本,20 世纪 80 年代初在中国台湾得到快速发展。

浙江农村最早兴起的是农家乐。广义地说,农家乐也属于民宿经济的范畴,农家乐、民宿也可看作是休闲度假旅游中的不同业态发展阶段,农家乐是中国特色的民宿,是中国农村初级阶段的民宿。具体做比较,农家乐相对比较粗放,规格标准比较低,为客人提供的服务较为单一,有的农家乐甚至只提供餐饮。而民宿对规格标准有严格要求,为客人提供休闲度假的高端服务,强调生活体验。民宿经济盘活了农村闲置房屋、土地,创造了相当数量的就业岗位,带动了农产品快速升值进入市场,使农民获得了财产性收入、创业性收入、一产农业收入和工资性收入,为村集体增收、农民致富打开了广阔空间。

浙江全面部署发展农家乐,可以追溯到 2005 年。2005 年 8 月 15 日,时任省委书记习近平到安吉县余村考察,在听取余村关停矿山和水泥厂、积极发展农家乐和生态旅游的汇报后,提出了重要的"两山"思想,还指出"生态旅游是一条康庄大道"。同年 11 月 9 日,省委、省政府在安吉召开第一次全省"农家乐"工作现场会。到 2010 年 10 月,3 次这样的现场会先后在衢州柯城、金华武义、丽水遂昌召开。又是 5 年后,全省农家乐休闲旅游工作现场会,在台州的天台县街头镇后岸村召开。这次会议吃在农家,住在农家,开会在农村礼堂,让与会者全面体验农家乐。会议回顾总结说,2005 年 11 月的"安吉会议",开启了浙江"农家乐"休闲旅游业快速发展的"黄金十年"。10 年间,浙江的农家乐休闲旅游业总体上实现了从"点上萌芽"到"遍地开花"、从"单一吃住"到"多元经营"、从"各自为战"到"抱团发展"的三个转变。时光飞逝,到 2017 年,全省已有农家乐特色村 1139 个,各类农庄、山庄、渔庄 2348 个,直接从业人员 16.8 万人,带动的受益农民达到 100 多万人。[①]

农家乐必须以农民为主体,因为农民是这片土地上最辛勤的劳动者、田野里最朴实的守望者,坚持姓农、为农、靠农,这是浙江各级政府扶持发展农家乐秉承的理念。在浙江很多地区,发展民宿和农家乐主要采取政府主导下的村民参与

---

① 许雅文:《亮出乡味浙江新名片》,《浙江日报》,2017 年 11 月 8 日。

模式。这种模式的特点在于乡村旅游中的旅游规划、品牌创建、旅游营销等皆由政府主导,建立起良好的区域旅游效应,村民被带动参与其中。衢州是浙江的"绿色屏障",鼓励发展生态型经济。市、县各级政府把目标盯在钱江源头生态经济先行区和浙西最佳民宿旅游目的地,坚持生态和富民互促共进,制订有利于民宿发展的用地指标、资金扶持、政府会议采购等政策,开展政府部门组团服务,在民宿发展重点区域加快建设供电、通信、交通、水利、卫生、污水处理、垃圾收集中转等公共基础设施,不断推动民宿经济向中高端发展,使民宿经济成为农村经济发展最有潜力的新业态。到 2016 年上半年,衢州市共有乡村休闲旅游经营户2202 户,其中星级农家乐经营户 1973 户,床位数 2.54 万张,餐位数 14.27 万个。5 年间,衢州农民人均可支配收入从 11159 元增加到 18421 元,年均增长10.5%。从全省来看,2016 年,全省农家乐营业收入达到 290 亿元,其中 26 个摘帽的欠发达县农家乐营业收入达到 56 亿元,增幅达到 35.6%。

21 世纪是创意经济的时代,发展农家乐和民宿,同样既要有卖点又要有创意。农家乐最大的优势在于"农",农村景、农事活、农屋情、农家饭,最大的卖点在于"乡",乡村田园、乡下人生活、乡愁记忆、乡风民俗。为了丰富内涵,避免千篇一律,浙江着意引导各地发展"外土内洋"的创意农家乐。所谓"土"就是保留和发掘各种乡土性元素,力求原生态,"洋"就是旅游基础设施、公共服务平台、经营服务规范、产品营销网络、从业人员技能等功能性配套,力求精细化。

德清县西部群山逶迤,竹林葱茂,森林覆盖率达 97% 以上,良好的生态催生了许多农家乐。德清冷坑里自然村位于莫干山脚下,2012 年,一位外出求学归来的本村青年,看中并租下了村里几座破败的老房子,将其改造成民宿"西坡 29号"。民宿设计采用极简主义风格,石头泥巴糊的墙,老式瓦片屋顶,原木和竹子做成的书桌和床,环保、怀旧,散发着淡淡的乡愁,引得城里人纷至沓来。价格最贵的房间由当年的猪圈改造而成,住宿一晚需付费 1580 元,可仍然得客人青睐。像"西坡 29 号"这样的民宿,在莫干山有近 70 家,每一家都生意红火。

劳岭村,位于国家级风景旅游名胜区莫干山中,这里是中国"洋家乐"的发源地,几十家"洋家乐"掩映在茂林修竹之中。"洋家乐"唤醒了德清西部沉睡的乡村,深刻改变着当地农民的生产和生活。裸心谷超过 2/3 的员工是从周围农村招聘来的,当地共有 1300 多人在"洋家乐"工作。法国山居每年以高于市场 10%的价格收购周边的水果,山里的瓜果、土酒、茶叶等借势销路大开。在"洋家乐",游客每天人均消费 1200 元左右,高于普通游客人均消费 100% 以上。民宿产业每张床铺的年产值达到 1.5 万元,裸心谷等高端"洋家乐"的铺均产值更是高达

10 万元。据统计,至 2017 年,仅莫干山镇民宿产业所提供的就业岗位就达 5000 多个,每年为村民带来工资收入、房屋租金收入、土特产品销售收入、自办民宿收入等近 4.5 亿元,民宿经济已成为农村转型发展、农民增收致富的主要来源。2016 年,德清已有乡村民宿 2000 余家,其中以"洋家乐"为代表的精品民宿 150 多家,实现直接营业收入 24.19 亿元,为当地农民增收贡献 31.2 个百分点。①

　　利用传统产业的遗址,改造成独具一格的民宿,也颇有创意。开化县在淘汰落后产能过程中,一大批高污染、低产能的企业关停整转,音坑乡姚家村的砖窑在熄灭最后一炉火后,改造成创意民宿"红窑里"。为了留住父辈的记忆,整体建筑全部采用原砖厂保留下来的红砖和瓦片,搭配钢结构和玻璃幕墙,每个窑洞都是一个独立房间,再配备餐厅、酒窖,古朴中散发出时代感。"红窑里"2016 年国庆节开业,吸引了大批游客,还解决了村里 30 多个劳动力的就业问题。

　　在发展民宿经济中,浙江人青睐于富有乡愁记忆的"文化民宿"。丽水市的莲都区,先后启动 21 个民宿特色村建设。不同于德清的"洋家乐"和桐庐等地的精品民宿,莲都考虑的是挖掘本地乡土元素,做好乡愁记忆文章,将一个个老乡村打造成为有故事、有内涵、能富民的主题村落。到 2016 年年底,全区已有农家乐民宿经营户 400 多户。其中如千年古村大港头镇利山村,距离国家 4A 级景区"古堰画乡"5 千米,生态资源优势明显,当地将体验民宿与"感受山村静谧、欣赏莲花美景、体验畲乡风情"相整合,成为莲都区第一个成规模、专业化的民宿村。

　　丽水市的松阳县建县 1800 余年,传统文化底蕴深厚,农耕文化独具特色,许多地方还盛行着富有传统特色的民间文化活动。难得的是,在田园牧歌式的生活景象日益消亡的今天,其境内还保留着 100 多座"山水—田园—村落"的格局完整的区块,是华东地区古村落群数量最多、保存最完整的地区,被誉为"最后的江南秘境"。秀丽的山水景色,优美的生态环境,丰富的文化风俗,使松阳拥有丰富的乡村旅游资源,蕴藏着巨大的市场潜力。松阳县政府因势利导,以"原生性保护、原住式开发、原特色利用"为原则,以不破坏村落的传统格局和自然环境为前提,把民宿经济和农家乐作为美丽经济的重要内容加以培育,实施"乡村旅游＋民宿""传统村落＋民宿""休闲农业＋民宿""互联网＋民宿"的"4＋"战略,鼓励民间资本投资民宿开发,引导农民参与农家乐、民宿发展。截至 2017 年 9 月底,全县建成"过云山居""云上平田""柿子红了"等 10 多家特色精品民宿,发展农家乐民宿 420 家。

---

① 周静:《浙江旅游:市场沃土孕育万亿产业》,《浙江日报》,2017 年 11 月 28 日。

秀山丽水引来一批国内外摄影师聚焦丽水,当地政府乘势引导摄影文化与民宿产业融合,互促共进。市内建成 2 个摄影产业园、100 个摄影采风基地,建造了国内首个摄影博物馆;举办了摄影高端论坛、"瓯江行"摄影大展、中国国际数码展等有较大影响力的活动。2017 丽水摄影节,展出了 50 多个国家和地区的 5000 多名摄影师的作品,设有 15 个展区共 1000 多场展览,吸引数以万计的国内外摄影爱好者纷至沓来。此时此地,民宿的火爆也随之水涨船高。

农家乐虽然以农民为主体、乡土为本色,但丝毫不影响其应用现代设备和信息化工具,在浙江大力发展互联网经济的热潮推动下,一些地区渐渐演化出插上"互联网＋"翅膀的"智慧农家乐"。衢州市虽处浙西山区,但较早在旅游经济中引入信息化,以"移动掌上农家乐"App 等形式开展智慧营销,全市有多家三星级以上农家乐上线体验,游客手指动一动,就可以轻松实现"私人订制"乡村之旅,农家之乐。

民宿经济的兴旺发达,反过来促进了环境的整洁优美。因为民宿经济需要洁净环境和美丽山水,那是民宿经济生存发展的基本条件,"脏乱差"的农村不会吸引游客,村容整洁才能留住乡愁。所以发展民宿经济,势必要解决村庄脏乱差的问题,民宿经济所在地必须是一个美丽村庄。在有的民宿点,旧时的牛栏经彻底清理,改造成古朴雅致的咖啡馆,粗糙的猪槽经清洗消毒,用作养花盆;村民从"捡烟头""洗厕所"做起,又发展到垃圾收集分类、河道清理保洁。在民宿经济这个市场力量作用下,无须行政部门花太多精力督促,许多地方农村环境面貌发生了彻底改变,民宿经济"倒逼"生态保护、环境改善,这是一个有趣也可喜的现象。

浙江有不少民宿村是从原来的污染村转变而来的。江山市的耕读村曾有"水泥村"之称,村庄整治后,村民从卖水泥转向卖风景,2016 年办起 10 家农家乐和 12 家民宿,接待了近 20 万人次游客。在浦江与杭州建德市的交界处,坐落着一个已有 500 年悠久历史的古村落——马岭脚村,曾是浦江水晶产业的发源地。20 世纪 90 年代鼎盛时期,全村 100 多户人家,有七八十家搞水晶加工。2014 年后,马岭脚村的水晶加工业全面撤出,经整治的村庄引资发展民宿,全村 103 户人家,开出 4 个农家乐和 24 家民宿,村里每天迎来送往 300 人左右。平阳县的笠湖村,是当地传统产业——制革业的起源地,自南宋起,当地村民就以传统手段割树取汁加工生牛皮,至 20 世纪 80 年代,全村 400 多户都靠一张皮为生,制革年产值超过 6000 万元,而村边的碧溪河却逐渐成了黑臭河。2013 年平阳专项治理制革业,村里关闭了所有家庭作坊,碧溪河重新返清,村里建起提供果园观光采摘、田园生活体验和科普教育等服务的开心农场,每逢节假日游客超过5000人次，空置厂房和旧民居重新翻修，改建成民宿。

三、发展旅游经济的"三脚跳"

发展旅游经济，是对绿水青山与金山银山的辩证关系最直接、最现实的体现。浙江的旅游业，从景点旅游、乡村旅游到全域旅游，走的是一条资源要素不断融合、格局不断开放的路线。

改革开放之初，浙江旅游业以零碎点状的景点旅游为主，这一模式下，旅游资源受限、游客体验单调、市场规模狭小。

20世纪80年代以后，随着农村生产经营制度的改革和新农村建设的推进，乡村旅游在浙江农村悄然兴起，并渐成业态。乡村旅游以农家乐为主要形式，将自然山水、田园风光、习俗风情、农事体验、农家食宿等因素聚合起来，让来自城市的游客在良好的生态环境中，享受自然，放松心情，回忆乡愁。而一贯从事传统农业的村民，从此有了一条既不离土也不离乡，却能增收致富的新路子。进入21世纪，浙江推进美丽乡村建设以后，昔日脏乱差的农村面貌焕然一新。古道探幽，花海寻芳，听鸟鸣山涧，看蝶飞于野，古老寂静的乡村以其独特的自然人文魅力吸引着成千上万的游客，乡村旅游成为新的时尚。

在发展乡村旅游中，良好的生态固然是必要的自然资源条件，但浙江很多地方为了长期或者更多地吸引游客，进一步挖掘文化内涵，突出乡村特点，设计旅游线路和包装旅游主题，拓展乡村旅游创意经营的广度和深度。如湖州市依托苕溪流域良好的水资源环境，以水兴业，以水兴游，先后建成安吉黄浦江源、长兴太湖风光、德清环莫干山异国风情等22条美丽乡村示范带，加快发展农家乐、洋家乐等新业态，亮出"中国乡村旅游第一市"品牌，走出一条由"农家乐"到"乡村游"，从"乡村度假"再到"乡村生活"的湖州乡村旅游发展之路。2016年全市乡村旅游共接待游客4356万人次，经营总收入约125亿元。乡村旅游线也成为农民致富路，2016年全市农民人均可支配收入达到26508元，高于全省平均16个百分点。

丽水市地处浙江西南部，民间有"九山半水半分田"的说法，境内海拔1000米以上的山峰有3000余座，2700多个行政村，绝大多数位于山区，森林覆盖率高达80.79%，山地景观特征十分突出。随着水污染治理工作的推进，绿水青山的生态优势日益显现，9个县（市、区）以"一县一品"的姿态展示出画乡莲都、剑瓷龙泉、侨乡青田、童话云和、菇乡庆元、黄帝缙云、五行遂昌、田园松阳、畲乡景宁的不同风情。乡村旅游发展迅速，旅游总收入从2000年的5亿多元，上升到

2015 年的 430 多亿元,连年保持 20％以上的增长率,2017 年又推出秀山丽水 16 条特色旅游主题线路,以旅游业为代表的第三产业成为占丽水 GDP 比重最大的第一产业。

2016 年起,全域旅游在浙江开始兴起。全域旅游把一个行政区域当作一个旅游景区,充分利用当地全部的吸引物要素,为游客提供全过程、全时空的体验产品,使旅游产业全景化、全覆盖。全域旅游打破原来那种单一的景点式旅游,将区域内各种资源加以整合,是用旅游业带动区域经济社会发展的一种协调、共享式的发展模式。

在 2017 年 6 月召开的浙江省第十四次党代会上,发展全域旅游被作为继续实施"八八战略"、建设美丽浙江的重要措施正式提出。7 月,全省召开全域旅游发展暨万村景区化工作推进会,提出计划到 2020 年,全省要有 10000 个村达到 A 级景区、1000 个村达到 3A 级景区;2017 年年底,全省提前一年实现旅游收入万亿元。

全域旅游要求景城一体,全民参与,实现城乡一体化,全面推动区域内产业建设和经济提升。桐庐、淳安等地率先做出示范。桐庐是全省首批美丽乡村示范县,其最大特点是从农村传统历史、人文积淀、资源禀赋、地形地貌和群众基础等实际出发,把 183 个行政村作为一个大景区来规划,巧妙利用点、线、面的结合,培育出 25 个风情特色,形成"诗画山水、古俗民风、产业风情、运动休闲、生态养生"5 条风情带。这种统一规划还与美丽公路建设紧密联系起来,公路通到哪里,风景就延伸到哪里,带动沿线各地美丽乡村游、农家乐、民宿等旅游经济发展,力争实现"村村有村落景区,村村有特色产业,村村有民宿经济,村村有淘宝"的"四个有"目标。

淳安县 2012 年就提出全县景区战略,2017 年被列入省首批全域旅游示范县(市、区)创建名单,伴随景区全域化,"旅游＋"新业态全域开花。如"旅游＋城市",将发展旅游业与推进新型城市化有机结合起来。通过城市设施公共化、交通运输便捷化和城市管理网络智慧化,全面提升以千岛湖为中心的各个城镇的城市化水平,为吸引和留住旅客提供一流的硬件条件。发展"旅游＋农业",投资 16 亿元建成串联城乡的 450 余千米绿道,把景点景观、田园茶园、山村渔村串连成珠,形成全域性绿道旅游网,覆盖全县 23 个乡镇 300 多个村,借势培育特色农业,全面带动农业发展,实现农业增产、农民增收。沿线开发了民宿、骑行、登山、露营、漂流、采摘、摄影等多个特色旅游项目,年接待能力超过 100 万人次,带动旅游经济收入 7 亿多元。"旅游＋工业"别具一格,在传统的工业生产中,注入旅游元素,使生产工艺和产品展销也成为旅游资源。由企业主导的千岛湖啤酒长廊、红曲大观园、华盛丝绸文化园等工业旅游项目相继建成,其中农夫山泉千岛湖生产基地被列入全国首批工业旅游示范点。

处于浙中地区的设区市金华市,视旅游为经济新常态下最具潜力和后劲的增长极,2017 年以来,提出"金华是个大景区"的理念,将整个市域作为功能完整的旅游目的地来规划建设,形成全域规划、全景打造、全业培育、全民共享的格局。跨区域的精品旅游线路带动市与县、县与县之间的市场共拓、客源共享、利益共赢,义乌国际商贸城—横店影视城、磐安中药材城—横店影视城、永康五金城—横店影视城等"双城游"合作不断成熟,游客上午在横店体验"穿越",下午到义乌"扫货",晚上在市区或武义看夜景、泡温泉,这种串联式的大旅游,提高了游客在金华的逗留天数和人均消费水平。2017 年,金华全市旅游业增加值同比增长 10% 以上,旅游收入同比增长 18% 以上。[①]

浙江省省委特别提出,支持衢州与丽水等生态功能区加快实现绿色崛起,把生态经济培育成为发展新引擎。发展全域旅游,还关系到主体功能区发展战略的实施。生态功能区的功能价值主要体现在生态保障和生态系统服务,由于产业发展受限,发展生态农业、旅游业等绿色产业是其必然选择。全域旅游为生态功能区区域发展,展现了一条广阔而长远的路子。

磐安县在全省主体功能区规划中被列为"浙中江河源头重点生态功能区",其经济社会发展有着明确的生态红线,旅游业就成了磐安县加快发展的最佳方案。磐安县政府把休闲旅游业确立为"一号产业",促进美丽乡村向景区化发展,许多美丽村庄和历史文化村落成为休闲旅游村、民宿村。

衢州市总体划入生态功能区,工业项目受到限制后,旅游业成为生态经济的重要增长点,全市旅客接待数在全省占比从 2011 年的 0.6% 提高到 2016 年的 9.2%,旅游总收入占比从 2011 年的 0.3% 提高到 2016 年的 4.5%。2016 年衢州市农民人均可支配收入增长 9.1%,居全省第三。[②] 衢州市的开化县位于钱塘江源头,从 2014 年年底起尝试建设钱江源国家公园。2015 年省政府对开化县取消 GDP 考核,增加"水环境质量""空气环境质量""生态环境指数状况""森林抚育""生态公益林扩面"等考核内容。开化县为甩掉"欠发达",实现"绿富美",积极发展全域旅游,探索经济生态化、全域景区化、景区公园化的转型升级之路,共建成 32 个县级 3A 景区村,其中 7 个村成为国家 3A 级及以上景区村。2016

① 《金华:全域旅游续写美丽经济新篇章》,《浙江日报》,2017 年 6 月 23 日。

② 郑希均:《守住绿水青山 也赚金山银山》,《浙江日报》,2017 年 9 月 8 日。

年全年接待游客已达到 848 万人次,旅游收入 50 多亿元。

旅游业与农业、工业、文化、体育、林业等多行业,从简单相加到相融相生,不仅催生了一大批区别于传统旅游景区的新旅游区点,推动全省走向"处处是风景、行行加旅游、时时可旅游"全区域旅游愿景,更重要的是,能够增加整个经济发展的活力,体现出产业独有的开放性、包容性和关联性价值。从产业集群看,浙江基本形成以乌镇为代表的江南水乡古镇集群,以安吉为代表的美丽乡村休闲度假集群,以横店为代表的影视文化旅游集群,以杭州湾为代表的主题乐园集群,以舟山群岛为代表的海滨休闲度假集群。翻开浙江经济结构图,2013—2016年,基于"绿水青山"的旅游产业增加值超过 1.13 万亿元,年均增长 12.2%,带动农民增收 2176 亿元,年均增长 27.8%。2016 年,浙江旅游产业对全省经济综合贡献达 16.76%。[①]

四、增收致富的现代绿色农业

现代农业,除了应用先进的科学技术、适应市场的经营模式,它还应是一种绿色产业。它的存在和发展依赖于绿水青山,又以保护绿水青山为底线;它巧妙地利用绿水青山的自然资源,使农业产生最佳效益。浙江是一个农业大省,"鱼米之乡,丝绸之府"美誉全国,在二产、三产发展有很好表现的同时,作为一产的农业也向现代化大踏步迈出步子,绿水青山滋养了绿色农业,绿色农业富裕了浙江农民。

以德清为例。在这里,一、二、三产业深度融合的"第六产业"——新农业,成为"三农"工作的主旋律。至 2017 年,德清已建成新港省级现代农业综合区、清溪中华鳖省级示范区等 36 家省级园区,培育了欧诗漫、新市油脂等 120 多家县级以上农业龙头企业。在这些新颖独特的农业园区,颠覆传统的种植方式,从单一的生产种植业向休闲观光农业方向发展,农旅结合,园区变景区,同样的土地上,农业产值大幅度上升。德清休闲农业,在全县的分布也很有特点。西部山区以莫干山省级现代农业(林业)综合区为核心,以环莫干山异国风情休闲观光线为主线,以花卉苗木、竹笋和茶蔬果精品园为基础,以"洋家乐"为亮点,建成现代农业与乡村旅游示范园。中部平原以湘溪现代农业综合区、牧歌铁皮石斛精品园、国家级乌鳖良种场等为主体,建成休闲农业与健康养生示范区。东部水乡以新港省级现代农业综合区为核心,以水产和蚕桑业为主导产业,清溪稻鳖共生基

---

① 周静:《浙江旅游:市场沃土孕育万亿产业》,《浙江日报》,2017 年 11 月 28 日。

地等项目为重点,建成农业生态循环与休闲观光示范区。这种分布,因地制宜,就势而成,有意无意间形成特色,有特色就有市场,就有农民增收的机会。绿色发展,让农业"接二连三",据农业部门调查统计,在全省休闲农业经营主体中,农民的比重超过 80%,2016 年,休闲观光农业总产值达到 293.9 亿元。[①]

山水田林湖是一个整体。2017 年 10 月,浙江省根据中央部署,开展省级田园综合体创建试点工作,经推荐评审,有 11 个县(市、区)被列入试点范围。田园综合体是集现代农业、休闲旅游、田园社区为一体的特色小镇和乡村综合发展模式,不仅强调生态环境友好,践行看得见山、望得到水、记得住乡愁的生产生活方式,而且要优化农业生产经营体系,积极发展循环农业,增加农业效益。试点工作以"村庄美、产业兴、农民富、环境优"为建设目标,从全省选择若干个有基础、有优势、有特色、有潜力的村庄,逐步建成一批让农民充分参与和受益,集循环农业、创意农业、农事体验于一体的田园综合体,为"三农"转型发展探索出一套可推广复制的新型生产生活方式。而更早一步,安吉县鲁村的"田园鲁家"、柯桥区的"花香漓渚"已经被纳入国家的 18 个农业综合开发田园综合体试点项目。

对"七山一水两分田"的浙江而言,要让绿水青山变成金山银山,推广高效生态循环农业模式,尤其重要。生态农业的精髓是循环利用资源,变废为宝,保护环境,发展农业。2014 年,浙江省被农业部列为现代生态循环农业发展试点省,试点要达到的目标是:"一控",即控制农业用水量;"两减",即减少化肥农药用量;"三基本",即畜禽养殖排泄物、农作物秸秆基本实现资源化利用,农业投入品包装物及废弃农膜基本达到有效回收利用。为试点成功,省政府及主管部门先后出台加快发展生态循环农业的政策文件 30 多个,形成绿色生态农业政策清单 53 条。"十二五"期间,省级财政每年安排生态循环农业专项资金约 9000 万元,主要用于清洁化生产和资源化利用。进入"十三五",专项资金增加到每年 1 亿元,用于区域性现代农业生态循环示范项目建设。

浙江人多地少,为了提高亩产,过去农业生产者一直习惯于多使用化肥农药,但"大肥大药"显然不是生态循环农业。意识到这一点,浙江率先在全国推广减肥减药。为了减少化肥用量,全省各地积极推广测土配方等精准施肥技术,通过补贴政策推广使用新型肥料。2016 年,全省化肥用量比 2013 年下降 12.4%,2017 年全省一年推广使用的商品有机肥达到 100 万吨。为了减少农药用量,全省推进统防统治来解决种植散户过量使用农药的问题,面积达 700 万亩以上;同

---

① 翁杰:《农业可持续发展 浙江迈上新征程》,《浙江日报》,2017 年 12 月 16 日。

时推进生物防治、物理防治、科学用药等绿色防控技术应用,2016 年农药使用量比 2013 年下降 20.4%,农药废弃包装物回收率和处理率分别超过 80%。自 2010 年以来,全省累计建成粮食生产功能区 10172 个,面积约 819 万亩,粮食产量比面上提高 7%以上;现代农业园区 818 个,面积约 516.5 万亩,亩均产值比区域外高 30%以上。"两区"始终是生态循环农业的主要基地。①

2016 年年初,衢江区"富里农村综合改革试验区"启动,总面积 18492 亩的低丘缓坡旱地计划改造成标准水田。通过田间道路建造、土地平整改良、水利渠道改造、田间防护林种植等工程,四通八达的灌溉渠道将江山港的优质水源引入改造地块。由于近几年衢江开展水环境治理,江山港水质提升到 Ⅱ 类甚至 Ⅰ 类的水平,一江清水流经富里,附近畜牧养殖场的沼液又是天然有机肥,有这两大资源,曾经的荒山土坡一年后变成富里良田,金秋十月,千亩晚稻谷穗沉垂,一派丰收景象。清清江水、万亩良田引来了联合国项目事务署的关注,联合国世界食品安全创新示范区建设项目选择在衢州区块投资 100 亿元,建设多个标杆性项目和食品安全监测区、食品企业总部区等多个功能区,培育形成产业集聚群。

衢州江山市通过治水,农业面源污染得到控制,化肥农药逐步减量,借势扩大绿色生态农产品的有效供给,3 年时间新增猕猴桃面积 8000 余亩,总面积约达 2.3 万亩,打出消费者高度认可的江山"徐香"品牌,由此催生了 200 多家实体店、300 家淘宝店,成为华东地区最大的猕猴桃交易中心。衢江区从富民增收为切入点,推进农业供给侧结构性改革,建设"放心农业"八大体系,保障群众"舌尖上的安全";集聚全区 70%的耕地,发展了 1473 家家庭农场,全区 26 万亩耕地中"万元田"达到 6.2 万亩;特别是衢州农产品成为 G20 杭州峰会供应产品后,成功实现从"吨农业"向"克农业"的过渡,许多农产品从原先的论吨卖、论斤卖,变为论个卖、论克卖,放心农业成为富民产业。

丽水的好山好水好空气,让人们对这块绿色产地有更多期待,对产于此地的生态精品农产品的健康安全更加信赖。山多地少的龙泉市地处浙南山区,几年时间内,建成 2 个省级生态循环农业示范区、14 家生态循环农业示范主体、30 个生态循环农业的示范项目,成为全省农业水环境治理十佳模式和山区型生态循环农业的样板。

丽水一直是浙江的相对欠发达地区,过去老百姓觉得守着青山就是守着贫穷,现在这样的理念完全被颠覆。2014 年 9 月"丽水山耕"品牌诞生,这是一个

① 《谱写农业绿色可持续发展的浙江篇章》,《浙江日报》,2017 年 12 月 12 日。

政府创建的农业服务平台,每年投入 5000 万元资金,形成"1＋N"全产业链一体化服务体系,线上线下销售渠道不断完善。绿水青山和优质生态成为丽水最大的资源,丽水各地的蜂蜜、毛笋、红薯干、食用菌、山茶油、茶叶等原生态农产品,经过品牌包装设计,转化为精致的旅游商品,走出丽水,走进杭州、上海等大城市。2017 年年初,"丽水山耕"以丽水市生态农业协会为注册主体申请注册集体商标,成为全省唯一的市级区域公用品牌,聚拢当地 698 个生态农产品。半年后,"丽水山耕"发布首批品牌产品标准,包括食用种植产品、食用淡水产品、食用畜牧产品、加工食品四大类,规定了农产品的定义、生态环境、养殖过程、质量保障等要求。2017 年前三季度,"丽水山耕"品牌销售额达 32.17 亿元,3 年累计达 58.2 亿元,平均溢价率 30%。此时,丽水市已拥有农产品商标 4265 件,"丽水山耕""丽"等系列商标 47 件。[①]

淳安县走"秀水富民"路线,启动了"百源经济"工程,以境内百条溪源为依托"孵化"有机农产品。有机产品基地总面积达到约 63 万亩,年产值 5 亿余元,有机企业认证数 67 家,认证书 88 张,认证证书数量占全省 10% 以上,是杭州地区有机认证数量最多、产值最高、面积最大、产业最全的县。千岛湖茶在中国茶叶区域公用品牌价值评估中,品牌价值以 14.84 亿元进入全国 40 强。[②]

2002 年,仙居县就提出要让农产品达到绿色、有机标准的"小目标",经过多年努力,建成 19 万亩绿色食品原料标准化生产基地,成功列入国家有机产品认证示范创建区。仙居杨梅名扬海内外,2016 年,全县杨梅产量产值达 5.6 亿元,仅此一项就使全县农民年人均增收 1000 元以上。

实际上,不单单是农业,浙江的渔业也走上绿色生态之路。南浔区菱湖镇是全省大淡水鱼生产基地之一,全镇水域面积约 6.2 万亩,近半农户以渔业为生。2017 年,渔业养殖户纷纷在鱼塘中间建起"养鱼跑道","跑道"一侧是推水增氧装置,推动鱼塘水 24 小时循环流动,让鱼苗在水流推动下摆尾游动,做"跑步健身";同时,鱼类的排泄物和食物残余不断被推送到鱼塘集污区,使水体保持清洁。"跑道养鱼"循环水养殖技术不仅使鱼塘水体高效净化,而且也能提高鱼的品质。菱湖镇勤劳村股份经济合作社,将生态渔业精品园里的 485 亩鱼塘分块建立流水跑道养殖区、养殖排放分离区等四大功能区。每隔一段时间,"跑道"就可以利用吸污装置将沉淀的污染物吸出来,回收制成极好的有机肥。通过集中养殖、集中吸污、集中处理,实现养殖尾水零排放。由于运动量大,养出的鱼线条

---

① 陈潇奕、张靓:《丽水:打造农旅结合的新经验》,《浙江日报》,2017 年 9 月 19 日。

② 方俊勇:《淳安:全力推进"康美千岛湖"建设》,《浙江日报》,2017 年 9 月 26 日。

优美,品质更好,价格也更高,收益是传统鱼塘养鱼的 3 至 4 倍。

20 多年来,全省累计建成绿色、有机农产品基地 114 万亩,每年绿色、有机农产品产值超过 100 亿元。2012 年至 2016 年,全省无公害农产品、绿色食品、有机农产品从 5100 多个增加到 7200 多个,年均增长 8.8%,农业龙头企业销售收入从 2800 多亿元增至 3600 多亿元。

五、特色小镇的生态梦

2015 年,浙江省启动特色小镇建设。特色小镇灵感源于国外的特色小镇,但又不是完全照搬,而是具有独特内涵和浙江气质。

根据省政府的指导意见,特色小镇不是行政区划单元上的“镇”,也不同于产业园区和风景区,而是一个融合产业、文化、旅游和社区功能,集成特色产业高端要素,形成产、城、人、文“四位一体”和生产、生活、生态“三生融合”的创业创新发展平台。

发展绿色产业是特色小镇建设的核心内容。“特”,是指每个特色小镇产业发展,都要围绕信息经济、环保、健康、旅游、时尚、金融、高端装备等七大新产业,以及茶叶、丝绸、黄酒、中药、木雕、根雕、石雕、文房、青瓷、宝剑等历史经典产业,且主攻最有基础、最有优势的一个产业,避免百镇一面,投资规模要求达到 50 亿元以上。产业、文化、旅游和社区四大功能汇聚,是特色小镇区别于工业园区和景区的显著特征。在建设形态上突出精致,展现小而美。规划面积控制在 3 平方千米左右,其中建设面积控制在 1 平方千米左右。所有特色小镇要建成 3A 级景区,其中旅游产业特色小镇要按 5A 级标准建设。

2015 年 1 月,省政府公布了第一批 37 个省级特色小镇创建名单。2016 年 1 月,省政府公布了第二批省级特色小镇创建名单和培育名单,其中,被列入创建名单的有 41 个特色小镇,被列入培育名单的有 52 个特色小镇。2017 年 8 月 2 日,省级特色小镇第三批创建名单公布,35 个小镇入围,同时首次命名了 2 个省级特色小镇——玉皇山南基金小镇、梦想小镇。至此,浙江百个特色小镇的布局已经大致呈现。

杭州市是建设特色小镇最多也是起步较早的地区,三批省级特色小镇创建对象中,杭州市约占 1/5,市级特色小镇数量更多。

余杭区,典型的江南水乡,也是浙江特色小镇的发源地之一。翻开余杭 5000 年治水史,每一页都留有水的印记。约 5000 年前,良渚先民建造了中国文明史上最早的水利工程——良渚大坝。相传,大禹在治水途中在余杭舍舟登陆,留下"禹航"之称,此地遂得名余杭。史志记载,"迨元以后,河开矣,桥筑矣,市聚矣"。余杭与京杭大运河有着深厚渊源。而如今,经过"五水共治",余杭又迎来新的发展契机。余杭这块土地上诞生了梦想小镇、艺尚小镇、梦栖小镇三大特色小镇,崛起了未来科技城、临平新城、良渚新城三座新城。3 条水清景美的河道,将三镇三城的自然生态、创业生态、文化生态串珠成链,绘成画卷。

闲林港的整治,贯穿了未来科技城的发展史,也是一段生动的转型故事。在整治推进中,当地政府对闲林港的现状进行深入的调查分析,为每条支流确定不同的治理方案。未来科技城范围开发到哪里,河道整治就跟进到哪里,在尽量不破坏河道原生态和文化历史的基础上,进行精心治理。清淤、纳管、护岸、绿化,历经几年艰辛,闲林港的水质有了明显好转,恢复了碧水清盈,绿树婆娑,评上了浙江省河道生态建设优秀示范工程和余杭区最美河道。更重要的是,"先生态、后生活、再生产"的理念亦深入人心。2015 年 3 月,未来科技城迎来了梦想小镇项目,作为配套环境的闲林港整治加快了步伐,一套完整的慢行系统悄然出现在河道两岸。经历几年的发展,梦想小镇在产业定位、未来的发展方向上日渐清晰。一期互联网村重点鼓励和支持创客特别是"泛大学生"群体,创办互联网相关领域的企业;创业大街侧重于智能硬件与软件、移动医疗等科技创新领域,抢占智能硬件产业的风口。2015 年开园时首批 80 个创业项目、800 多名创客、15个金融项目落户;到 2016 年年底,集聚创业项目 800 多个,创业人才 7800 多名,金融机构 510 多家,其中还有两家美国硅谷平台。

北沙港畔的临平新城和艺尚小镇,是余杭的又一个绿色创业的创意大手笔。河岸边分布着多个国内外著名时装设计师的工作室,优美的环境为设计创作提供了灵感源泉。人们认为,是北沙港的整治,为艺尚小镇的诞生打下了基础。人们记忆中,这曾是一条狭窄淤塞的小水沟,水质污染,杂草丛生。2014 年后,当地开始了"五水共治",在黄金地段开挖了一个东湖,再把给东湖配套引入钱塘江水的乔司港、汀城河、北沙港清淤拓宽,将这三条修整一新的河港互相连通,形成新的水系回路。建设者将艺尚小镇的文化街区、历史街区、艺术街区,以及文化艺术中心串连成线,围绕东湖建起生态景观和城市公园,同时在水岸边布局展示馆、文化馆和艺术馆等,对于艺尚小镇来说,东湖还承担着生态、景观、文化等多重功能。

2015 年起,千年运河边上开始兴起杭州运河财富小镇。运河财富小镇位居拱墅区十大产业平台之首,规划产业用房约 100 万平方米,计划总投资 205 亿元,力争通过 3 至 5 年努力,集聚金融、文创相关企业 600 家。到 2017 年 12 月,在这块 3.3 平方千米的土地上,已累计入驻金融企业 200 余家。2017 年前 3 季度,小镇共完成税收 3.78 亿元。自隋代江南运河开凿以后,大运河最南端的拱墅,是杭州与外界发生经济联系的必经之地,舟车繁忙,交易兴旺。现今的运河财富小镇,寓意金融就像运河水滋养实体经济,构成一条财富生态链,带来无限的活力,有经济学家认为,此创意真是抓住了运河岸边最大的特色。而这一切,又是建立在这些年杭州人民对运河的大力治理上。人们怎能忘记,几年前,杭州的运河曾经是何等的脏黑臭?

杭州玉皇山南基金小镇是首次命名的两个省级特色小镇之一,走进小镇,但见树林苍翠,小河清澈,一座座青砖黛瓦的江南民居星罗棋布。入驻企业称赞此地风水好,作家莫言来访后曾留言:背靠玉皇,面对钱塘,杭城风水,此地为上。很难想象,这里以前曾经是脏乱差的城中村和旧仓库、旧厂房,污水横流、垃圾成堆。2007 年起,玉皇山南实施综合整治工程,大范围清理环境,对产业进行转型升级,使这一区块完全改变面貌,在人们眼里已经是风景如画。"高枝引得凤凰来",玉皇山南蜕化成资本汇集的财富高地,自 2015 年挂牌到 2017 年 8 月底,集聚股权投资类、证券期货类、财富管理类机构 1935 家,管理的各类资金规模突破9100 亿元,投向实体经济约 3356 亿元,成功扶持培育了 98 家公司上市,成为除上海、北京、深圳之外,中国最大的对冲基金集聚地。基金小镇还将沿山、沿江、沿湖拓展,目标是建成国内首个"金融＋旅游"的 4A 级景区小镇。[①]

杭州西湖区的狮子山下,铜鉴湖边,景色秀丽,风月无边,云栖小镇坐落此地。2013 年起,阿里云、中软国际、短趣、博客园等 30 多家成员,在小镇发起成立全国首个云产业生态联盟,在短短三四年内,云栖小镇的云计算产业快速崛起,成为世界云计算产业的中心。2016 年 8 月 1 日,阿里云计算有限公司整体搬入云栖小镇;10 月 13 日,世界规模最大的技术大会云栖大会在此举办,参会人员超过 4 万人;12 月 10 日,我国历史上第一所民办、剑指世界一流的浙江西湖高等研究院,在此成立。至 2017 年 8 月,面积 3000 多亩的云栖小镇,已集聚了包括阿里巴巴、富士康、Intel、中航工业等在内的 600 多家高科技企业,其中涉云企业近 400 家,管理资本规模超过 500 亿元,2017 年 1—8 月财政总收入 52284 万元,是 2012 年 11532.83 万元的 4 倍多。清华大学前副校长、中科院院士施一公说:"这里就是生态好。"这个生态好,包括了自然环境好,创业生态和创新生态好。[②]

---

① 陈淑芝:《谋划玉皇山南基金小镇、南宋皇城小镇、望江金融科技城"三级团"格局》,《都市快报》,2017年 9 月 16 日。

② 张留等:《云栖小镇:五年挥就"飞天之梦"》,《浙江日报》,2017 年 10 月 11 日。

不仅仅是杭州，特色小镇建设在全省遍地开花。

德清县在促进产业转型升级中，探索"小镇＋平台"的产业园区模式，以智能汽车、高端装备制造、生物医药、地理信息、通用航空五大产业为引领，积极培育和发展地理信息小镇、通航智造小镇、智能汽车小镇和高铁科创小镇。地理信息小镇从最初只有 5 个人，几年内扩大发展到 130 家地理信息企业入驻，初步形成涵盖数据获取、处理、应用、服务等完整产业链，凭借地理信息小镇的影响力，2018 年世界地理信息大会将在浙江召开。

浙江的西南部地区，特色小镇多具有山水木石的韵味。在浙西生态屏障的衢州，龙游红木小镇、常山赏石小镇、开化根缘小镇、柯城花彩小镇等别具一格，在这里，产业创建、艺术塑造和旅游观赏融为一体。古堰画乡特色小镇位于丽水市莲都区的大港头镇和碧湖镇，这两个古村落坐落在风景秀丽的瓯江之畔。最初是一些美术院校和画家来此写生的地点，后来以自然、写实、原生态为主要风格的中国巴比松画派逐渐形成。当地政府发现产业发展苗头之后，主动加以引导，原汁原味地保留了当地民居和自然风光，并对周围环境进行大力整治，对道路交通、游船码头、环境卫生等基础设施加以配套。绿水青山入画，油画产业链渐次形成，成为古堰画乡的基础产业，这里云集了 40 多家来自全国各地的画廊企业，有画家、画工 300 多人，油画年产值约 3500 万元。古堰画乡也成为全国最大的写生创作基地之一，全国近 300 家院校在此建立了艺术教育实践基地，每年接待写生创作学生超过 15 万人次。

特色小镇不仅成为培育新产业催生新业态的孵化器，还是利用新技术改造提升传统产业的有效载体。如诸暨的袜艺小镇、绍兴越城区的黄酒小镇、龙泉市的青瓷小镇，都使千百年的传统产业老树发新枝，重新展现勃勃生机。嘉兴秀洲区的王江泾镇河荡纵横，湖泊众多，曾经以纺织特色产业享誉全国。在"五水共治"中，王江泾全面退出生猪散养，关停重污染、高耗能企业，淘汰低小散的家庭喷水织机，使水域生态环境得到全面改善，重现江南水乡美丽生态荡湖。在此基础上，王江泾将目光瞄向智能家居产业，规划 4 平方千米建设智能家居产业园，2017 年产值突破 50 亿元，被评为市级特色小镇。同时，经过结构调整，王江泾从"织造名镇"走向"织造强镇"，为全省传统产业转型升级做出了探索，提供了经验。

浙江的特色小镇建设是对绿水青山就是金山银山的又一种诠释，它最大的特点是融入了创新创业，让生态建设和产业发展共赢。在短短的两年时间里，前两批 78 个特色小镇共集聚了以大学生创业者、大企业高管及其他连续创业者、科技人员创业者、留学归国人员创业者为主的"新四军"创业者上万人,入驻创业团队 5400 多个,国家级高新技术企业 290 多家,累计完成投资 2117 亿元。"产学研"紧密结合使亩产高效,2016 年 1—9 月,78 个被列入创建名单的小镇,新产品产值为 1635 亿元,高新技术企业增加值为 339.6 亿元,9 月份一个月申请专利达到 1278 件。2016 年入库税收 160.7 亿元,平均入库税收 1.7 亿元。①

多个小镇的管理者都不约而同认为,浙江第一代创业者只求能创业,可以"白天当老板,晚上睡地板";新一代创业者,不但需要事业舞台,而且需要心情舒畅的良好环境,能满足文化和精神层面的需求,这也是浙江要求所有特色小镇都要建成 3A 级以上景区的原因之一。

---

① 刘乐平:《特色小镇,怎样更特更强》,《浙江日报》,2017 年 8 月 3 日。

参考文献

[1] 陈桥驿,王东. 水经注[M].北京:中华书局,2016.

[2] 崔延松. 中国特色的水经济[M].北京:中国社会科学出版社,2007.

[3] 秦玉才.流域生态补偿与生态补偿立法研究[M].北京:社会科学文献出版社,2011.

[4] 冯贤亮. 近世浙西的环境、水利与社会[M]. 北京:中国社会科学出版社,2010.

[5] 方民生.发展环境与战略抉择[M].北京:人民出版社,2011.

[6] 朱狄敏.公众参与环境保护:实践探索和路径选择[M].北京:中国环境出版社,2015.

[7] 浙江省人大常委会法制工作委员会.浙江立法 30 年[M].杭州:浙江人民出版社,2009.

[8] 杜方文.潮起钱江——人大制度在浙江的实践创新[M].北京:中国民主法制出版社,2014.

[9] 中共浙江省委. 浙江日报[N]. 2008(1)-2017(12). 杭州:浙江日报报业集团,1949-.

[10] 中华人民共和国环境保护部.中国环境报[N].2008(1)-2017(12).北京:中国环境报社,1984-.

[11] 全省环保系统"环保产业与绿色发展"专题调研活动成果集[Z].杭州:浙江省环保厅机关党委,浙江省环保产业协会,2016.

[12] 五水共治技术参考手册[Z].杭州:浙江省科学技术厅,2014.

[13] 洪开开.20 年人大工作研究文集[Z].杭州:浙江省人大常委会,2014.

[14] 章文彪.浙江省农村生活垃圾分类处理探索与实践[Z]. 杭州:浙江省农业

和农村工作办公室,2017.

[15] 浙江人大常委会研究室.浙江人大信息[Z].2008(1)-2017(12).杭州:浙江人大常委会研究室,1999-.

[16] 浙江省"五水共治"工作领导小组办公室.浙江省"五水共治"工作简报[Z].2014(10)-2017(12).杭州:浙江省"五水共治"工作领导小组办公室,2014-.

[17] 浙江省委省政府美丽浙江建设领导小组办公室.美丽浙江建设工作简报[Z].2014(10)-2017(12).杭州:浙江省委省政府美丽浙江建设领导小组办公室,2014-.